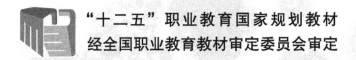

"十二五"职业教育国家规划教材

经全国职业教育教材审定委员会审定

数据库应用基础

(SQL Server 2012)

赵增敏　王永锋　张　博　主　编◎

U0303688

电子工业出版社.

Publishing House of Electronics Industry

北京 · BEIJING

内 容 简 介

本书根据教育部颁发的《中等职业学校专业教学标准（试行）信息技术类（第一辑）》中的相关教学内容和要求编写。

本书根据项目引领和任务驱动的教学方法，通过一系列项目和任务的设计详细地讲解了 SQL Server 2012 的基本操作和应用技巧。全书共分 9 个项目，从培养学习者的实践能力出发，循序渐进、由浅入深地讲述了 SQL Server 使用基础、创建和管理数据库、创建和管理表、操作数据库数据、检索数据库数据、创建索引和视图、Transact-SQL 编程、创建存储过程和触发器、系统安全管理。

本书可作为职业院校计算机相关专业的教学用书，也可作为数据库管理人员和数据库开发人员的参考书。

本书配有教学指南、电子教案和案例素材，详见前言。

未经许可，不得以任何方式复制或抄袭本书之部分或全部内容。

版权所有，侵权必究。

图书在版编目（CIP）数据

数据库应用基础：SQL Server 2012 / 赵增敏，王永锋，张博主编. —北京：电子工业出版社，2018.6

ISBN 978-7-121-34525-8

Ⅰ. ①数… Ⅱ. ①赵… ②王… ③张… Ⅲ. ①关系数据库系统—中等专业学校—教材 Ⅳ. ①TP311.138

中国版本图书馆 CIP 数据核字（2018）第 128352 号

策划编辑：关雅莉
责任编辑：杨　波
印　　刷：北京虎彩文化传播有限公司
装　　订：北京虎彩文化传播有限公司
出版发行：电子工业出版社
　　　　　北京市海淀区万寿路 173 信箱　邮编　100036
开　　本：787×1 092　1/16　印张：19　字数：486.4 千字
版　　次：2018 年 6 月第 1 版
印　　次：2025 年 2 月第 11 次印刷
定　　价：39.80 元

凡所购买电子工业出版社图书有缺损问题，请向购买书店调换。若书店售缺，请与本社发行部联系，联系及邮购电话：（010）88254888，88258888。

质量投诉请发邮件至 zlts@phei.com.cn，盗版侵权举报请发邮件至 dbqq@phei.com.cn。

本书咨询联系方式：（010）88254617，luomn@phei.com.cn。

前 言

本书根据教育部颁发的《中等职业学校专业教学标准（试行）信息技术类（第一辑）》中的相关教学内容和要求编写。本书的编写从满足经济发展对高素质劳动者和技能型人才的需求出发，在课程结构、教学内容、教学方法等方面进行了新的探索与改革创新，以利于学生更好地掌握本课程的内容，利于学生理论知识的掌握和实际操作技能的提高。

本书共分 9 个项目。项目 1 讲述 SQL Server 2012 的基础知识，主要包括数据库基本概念、SQL Server 2012 概述、SQL Server 2012 主要组件，以及运行和管理 SQL Server 服务器；项目 2 讲述如何创建和管理数据库，主要包括 SQL Server 数据库概述、创建数据库、修改数据库、备份和还原数据库；项目 3 讲述表的创建和管理，主要包括表结构设计、SQL Server 数据类型、创建表、修改表和管理表；项目 4 讲述如何操作数据库数据，主要包括向表中插入新数据、更新表中已有数据、从表中删除数据、导入和导出数据；项目 5 讲述数据库数据的检索，以 SELECT 语句为主线讲述如何通过选择查询从数据库中检索数据；项目 6 讲述索引和视图的使用，主要包括索引概述、设计索引、实现索引、视图概述、实现视图、管理和应用视图；项目 7 讲述 Transact-SQL 编程，主要包括 Transact-SQL 语言组成、流程控制语句、函数、游标及事务处理；项目 8 讲述存储过程和触发器的创建和应用；项目 9 讲述 SQL Server 2012 安全性管理，主要包括设置身份验证模式、登录账户管理、数据库用户管理、角色管理、数据库权限管理及架构管理。

本书紧密结合职业教育的特点，借鉴近年来职业教育课程改革和教材建设的成功经验，在教学内容编排上采用了项目引领和任务驱动的设计方式，符合学生心理特征和认知、技能养成规律。本书通过一系列项目来展开本课程的教学过程，每个项目划分为若干个任务，每个项目后面附有项目思考和项目实训，便于教师教学和学生自学。

本书以教务管理数据库作为主线贯穿始终，涵盖了从设计和创建数据库、创建和管理数据表、操作和查询数据等基本操作技能，到 Transact-SQL 编程、存储过程、触发器、事务处理及系统安全管理等内容。

本书中所用到的一些公司名、人名、电话号码和电子邮件地址均为虚构，如有雷同，实属巧合。

本书由赵增敏、王永锋、张博主编，参加本书编写的还有朱粹丹、赵朱曦、王庆建、吴洁、卢捷、段丽霞、李强、郭宏、王亮、连静、赵玉霞、李娴、朱永天、宋晓丽、余霞、贺宝乾、姜红梅、王静、刘颖等。此外，还有许多同志对本书的编写提供了很多帮助，在此一并致谢。

由于作者水平所限，书中疏漏和错误之处在所难免，欢迎广大读者提出宝贵意见。

为了方便教师教学，本书还配有教学指南、电子教案和习题答案（电子版）。请有此需要的教师登录华信教育网（www.hxedu.com.cn）免费注册后进行下载，有问题时请在网站留言板留言或与电子工业出版社联系（E-mail：hxedu@phei.com.cn）。

作　者

目　录

走进 SQL Server 2012

SQL Server 是 Microsoft 公司推出的关系数据库管理系统，具有使用方便、可伸缩性强、与相关软件集成度高等特点。SQL Server 2012 是现在最常用的数据平台产品之一，与之前的版本相比，它推出了许多新特性和关键改进，提供了一个可信赖、高效率、安全、智能化的企业级数据管理与分析平台，旨在满足现在和将来数据存储、使用和管理的需求。通过本项目将学习和掌握使用 SQL Server 2012 所需要的基本知识。

项目目标

- 理解数据库的基本概念
- 了解 SQL Server 2012 的服务器组件和管理工具
- 了解 SQL Server 2012 的不同版本
- 掌握安装 SQL Server 2012 的步骤
- 掌握运行 SQL Server 2012 的方法

任务 1.1　理解数据库基本概念

通过本任务将学习和理解与数据库相关的一些基本概念，包括数据库、关系数据库、数据库管理系统、数据库系统及结构化查询语言等。

任务目标

- 理解什么是数据库
- 理解什么是关系数据库
- 理解什么是数据库管理系统
- 理解什么是数据库系统
- 理解什么是结构化查询语言

1.1.1　数据库

数据库（Database）是按照数据结构来组织、存储和管理数据的"仓库"，数据库建立在计算机的存储设备上。在日常工作中，经常需要把一些相关的数据放进这样的"仓库"中，并根据管理的需要进行相应的处理。

例如，企事业单位的人事部门通常会把本单位职工的基本情况（职工号、姓名、出生日期、性别、籍贯、工资、简历等）存放在一张表中，这张表就可以看成是一个数据库。有了这个"数据仓库"，便可以根据需要随时查询某个职工的基本情况，也可以查询工资收入在某个范围内的职工人数等。这些工作都能够在计算机上自动进行，人事管理的工作效率得到了极大提高。

严格地说，数据库是长期储存在计算机中，有组织的、可共享的数据集合。数据库中的数据按照一定的数据模型组织和储存在一起，具有尽可能小的冗余度、较高的数据独立性和易扩展性的特点，并且可以在一定范围内为多个用户共享。

这种数据集合具有如下特点：尽可能不重复，以最优方式为某个特定组织的多种应用服务，其数据结构独立于使用它的应用程序，对数据的添加、删除、修改和查询等操作通过软件进行统一管理和控制。

1.1.2　关系数据库

关系数据库就是建立在关系模型基础上的数据库，它借助于集合代数等数学概念和方法来处理数据库中的数据。关系模型是在 20 世纪 70 年代提出来的，直到今天它仍然是数据存储的标准。关系模型由关系数据结构、关系操作集合、关系完整性约束这三个部分组成。现实世界中的各种实体及实体之间的各种联系都可以使用关系模型来表示。简言之，关系模型就是指二维表格模型，一个关系型数据库就是由二维表及其之间的联系所组成的数据组织。

在关系模型中，关系可以理解为一张二维表，每个关系都具有一个关系名，这就是表名。二维表中的行在数据库的术语中通常称为记录或元组；二维表中的列则称为字段或属性；字段的取值范围称为域，也就是字段的取值限制；一组可以唯一标识记录的字段称为关键字，也称为主键，主键由一个或多个字段组成；关系模式是指对关系的描述，其格式为"表名（字段 1，字段 2，…，字段 n）"，称为表结构。在关系数据库中，通过在不同的表之间创建关系可以将某个表中的字段链接到另一个表中的字段，以防止出现数据冗余。

1.1.3　数据库管理系统

数据库管理系统（DBMS）是一种管理数据库的软件，可以用于创建、使用和维护数据库。DBMS 对数据库进行统一的管理和控制，以保证数据库的安全性和完整性。用户通过 DBMS 访问数据库中的数据，数据库管理员（DBA）也通过 DBMS 进行数据库的维护工作。DBMS 可以使多个应用程序和用户使用不同方法来创建、修改和查询数据库。大部分 DBMS 提供数据定义语言（DDL）和数据操作语言（DML），允许用户定义数据库的模式结构和权限约束，实现添加、修改、删除和查询数据等操作。

目前，比较流行的数据库管理系统有：SQL Server、Oracle、Sybase、DB2、MySQL、Access、Visual FoxPro 及 Informix 等。

1.1.4　数据库系统

数据库系统（DBS）通常由软件、数据库和数据库管理员组成，其中软件主要包括操作系统、各种宿主语言、实用程序及数据库管理系统。数据库通过数据库管理系统进行统一管理，数据的添加、修改、删除和检索都要通过数据库管理系统来实现。数据库管理员负责创建、监控和维护整个数据库，使数据能够被拥有使用权限的人有效使用。

1.1.5 结构化查询语言

结构化查询语言（SQL，Structured Query Language）是一种关系数据库操作语言，它具有数据查询、数据定义、数据操作和数据控制功能，可以用于检索、插入、修改和删除关系数据库中的数据，也可以用于定义和管理数据库中的对象。

结构化查询语言包含以下六个部分。

（1）数据查询语言（DQL）：通过数据检索语句从表中获取数据。关键字 SELECT 是数据查询语句中用得最多的动词，其常用的关键字有 WHERE，ORDER BY，GROUP BY 和 HAVING。这些关键字也经常与其他类型的 SQL 语句一起使用。

（2）数据操作语言（DML）：也称为动作查询语言，用于添加、修改和删除表中的记录行，在其语句中使用的动词包括 INSERT、UPDATE 和 DELETE。

（3）事务处理语言（TPL）：确保被 DML 语句影响的表的所有行及时得以更新，所使用的语句包括 BEGIN TransactION、COMMIT 和 ROLLBACK。

（4）数据控制语言（DCL）：通过 GRANT 或 REVOKE 进行授权或撤销授权，确定单个用户和用户组对数据库对象的访问权限。

（5）数据定义语言（DDL）：在数据库中创建新表或删除表，在表中创建索引等，也是动作查询的一部分。在其语句中使用的动词包括 CREATE 和 DROP。

（6）指针控制语言（CCL）：用于对表中的单独行进行操作。所用语句包括 DECLARE CURSOR、FETCH INTO 和 UPDATE WHERE CURRENT 等。

美国国家标准局（ANSI）1986 年 10 月通过 SQL 的美国标准，接着国际标准化组织（ISO）颁布了 SQL 的正式国际标准。1989 年 4 月，ISO 提出了具有完整性特征的 SQL-89 标准，1992 年 11 月又公布了 SQL-92 标准。

SQL 在 SQL Server 中的实现形式称为 Transact-SQL，简称 T-SQL，它具有 SQL 的主要特点，同时增加了变量、运算符、函数、流程控制和注释等语言元素，功能更加强大。

任务 1.2 安装 SQL Server 2012

SQL Server 是微软推出的关系数据库管理系统。SQL Server 2012 全面支持云技术与平台，并且能够快速构建相应的解决方案实现私有云与公有云之间数据的扩展与应用的迁移。通过本任务将对 SQL Server 2012 提供的服务器组件、管理工具及 SQL Server 2012 的版本有一个了解，并掌握 SQL Server 2012 的安装步骤。

任务目标

- 了解 SQL Server 2012 服务器组件及其功能
- 了解 SQL Server 2012 管理工具及其功能
- 了解 SQL Server 2012 不同版本
- 掌握安装 SQL Server 2012 操作步骤

1.2.1　SQL Server 2012 服务器组件

SQL Server 2012 提供了各种服务器组件，现对这些服务器组件及其功能说明如下。

（1）SQL Server 数据库引擎：包括数据库引擎（用于存储、处理和保护数据安全的核心服务）、复制、全文搜索、用于管理关系数据和 XML 数据的工具及数据质量服务。

（2）分析服务：这是一个针对个人、团队和公司商业智能的分析数据平台和工具集，包括用于创建和管理联机分析处理（OLAP）及数据挖掘应用程序的工具。

（3）报表服务：包括用于创建、管理和部署表格报表、矩阵报表、图形报表及自由格式报表的服务器和客户端组件。报表服务还是一个可用于开发报表应用程序的可扩展平台。

（4）集成服务：这是一组图形工具和可编程对象，用于移动、复制和转换数据，还包括集成服务的数据质量服务（DQS）组件。

（5）主数据服务（MDS）：这是针对主数据管理的 SQL Server 解决方案。通过配置 MDS 可以管理任何领域（产品、客户、账户）；MDS 中可以包括层次结构、各种级别的安全性、事务、数据版本控制和业务规则，及可用于管理数据的 Excel 的外接程序。

1.2.2　SQL Server 2012 管理工具

SQL Server 2012 提供了各种管理工具，现对这些管理工具及其功能说明如下。

（1）SQL Server Management Studio（SSMS）：是用于访问、配置、管理和开发 SQL Server 组件的集成环境，它使各种技术水平的开发人员和管理员都能够使用 SQL Server。

（2）SQL Server 配置管理器：为 SQL Server 服务、服务器协议、客户端协议和客户端别名提供基本的配置管理。

（3）SQL Server 事件探查器：提供了一个图形用户界面，可以用于监视数据库引擎实例或分析服务实例。

（4）数据库引擎优化顾问：可以协助创建索引、索引视图和分区的最佳组合。

（5）数据质量客户端：提供了一个非常简单和直观的图形用户界面，用于连接到 DQS 数据库并执行数据清理操作。它还允许集中监视在数据清理操作过程中执行的各项活动。

（6）SQL Server 数据工具：以前称为 Business Intelligence Development Studio，它提供一个集成开发环境，可以为分析服务、报表服务和集成服务等商业智能组件生成解决方案。SQL Server 数据工具还包含数据库项目，为数据库开发人员提供集成环境，以便在 Visual Studio 内为任何 SQL Server 平台（包括本地和外部）执行其所有数据库设计工作。

（7）连接组件：安装用于客户端和服务器之间通信的组件，及用于 DB-Library、ODBC 和 OLE DB 的网络库。

1.2.3　SQL Server 2012 的不同版本

SQL Server 2012 提供了不同的版本，可以根据实际需要进行选择。现对 SQL Server 2012 各个版本及其支持的功能说明如下。

（1）企业版（Enterprise）：作为高级版本，SQL Server 2012 Enterprise 版提供了全面的高端数据中心功能，性能极为快捷，虚拟化不受限制，还具有端到端的商业智能，可以为关键任务工作负荷提供较高服务级别，支持最终用户访问深层数据。

（2）商业智能版（Business Intelligence）：SQL Server 2012 Business Intelligence 版提供了综合性平台，可以支持组织构建和部署安全、可扩展且易于管理的商业智能解决方案。商业智能版提供基于浏览器的数据浏览与可见性等功能强大的数据集成功能，及增强的集成管理。

（3）标准版（Standard）：SQL Server 2012 Standard 版提供了基本数据管理和商业智能数据库，使部门和小型组织能够顺利运行其应用程序并支持将常用开发工具用于内部部署和云部署，有助于以最少的 IT 资源获得高效地数据库管理。

（4）Web 版：对于为从小规模到大规模 Web 资产提供可伸缩性、经济性和可管理性功能的 Web 宿主和 Web VAP 来说，SQL Server 2012 Web 版是一项总拥有成本较低的选择。

（5）开发人员版（Developer）：SQL Server 2012 Developer 版支持开发人员基于 SQL Server 构建任意类型的应用程序。它包括 Enterprise 版的所有功能，但有许可限制，只能用作开发和测试系统，而不能用作生产服务器。它是构建和测试应用程序人员的理想之选。

（6）速成版（Express）：SQL Server 2012 Express 版是入门级的免费数据库，是学习和构建桌面及小型服务器数据驱动应用程序的理想选择。它是独立软件供应商、开发人员和热衷于构建客户端应用程序人员的最佳选择。如果用户需要使用更高级的数据库功能，则可以将 SQL Server Express 版无缝升级到其他更高端的 SQL Server 版本。SQL Server Express LocalDB 是 Express 的一种轻型版本，它具备所有可编程性功能，但在用户模式下运行，并且具有快速零配置安装和必备组件要求较少的特点。

1.2.4　安装 SQL Server 2012

使用 SQL Server 2012 安装程序可以在计算机上安装所有 SQL Server 组件，包括数据库引擎、分析服务、报表服务、集成服务、主数据服务及各种管理工具等。通过本任务中将学习在 Windows 7 平台上安装 SQL Server 2012 企业版。

在正式进行安装之前，首先要获取 SQL Server 2012 安装包。整个安装过程可在安装向导的帮助下进行，具体操作步骤如下。

（1）在 Windows 资源管理器中打开安装包，双击可执行文件"setup.exe"，运行安装程序，如图 1.1 所示。

（2）在如图 1.2 所示的"SQL Server 安装中心"窗口中，单击左侧窗格中的"安装"按钮。

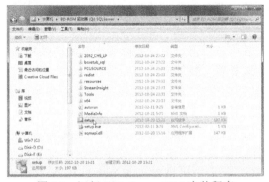

图 1.1　运行 SQL Server 2012 安装程序　　　　图 1.2　选择"安装"类别

（3）在如图 1.3 所示的"SQL Server 安装中心"窗口中，单击"全新 SQL Server 独立

数据库应用基础 (SQL Server 2012)

安装或向现有安装添加功能"选项。

（4）在如图 1.4 所示的"安装程序支持规则"窗口中，查看 SQL Server 安装程序支持文件检查结果，然后单击"确定"按钮。

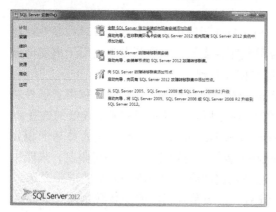

图 1.3　选择全新安装　　　　　　　　　　图 1.4　安装程序支持规则

（5）在如图 1.5 所示的"SQL Server 2012 安装程序"窗口中，输入产品密钥，然后单击"下一步"按钮；在如图 1.6 所示的"SQL Server 2012 安装程序"窗口中，阅读软件许可条款并勾选"我接受许可条款"复选框，然后单击"下一步"按钮。

图 1.5　输入产品密钥　　　　　　　　　　图 1.6　接受许可条款

（6）在如图 1.7 所示的"SQL Server 2012 安装程序"窗口中，勾选"包括 SQL Server 产品更新"复选框，然后单击"下一步"按钮；在如图 1.8 所示的"SQL Server 2012 安装程序"窗口中，选择"SQL Server 功能安装"选项，然后单击"下一步"按钮。

（7）在如图 1.9 所示的"SQL Server 2012 安装程序"窗口中，选择要安装的产品功能。若要安装产品的全部功能，单击"全选"按钮。选择要安装的产品功能后，单击"下一步"按钮；在如图 1.10 所示的"SQL Server 2012 安装程序"窗口中，查看有关安装规则的详细信息，然后单击"下一步"按钮。

（8）在如图 1.11 所示的"SQL Server 2012 安装程序"窗口中，选择"默认实例"选项，指定实例 ID（默认设置为 MSSQLSERVER，建议不要修改），设置实例安装根目录（默认设置为 C:\Program Files\Microsoft SQL Server\，也可以设置为其他磁盘），然后单击"下一步"按钮；在如图 1.12 所示的"SQL Server 2012 安装程序"窗口中，查看所选择的

SQL Server 功能对磁盘空间的需求，然后单击"下一步"按钮。

图 1.7　选择产品更新

图 1.8　选择 SQL Server 功能安装

图 1.9　选择要安装的功能

图 1.10　查看安装规则详细信息

图 1.11　配置 SQL Server 实例

图 1.12　查看磁盘空间需求

（9）在如图 1.13 所示的"SQL Server 2012 安装程序"窗口中，对选择安装的各个服务器组件（包括 SQL Server 代理、数据库引擎、分析服务、报表服务及集成服务等）设置账户名、密码和启动类型（可以是手动或者自动），完成配置后单击"下一步"按钮；在如图 1.14 所示的"SQL Server 2012 安装程序"窗口中，选择身份验证模式（包括 Windows 身份验证模式和混合模式），并指定 SQL Server 管理员。在这里，选择"Windows 身份验证模

走进 SQL Server 2012

式"选项，并指定当前用户作为 SQL Server 管理员，然后单击"下一步"按钮。

提示：混合模式允许用户使用 Windows 身份验证或 SQL Server 身份验证。在创建连接之后，服务器的安全机制对两种连接方式都是相同的。

图 1.13 配置 SQL Server 服务器

图 1.14 数据库引擎配置

（10）根据已选择安装的功能，依次对其他服务器组件（如分析服务、报表服务、分布式重播控制器、分布式重播客户端等）进行配置，然后单击"下一步"按钮；在如图 1.15 所示的"SQL Server 2012 安装程序"窗口中，对要安装的 SQL Server 2012 功能进行检查，如果没有问题，可以单击"安装"按钮，进入实际的安装过程。

（11）完成安装时将会出现如图 1.16 所示的"SQL Server 2012 安装程序"窗口，在此单击"关闭"按钮，结束 SQL Server 2012 的安装过程。

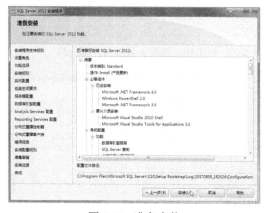

图 1.15 准备安装

图 1.16 完成 SQL Server 2012 安装

任务 1.3 运行 SQL Server 2012

完成 SQL Server 2012 的安装过程后，就可以运行和使用它了。通过本任务将学习和掌握运行 SQL Server 2012 的方法，包括管理 SQL Server 2012 服务器、连接 SQL Server 2012 服务器及设置 SQL Server 2012 服务器。

任务目标

- 掌握管理 SQL Server 2012 服务器的方法
- 掌握连接 SQL Server 2012 服务器的方法
- 掌握设置 SQL Server 2012 服务器的方法

1.3.1 管理 SQL Server 2012 服务器

SQL Server 2012 提供的服务器组件包括数据库引擎、分析服务、集成服务、报表服务及全文搜索等。这些组件在 Windows 系统中是以服务形式在后台运行的，可以通过两种方式对这些组件进行管理，一种方式是使用 Windows 自带的服务管理工具，另一种方式是使用 SQL Server 2012 提供的配置管理器。

1. 使用服务管理工具管理 SQL Server 2012 服务

使用服务管理工具管理 SQL Server 2012 服务的方法如下。

（1）单击"开始"按钮，然后执行"所有程序"→"管理工具"→"服务"命令，打开"服务"窗口。

（2）在如图 1.17 所示的"服务"窗口中，从服务列表中选择一项 SQL Server 2012 服务，可以根据需要在工具栏上单击"启动服务" ▶、"停止服务" ■、"暂停服务" ❚❚ 或"重新启动服务" ▶ 按钮。

图 1.17 "服务"窗口

（3）如果要设置某项 SQL Server 2012 服务的启动类型，可在服务列表中双击该服务，打开相应的服务属性对话框，选择"常规"选项卡，然后在"启动类型"列表中选择"自动""自动（延迟启动）""手动"或"禁用"选项，如图 1.18 所示。

（4）如果要设置服务的登录账户，可在服务属性对话框中选择"登录"选项卡，指定用来登录服务的用户账户并设置密码，然后单击"确定"按钮，如图 1.19 所示。

2. 使用配置管理器管理 SQL Server 2012 服务

使用配置管理器管理 SQL Server 2012 服务的方法如下。

（1）单击"开始"按钮，执行"所有程序"→"Microsoft SQL Server 2012"→"配置工具"→"SQL Server 配置管理器"命令，打开配置管理器窗口。

（2）出现如图 1.20 所示的配置管理器窗口时，在左侧窗格中单击"SQL Server 服务"

选项，在右侧窗格中单击要设置的 SQL Server 服务，然后根据需要在工具栏上单击"启动服务" ⓟ、"暂停服务" ⓘ、"停止服务" ⓢ或"重新启动服务" ⓒ按钮。

图 1.18　设置服务的启动类型

图 1.19　设置服务的登录账户

图 1.20　SQL Server 2012 配置管理器窗口

1.3.2　连接 SQL Server 2012 服务器

要使用 SQL Server，首先需要连接到 SQL Server 2012 服务器（通常是数据库引擎）。这可以使用 SQL Server Management Studio（SSMS）集成环境来实现，操作步骤如下。

（1）单击"开始"按钮，然后执行"所有程序"→"Microsoft SQL Server 2012"→"SQL Server Management Studio"命令。

（2）当出现如图 1.21 所示的"连接到服务器"对话框时，从"服务器类型"列表中选择要连接到的服务器的类型："数据库引擎""Analysis Services（分析服务）""Reporting Services（报表服务）"或"Integration Services（集成服务）"选项。

当连接到数据库引擎时，后续操作步骤如下。

（3）在"服务器名称"列表中选择要连接到的服务器名称。

（4）从"身份验证"列表中选择以下身份验证模式之一。

- Windows 身份验证模式：通过 Windows 用户账户进行连接。为了安全起见，应尽可能使用 Windows 身份验证。

图 1.21 "连接到服务器"对话框

- SQL Server 身份验证：当用户使用指定的登录名和密码从不可信连接进行连接时，SQL Server 将通过检查是否已设置 SQL Server 登录账户及指定的密码是否与以前记录的密码匹配，自行进行身份验证。如果尚未设置 SQL Server 登录账户，则身份验证会失败，并且会收到一条错误消息。

（5）单击"连接"按钮，进入 SQL Server Management Studio（SSMS）集成环境，此时默认打开"对象资源管理器"，如图 1.22 所示。

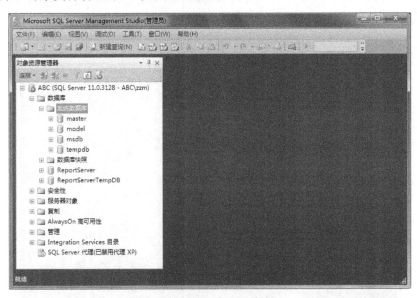

图 1.22 SSMS 集成环境窗口

在"对象资源管理器"中，位于树状视图的顶层的图标表示当前所连接的 SQL Server 服务器，即 ABC（SQL Server 11.0.3128－ABC\zzm）。其中，ABC 表示 SQL Server 服务器名称，即当前安装 SQL Server 2012 实例的计算机的名称；SQL Server 11.0.3128 表示 SQL Server 2012 数据库引擎版本；ABC\zzm 表示登录服务器的用户是当前计算机系统上的 Windows 用户 zzm。

如果需要了解或设置 SSMS 环境参数，可从"工具"菜单中选择"选项"命令，打开"选项"对话框，如图 1.23 所示。

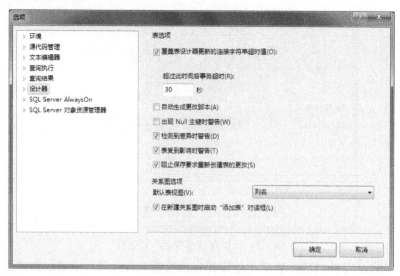

图 1.23　SSMS 环境参数设置

1.3.3　设置 SQL Server 2012 服务器

在 SSMS 集成环境中可以对 SQL Server 2012 服务器的属性进行设置，操作步骤如下。

（1）在"对象资源管理器"中，用鼠标右键单击当前链接的 SQL Server 服务器，从弹出的快捷菜单中选择"属性"命令，如图 1.24 所示。

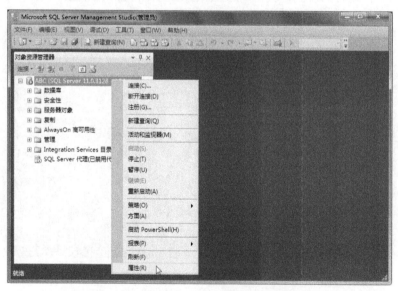

图 1.24　选择菜单命令以查看服务器属性

（2）此时将打开"服务器属性"对话框，该对话框包含一些设置页，"常规"页包含当前服务器名称、安装的 SQL Server 2012 版本（当前为标准版，64 位）、数据库引擎的版本、SQL Server 2012 安装根目录等信息，如图 1.25 所示。

（3）在对话框左侧窗格中单击"数据库设置"选项，在该页上可以对数据库默认位置进行设置，如图 1.26 所示。

图 1.25　SQL Server 服务器属性对话框之"常规"页

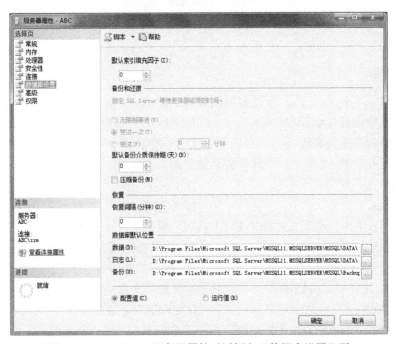

图 1.26　SQL Server 服务器属性对话框之"数据库设置"页

注意：修改数据库默认位置后必须重新启动 SQL Server 服务，才能使所做的更改生效。

（4）单击左侧窗格下方的"查看连接属性"链接，打开如图 1.27 所示的"连接属性"窗口，其中列出所安装的 SQL Server 2012 产品名称和版本、当前 SQL Server 服务器的名称和操作系统平台、当前连接的默认数据库（系统数据库 master）及当前用户的身份验证方式等。

图 1.27 查看连接信息

项目思考

一、选择题

1. 在下列各项中,( ) 不是数据库具有的特点。
   A. 一定数据模型组织在一起
   B. 尽可能小的冗余度
   C. 较高的数据独立性
   D. 不能被多个用户共享

2. 在下列各项中,( ) 不属于关系数据库。
   A. MySQL
   B. Excel
   C. Access
   D. SQL Server

3. 在下列各项中,动词 CRANT 和 REVOKE 属于 ( ) 的内容。
   A. 数据查询语言
   B. 数据操作语言
   C. 事务处理语言
   D. 数据控制语言

4. 在 SQL 语言中,关键字 ( ) 用于实现数据查询功能。
   A. SELECT
   B. CREATE、DROP
   C. INSERT、UPDATE、DELETE
   D. CRANT、REVOKE

5. 在下列各项中,( ) 不属于 SQL Server 服务器组件。
   A. 数据库引擎
   B. 分析服务
   C. 报表服务
   D. 邮件服务

6. 联机分析处理和数据挖掘是由 ( ) 提供的工具。
   A. 数据库引擎
   B. 分析服务
   C. 报表服务
   D. 集成服务

7. SQL Server 服务器管理可使用 ( ) 来实现。

A. SQL Server Management Studio　　B. SQL Server 配置管理器
C. SQL Server 事件探查器　　　　　D. 数据库引擎优化顾问

8. SQL Server 2012（　　）提供了全面的高端数据中心功能。

A. 企业版　　　　　　　　　　　B. 商业智能版
C. 标准版　　　　　　　　　　　D. Web 版

二、判断题

1.（　　）数据库（Database）是按照数据结构来组织、存储和管理数据的仓库。
2.（　　）关系数据库就是建立在层次模型基础上的数据库。
3.（　　）在关系数据库中，通过在表之间创建关系可以将某个表中的列链接到另一个表中的列。
4.（　　）结构化查询语言（SQL）是一种关系数据库操作语言。
5.（　　）主数据服务（DQS）用于移动、复制和转换数据。
6.（　　）数据质量客户端用于连接到 DQS 数据库并执行数据清理操作。
7.（　　）SQL Server 2012 标准版是入门级的免费数据库。
8.（　　）在 SQL Server Management Studio 集成环境中可设置默认数据库位置。

三、简答题

1. 举例说明数据库在日常生活中的应用？
2. 结构化查询语言包含哪 6 个部分？
3. 什么是 Transact-SQL？
4. SQL Server 2012 提供的服务器组件主要有哪些？
5. SQL Server 2012 提供的管理工具主要有哪些？
6. SQL Server 2012 有哪些版本？
7. SQL Server 2012 服务器有哪两种管理方式？
8. 如何设置 SQL Server 2012 的默认数据库位置？

项目实训

1. 安装 SQL Server 2012。
2. 在 SQL Server 配置管理器找到 SQL Server Integration Services 服务，然后通过以下操作来更改该服务的状态。

（1）启动服务；
（2）暂停服务；
（3）停止服务；
（4）重新启动服务。

3. 启动 SQL Server Management Studio 并连接到 SQL Server 数据库引擎，然后执行以下操作。

（1）修改数据库默认位置；
（2）查看连接属性。

项目 2

创建和管理数据库

数据库是存放数据库对象的容器，是数据库管理系统的核心，也是使用数据库系统时首先要创建的对象。在 SQL Server 2012 中，使用数据库引擎可以创建数据库，然后创建用于存储数据的表和用于查看、管理和保护数据安全的各种数据库对象。通过本项目将学习和掌握创建和管理 SQL Server 数据库的方法，包括认识 SQL Server 数据库、创建数据库、修改数据库、分离和附加数据库及备份和还原数据库等。

项目目标

- 理解 SQL Server 数据库的文件组成
- 掌握创建数据库的方法
- 掌握修改数据库的方法
- 掌握分离和附加数据库的方法
- 掌握备份和还原数据库的方法

任务 2.1 认识 SQL Server 数据库

在 SQL Server 服务器上，数据库作为两个或更多的磁盘文件实现，数据则被组织到用户可以看见的逻辑组件中。文件的物理实现在很大程度上是透明的，通常只有数据库管理员需要处理物理实现。使用数据库时主要使用各种逻辑组件，例如架构、表、视图、过程、用户及角色等。通过本任务将对 SQL Server 数据库的组成、文件与文件组及 SQL Server 系统数据库有一个基本了解。

任务目标

- 理解 SQL Server 数据库的组成
- 理解 SQL Server 数据库文件和文件组
- 理解 SQL Server 系统数据库
- 理解 SQL Server 数据库的各种状态
- 理解 SQL Server 数据库文件的各种状态

2.1.1 SQL Server 数据库概述

SQL Server 数据库由表的集合组成，这些表用于存储一组特定的结构化数据。表中包含行和列的集合，在数据库术语中每一行称为一条记录，每一列称为一个字段。表中的每一列都用于存储某种类型的信息，如日期、名称、金额和数字。

表上有几种类型的控制，例如约束、触发器、默认值和自定义用户数据类型等，用于保证数据的有效性。通过向表中添加声明性引用完整性约束，可以确保不同表中的相关数据保持一致。表上可以有索引，利用索引能够快速找到记录。

例如，创建一个数据库来管理学生数据。在该数据库中，创建一个名为"学生"的表来存储每个学生的信息，在该表中添加"学号""姓名""性别""出生日期"和"班级"等列。为了确保不存在两个学生使用同一个学号的情况，并确保"班级"列仅包含学校中的有效班级编号，必须向该表中添加一些约束。

由于需要根据学号或姓名快速查找学生的相关数据，因此可以定义一些索引。必须向"学生"表中针对每个学生添加一行数据记录，还必须创建一个名为 AddStudent 的存储过程。此过程的功能为接受录入的新生数据，并执行向"学生"表中添加行的操作。可能会需要学生的部门摘要，为此需要定义一个名为"班级学生"的视图，用于合并"班级"表和"学生"表中的数据并产生输出。所创建的"学生管理"数据库的各个部分如图 2.1 所示。

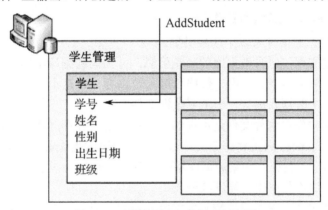

图 2.1 "学生管理"数据库示意图

在一台计算机上可以安装一个或多个 SQL Server 实例，每个 SQL Server 实例都可以包含一个或多个数据库。一个 SQL Server 实例中最多可以包含 32767 个数据库。

在数据库中有一个或多个对象所有权组，称为架构。在每个架构中，都存在数据库对象，例如表、视图和存储过程。某些对象（如证书和非对称密钥）包含在数据库中，但不包含在架构中。

如果某人获得对 SQL Server 实例的访问权限，则将其标识为一个登录名。当某些人获取对数据库的访问权限时，他们将被标识为数据库用户。数据库用户可以基于登录名来创建。如果启用包含数据库，也可以创建不基于登录名的数据库用户。

对数据库具有访问权限的用户可以授予他们访问数据库中对象的权限。尽管可以将权限授予各个用户，但建议创建数据库角色，并将数据库用户添加到角色中，然后对角色授予访问权限。对角色（而不是用户）授予权限更容易保持权限一致，随着用户数目的增长和持续更改也更易于了解。

大多数使用数据库的人员都使用 SSMS 工具，该工具提供了一个图形用户界面，可用于创建数据库和数据库中的对象。SSMS 还提供了一个 SQL 编辑器，用于通过编写 Transact-SQL 语句与数据库进行交互。

在 SQL Server 中，数据库分为系统数据库和用户数据库。系统数据库用于存储 SQL Server 服务器的系统级信息，例如系统配置、数据库、登录账户、数据库文件、数据库备份、警报及作业等，SQL Server 使用系统数据库来管理和控制整个数据库服务器。用户数据库则是由用户根据自己的需要而创建的，用于存储用户数据。

SQL Server 2012 提供了一个名为 Adventure Works 2012 的示例数据库，这个数据库就属于用户数据库。默认情况下安装 SQL Server 2012 时并不会自动安装这个示例数据库，用户可以根据需要从微软的网站下载并加以安装。

2.1.2 数据库文件与文件组

每个 SQL Server 数据库至少具有两个操作系统文件，一个是数据文件，另一个是事务日志文件。数据文件包含数据和对象，例如表、索引、存储过程及视图等。事务日志文件包含恢复数据库中的所有事务所需的信息。为了便于分配和管理，可以将多个数据文件集合起来放到文件组中。

1. SQL Server 数据库文件的类型

SQL Server 数据库文件有以下 3 种类型。

（1）主要数据文件：包含数据库的启动信息，并指向数据库中的其他文件。主要数据文件的建议文件扩展名是.mdf。用户数据和对象可以存储在这个文件中，也可以存储在次要数据文件中。每个数据库都有一个主要数据文件。

（2）次要数据文件：这种文件是可选的，由用户定义并存储用户数据。次要数据文件的建议文件扩展名是.ndf。通过将每个文件放在不同的磁盘驱动器上，次要文件可用于将数据分散到多个磁盘上。另外，如果数据库超过了单个 Windows 文件的最大大小，则可以使用次要数据文件，这样数据库就能继续增长。

（3）事务日志文件：保存用于恢复数据库的日志信息。每个数据库必须至少有一个事务日志文件。事务日志的建议文件扩展名是.ldf。

例如，可以创建一个简单的"销售"数据库，其中，包括一个包含所有数据和对象的主要文件和一个包含事务日志信息的事务日志文件。也可以创建一个更复杂的"订单"数据库，其中，包括一个主要文件和 5 个次要文件。数据库中的数据和对象分散在所有 6 个文件中，而 4 个事务日志文件包含事务日志信息。

默认情况下，数据和事务日志被放在同一个驱动器上的同一个路径下。这是为处理单磁盘系统而采用的方法。但是，在生产环境中这可能不是最佳的方法。建议将数据和事务日志文件放在不同的磁盘上。

SQL Server 数据文件和事务日志文件可以保存在 FAT 或 NTFS 文件系统中。由于 NTFS 在安全方面具有优势，因此建议使用 NTFS 文件系统。可读/写数据文件组和事务日志文件不能保存在 NTFS 压缩文件系统中。只有只读数据库和只读次要文件组可以保存在 NTFS 压缩文件系统中。

如果单台计算机上运行多个 SQL Server 实例，每个实例会接收不同的默认目录来保存在该实例中创建的数据库文件。

2. SQL Server 数据库文件的名称

SQL Server 数据库文件有以下两个名称。

（1）逻辑文件名：这是在所有 Transact-SQL 语句中引用物理文件时所使用的名称。逻辑文件名必须符合 SQL Server 标识符命名规则，而且在数据库中的逻辑文件名中必须唯一。

（2）操作系统文件名：这是包括目录路径的物理文件的名称，它必须符合操作系统文件命名规则。

3. 数据文件页

SQL Server 数据文件中的页面按顺序编号，文件首页以 0 开头。数据库中的每个文件都有一个唯一的文件 ID 号。如果要唯一地标识数据库中的页，则需要同时使用文件 ID 和页码。例如，一个数据库包含 4MB 主数据文件和 1MB 次要数据文件，其文件页如图 2.2 所示。

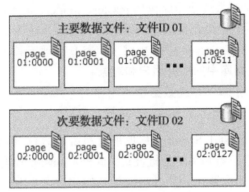

图 2.2　数据文件页

每个文件的第一页是一个包含有关文件属性信息的文件页的首页。在文件开始处的其他几页也包含系统信息（如分配映射）。有一个存储在主数据文件和第一个事务日志文件中的系统页是包含数据库属性信息的数据库引导页。

4. 文件大小

SQL Server 文件可以从其最初指定的大小开始自动增长。在定义文件时，可以指定一个特定的增量。每次填充文件时，其大小均按此增量来增长。如果文件组中有多个文件，则它们在所有文件被填满之前不会自动增长。填满后，这些文件会循环增长。

每个文件还可以指定一个最大大小。如果没有指定最大大小，文件可以一直增长到用完磁盘上的所有可用空间。如果 SQL Server 作为数据库嵌入某个应用程序，而该应用程序的用户无法迅速与系统管理员联系时，这个功能会特别有用。用户可以使文件根据需要自动增长，以减轻监视数据库中可用空间和手动分配额外空间的管理负担。

5. 文件组

每个 SQL Server 数据库都有一个主要文件组。这个文件组包含主要数据文件和未放入其他文件组的所有次要文件。所有系统表都被分配到主要文件组中。

也可以创建用户定义文件组，这是首次创建数据库或以后修改数据库时明确创建的文件组，它用于将数据文件集合起来，以便于管理、数据分配和放置。

可以分别在三个磁盘驱动器上创建三个文件 Data1.ndf、Data2.ndf 和 Data3.ndf，然后将它们分配给文件组 fgroup1，接下来可以明确地在文件组 fgroup1 上创建一个表。对表中数据的查询将分散到三个磁盘上，从而提高了性能。通过使用在 RAID（独立磁盘冗余阵列）条带集上创建的单个文件也能获得同样的性能提高。但是，通过文件和文件组可以轻松地在新磁盘上添加新文件。

如果在数据库中创建对象时没有指定对象所属的文件组，则对象将被分配给默认文件组。无论何时，只能将一个文件组指定为默认文件组。默认文件组中的文件必须足够大，能够容纳未分配给其他文件组的所有新对象。

PRIMARY 文件组是默认文件组，除非使用 ALTER DATABASE 语句进行了更改。但系统对象和表仍然分配给 PRIMARY 文件组，而不是新的默认文件组。

2.1.3　SQL Server 系统数据库

在 SQL Server 2012 中，系统数据库包括 master、model、msdb、Resource 和 tempdb 系统数据库。SQL Server 不支持用户直接更新系统对象（如系统表、系统存储过程和目录视图）中的信息。实际上，SQL Server 2012 提供了一整套管理工具，用户可以使用这些工具充分管理他们的系统及数据库中的所有用户和对象。

SQL Server 2012 提供了以下系统数据库。

1. master 数据库

master 数据库用于记录 SQL Server 系统的所有系统级信息，包括实例范围的元数据（如登录账户）、端点、链接服务器和系统配置设置。此外，master 数据库还记录了所有其他数据库的存在、数据库文件的位置及 SQL Server 的初始化信息。因此，如果 master 数据库不可用，则 SQL Server 无法启动。在 SQL Server 2012 中，系统对象不再存储在 master 数据库中，而是存储在 Resource 数据库中。

master 数据库的物理属性如下：主数据文件的逻辑名称为 master，物理名称为 master.mdf，以 10%的速度自动增长到磁盘充满为止；事务日志文件的逻辑名称为 mastlog，物理名称为 mastlog.ldf，而且以 10%的速度自动增长到最大 2TB。

不能在 master 数据库中执行下列操作：添加文件或文件组；更改排序规则（默认排序规则为服务器排序规则）；更改数据库所有者（master 归 dbo 所有）；创建全文目录或全文索引；在数据库的系统表上创建触发器；删除数据库；从数据库中删除 guest 用户；启用变更数据捕获；参与数据库镜像；删除主文件组、主数据文件或事务日志文件；重命名数据库或主文件组；将数据库设置为 OFFLINE（离线）；将数据库或主文件组设置为 READ_ONLY（只读）。

2. model 数据库

model 数据库用作在 SQL Server 服务器实例上创建的所有数据库的模板。因为每次启动 SQL Server 时都会创建 tempdb 系统数据库，所以 model 数据库必须始终存在 SQL Server 系统中。

创建数据库时，将通过复制 model 数据库中的内容来创建数据库的第一部分，然后用空页填充新数据库的剩余部分。如果修改 model 数据库，则以后创建的所有数据库都将继承这些修改。例如，可以设置权限或数据库选项或者添加对象，例如，表、函数或存储过程。

model 数据库的物理属性如下：主数据文件的逻辑名称为 modeldev，物理名称为 model.mdf，而且将以 10%的速度自动增长到磁盘充满为止；事务日志文件的逻辑名称为 modellog，物理名称为 modellog.ldf，而且以 10%的速度自动增长到最大 2TB。

不能在 model 数据库中执行下列操作：添加文件或文件组；更改排序规则（默认排序规则为服务器排序规则）；更改数据库所有者（model 归 dbo 所有）；删除数据库；从数据库中删除 guest 用户；启用变更数据捕获；参与数据库镜像；删除主文件组、主数据文件或事务日志文件；重命名数据库或主文件组；将数据库设置为 OFFLINE（离线）；将数据库或主文件组设置为 READ_ONLY（只读）；使用 WITH ENCRYPTION 选项创建过程、视图或触发器。

3. msdb 数据库

msdb 数据库由 SQL Server 代理用于计划警报和作业，也可以由其他功能（如 Service Broker 和数据库邮件）使用。

例如，SQL Server 在 msdb 中的表中自动保留一份完整的联机备份和还原历史记录。这些信息包括执行备份一方的名称、备份时间和用来存储备份的设备或文件。SSMS 使用这些信息来提出计划，还原数据库和应用任何事务日志备份。将会记录有关所有数据库的备份事件，即使它们是由自定义应用程序或第三方工具创建的。

msdb 数据库的物理属性如下：主数据文件的逻辑名称为 MSDBData，物理名称为 MSDBData.mdf，而且以 10%的速度自动增长到磁盘充满为止；事务日志文件的逻辑名称为 MSDBLog，物理名称为 MSDBLog.ldf，而且以 10%的速度自动增长到最大 2TB。

4. Resource 数据库

Resource 数据库为只读数据库，它包含了 SQL Server 中的所有系统对象。SQL Server 系统对象（如 sys.objects）在物理上保留在 Resource 数据库中，但在逻辑上却显示在每个数据库的 sys 架构中。Resource 数据库不包含用户数据或用户元数据。

Resource 数据库可以比较轻松快捷地升级到新的 SQL Server 版本。在早期版本的 SQL Server 中，进行升级时需要删除和创建系统对象。由于 Resource 数据库文件包含所有系统对象，因此，现在仅通过将单个 Resource 数据库文件复制到本地服务器便可完成升级。要回滚 Service Pack 中的系统对象更改，只需要使用早期版本覆盖 Resource 数据库的当前版本即可。

Resource 数据库的物理文件名为 mssqlsystemresource.mdf 和 mssqlsystemresource.ldf。这些文件位于<驱动器>:\Program Files\Microsoft SQL Server\MSSQL<版本>.<实例名>\MSSQL\Binn\，不应移动。每个 SQL Server 实例都具有一个唯一的关联的 mssqlsystemresource.mdf 文件，并且实例间不共享此文件。

Resource 数据库仅应由 Microsoft 客户支持服务部门的专家修改或在其指导下进行修改。唯一支持的用户操作是移动 Resource 数据库。

5. tempdb 系统数据库

tempdb 系统数据库系统数据库是一个全局资源，可供连接到 SQL Server 实例的所有用户使用，并可用于保存下列各项：显式创建的临时用户对象，例如全局或局部临时表、临时存储过程、表变量或游标；SQL Server 数据库引擎创建的内部对象，例如，用于存储假脱机或排序的中间结果的工作表；由使用已提交读（使用行版本控制隔离或快照隔离事务）的数据库中数据修改事务生成的行版本；由数据修改事务为实现联机索引操作、多个活动的结果集（MARS）及 AFTER 触发器等功能而生成的行版本。

tempdb 系统数据库中的操作是最小日志记录操作。这将使事务产生回滚。每次启动 SQL Server 时都会重新创建 tempdb 系统数据库，从而在系统启动时总是保持一个干净的数据库副本。在断开连接时会自动删除临时表和存储过程，并且在系统关闭后没有活动连接。因此 tempdb 系统数据库中不会有什么内容从一个 SQL Server 会话保存到另一个会话。不允许对 tempdb 系统数据库进行备份和还原操作。

tempdb 系统数据库系统数据库的物理属性如下：其主数据文件的逻辑名称为 tempdev，物理名称为 tempdb 系统数据库.mdf，而且将以 10%的速度自动增长直到磁盘充满；事务日志文件的逻辑名称为 templog，物理名称为 templog.ldf，而且以 10%的速度自动增长到最大 2TB。

tempdb 系统数据库的大小可以影响系统性能。如果 tempdb 系统数据库太小，则每次启动 SQL Server 时，系统处理可能忙于数据库的自动增长，而不能支持工作负荷要求。在这种情况下，可以通过增加 tempdb 系统数据库的大小来避免此开销。

不能对 tempdb 系统数据库执行以下操作：添加文件组；备份或还原数据库；更改排序规则（默认排序规则为服务器排序规则）；更改数据库所有者（tempdb 系统数据库的所有者是 dbo）；创建数据库快照；删除数据库；从数据库中删除 guest 用户；启用变更数据捕获；参与数据库镜像；删除主文件组、主数据文件或事务日志文件；重命名数据库或主文件组；运行 DBCC CHECKALLOC；运行 DBCC CHECKCATALOG；将数据库设置为 OFFLINE（离线）；将数据库或主文件组设置为 READ_ONLY（只读）。

2.1.4　数据库状态

数据库总是处于一个特定的状态中，例如 ONLINE 或 OFFLINE 等。若要确认数据库的当前状态，可选择 sys.databases 目录视图中的 state_desc 列或 DATABASEPROPERTYEX 函数中的 Status 属性。

下面列出各种数据库状态的定义。

（1）ONLINE：在线状态或联机状态，可以对数据库进行访问。即使可能尚未完成恢复的撤销阶段，主文件组仍处于在线状态。

（2）OFFLINE：离线状态或脱机状态，数据库无法使用。数据库由于用户操作而处于离线状态，并保持离线状态直至执行了其他的用户操作。例如，可能会让数据库离线以便将文件移至新的磁盘。在完成移动操作后，使数据库恢复到在线状态。

（3）RESTORING：恢复状态，正在还原主文件组的一个或多个文件，或正在脱机还原一个或多个辅助文件，数据库不可用。

（4）RECOVERING：还原状态，正在恢复数据库。恢复进程是一个暂时性状态，恢复成功后数据库将自动处于在线状态。若恢复失败，则数据库将处于可疑状态。数据库不可用。

（5）RECOVERY PENDING：恢复未完成状态，SQL Server 在恢复过程中遇到与资源相关的错误。数据库未损坏，但是可能缺少文件，或系统资源限制可能导致无法启动数据库，数据库不可用。需要用户另外执行操作来解决问题，并让恢复进程完成。

（6）SUSPECT：可疑状态，至少主文件组可疑或可能已损坏。在 SQL Server 启动过程中无法恢复数据库，数据库不可用。需要用户另外执行操作来解决问题。

（7）EMERGENCY：紧急状态，用户更改了数据库，并将其状态设置为 EMERGENCY。数据库处于单用户模式，可以修复或还原。数据库标记为 READ_ONLY，禁用日志记录，并且仅限 sysadmin 固定服务器角色的成员访问。EMERGENCY 主要用于故障排除。例如，可以将标记为"可疑"的数据库设置为 EMERGENCY 状态。这样可以允许系统管理员对数据库进行只读访问。只有 sysadmin 固定服务器角色的成员才可以将数据库设置为 EMERGENCY 状态。

2.1.5　数据库文件状态

在 SQL Server 中，数据库文件的状态独立于数据库的状态。文件始终处于一个特定状态，例如 ONLINE 或 OFFLINE。如果要查看数据库文件的当前状态，可以使用 sys.master_files 或 sys.database_files 目录视图。如果数据库处于离线状态，则可以从 sys.master_files 目录视图中查看文件的状态。

文件组中的文件状态确定了整个文件组的可用性。文件组中的所有文件都必须联机，文件组才可用。若要查看文件组的当前状态，可使用 sys.filegroups 目录视图。如果文件组处于离线状态，而尝试使用 Transact-SQL 语句访问该文件组，则操作将失败并显示一条错误。当查询优化器生成 SELECT 语句的查询计划时，它将避免使用位于离线文件组中的非聚集索引和索引视图，从而使这些语句成功。

下面列出各种文件状态的定义。

（1）ONLINE：在线状态，文件可用于所有操作。如果数据库本身处于在线状态，则主文件组中的文件始终处于在线状态。如果主文件组中的文件处于离线状态，则数据库将处于离线状态，并且辅助文件的状态未定义。

（2）OFFLINE：离线状态，文件不可访问，并且可能不显示在磁盘中。文件通过显式用户操作变为离线，并在执行其他用户操作之前保持离线状态。

（3）RESTORING：还原状态，正在还原文件。文件处于还原状态（因为还原命令会影响整个文件，而不仅是页还原），并且在还原完成及文件恢复之前，一直保持此状态。

（4）RECOVERY PENDING：恢复未完成状态，文件恢复被推迟。由于在段落还原过程中未还原和恢复文件，因此文件将自动进入此状态。需要用户执行其他操作来解决该错误，并允许完成恢复过程。

（5）SUSPECT：可疑状态，联机还原过程中恢复文件失败。如果文件位于主文件组，则数据库还将标记为可疑；否则仅文件处于可疑状态，而数据库仍处于在线状态。

任务 2.2　创建数据库

创建数据库，就是确定数据库的名称、所有者、大小、增长方式及存储该数据库的文件和文件组等信息的过程。在 SQL Server 2012 中，创建数据库主要有两种方法：一种方法是使用集成环境 SSMS 提供的用户界面，另一种方法则是使用 Transact-SQL 语句。创建数据库需要拥有 CREATE DATABASE 权限。为了控制对运行 SQL Server 实例的计算机上的磁盘使用，通常只有少数登录账户才有创建数据库的权限。

任务目标

- 掌握使用 SSMS 用户界面创建数据库的方法
- 掌握使用 Transact-SQL 语句创建数据库的方法

2.2.1 使用 SSMS 图形界面创建数据库

使用 SSMS 创建数据库的操作过程如下。

（1）在"对象资源管理器"中，连接到数据库引擎的实例，然后展开该实例。

（2）右键单击"数据库"选项，在弹出的快捷菜单中单击"新建数据库"命令，如图 2.3 所示。

图 2.3 选择"新建数据库"命令

（3）在"新建数据库"对话框中，输入数据库名称，如图 2.4 所示。

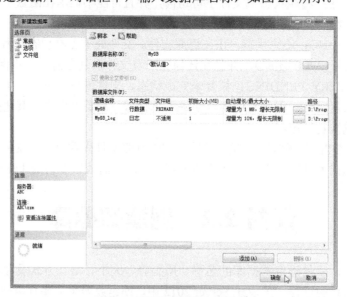

图 2.4 "新建数据库"对话框

（4）若要通过接受所有默认值创建数据库，请单击"确定"按钮；否则，执行继续后面的可选步骤。

（5）若要更改所有者名称，可以单击 按钮选择其他所有者。

注意： "使用全文检索"选项始终处于选中和灰显状态，这是因为从 SQL Server 2012 开始，所有用户数据库都启用了全文检索功能。

（6）若要更改主数据文件和事务日志文件的默认值，可以在"数据库文件"网格中单击"逻辑名称""初始大小""自动增长/最大大小"或"路径"单元格，然后输入或设置新值。

（7）若要更改数据库的排序规则，可以选择"选项"页，然后从列表中选择一个排序规则，如图 2.5 所示。

图 2.5 "新建数据库"对话框之"选项"页

（8）若要更改恢复模式，可以选择"选项"页，然后从列表中选择一个恢复模式。

（9）若要更改数据库选项，可以选择"选项"页，然后修改数据库选项。

（10）若要添加新文件组，可以单击"文件组"页，单击"添加文件组"按钮，然后输入文件组的值，如图 2.6 所示。

（11）所有选项设置完成后，单击"确定"按钮，创建数据库。

例 2.1 设置数据库默认位置为"E:\SQL Server 2012\DATA\"，然后使用 SSMS 图形界面创建一个名为 Student 的数据库，要求数据文件和事务日志文件的各项属性均按默认值设置。

创建数据库的操作过程如下。

（1）启动 SSMS，连接到 SQL Server 数据库引擎，系统默认打开对象资源管理器。

（2）在"对象资源管理器"窗格中，用右键单击数据库引擎实例，在弹出的快捷菜单中选择"属性"命令，在"服务器属性"对话框中选择"数据库设置"页，设置数据库默认位置为"E:\SQL Server 2012\DATA\"。

（3）在"对象资源管理器"窗格中，右键单击"数据库"，在弹出的快捷菜单中选择"新建数据库"命令。

创建和管理数据库

图 2.6 "新建数据库"对话框之"文件组"页

（4）在"新建数据库"对话框中，输入数据库名称为"Student"（数据库逻辑名称），其他属性按默认值设置，如图 2.7 所示。

图 2.7 创建 student 数据库

在如图 2.7 所示的"新建数据库"对话框中，数据库文件的默认设置如下。

- 主数据文件：逻辑名称为 Student；所在文件组为 PRIMARY；初始大小为 5MB，增量为 1MB，增长无限制；物理文件名称为 Student.mdf，其存放路径是默认位置。
- 事务日志文件：逻辑名称为 Student_log；初始大小为 1MB，增量为 10%，增长无限制；物理文件名称为 Student_log.ldf，其存放路径也是默认位置。

（5）单击"确定"按钮。此时，在"对象资源管理器"中展开"数据库"，可以看到新建的 Student 数据库，如图 2.8 所示；在数据库存储目录中也可以找到数据库的主数据文件和事务日志文件，如图 2.9 所示。

图 2.8 新建数据库

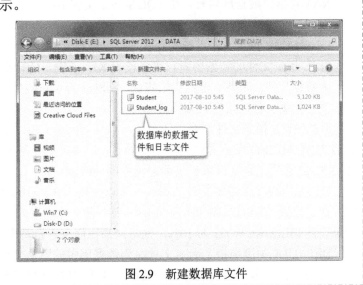

图 2.9 新建数据库文件

2.2.2 使用 Transact-SQL 语句创建数据库

在 Transact-SQL 语言中，可以使用 CREATE DATABASE 语句来创建一个新的数据库和用于存储该数据库的文件。

1. CREATE DATABASE 语句语法格式

CREATE DATABASE 语句的基本语法格式如下：

```
CREATE DATABASE 数据库名称
[ON
    [PRIMARY]
    [<数据文件选项>[, ...]
    [, <数据文件组选项>[, ...]]
    [LOG ON {<事务日志文件选项>[, ...]}}]
    [COLLATE 排序名称]
]

<文件选项>::=
{
(
    NAME=逻辑文件名,
    FILENAME={'操作系统文件名'}
    [, SIZE=文件初始容量 [KB|MB|GB|TB]]
    [, MAXSIZE={文件最大容量 [KB|MB|GB|TB]|UNLIMITED}]
    [, FILEGROWTH=文件增长 [KB|MB|GB|TB|%]]
)
}

<文件组选项>::=
{
    FILEGROUP 文件组名 [DEFAULT]
    <文件选项>[, ...]
}
```

NAME 指定数据库名称,在 SQL Server 实例中必须是唯一的,并且必须符合标识符命名规则。

FILENAME 指定操作系统文件名,即操作系统在创建物理文件时使用的路径和文件名。

SIZE 指定文件的初始容量,可以使用 KB、MB、GB 或 TB 为单位,默认单位为 MB。对于主数据文件,如果不指定初始容量,则默认为系统数据库 model 的主数据文件的大小;对于次要数据文件,自动设置为 3MB。

MAXSIZE 指定文件的最大容量,可以使用 KB、MB、GB 或 TB 为单位,默认单位为 MB。UNLIMITED 表示文件大小不受限制,但实际上受磁盘可用空间的限制。如果不指定 MAXSIZE 选项,则文件增长仅受磁盘空间的限制。

FILEGROWTH 指定文件的增长,可以使用 KB、MB、GB、TB 或百分比为单位。例如,如果设置 FILEGROWTH 为 5MB,则不管文件原来的容量是多大,每次均增长 5MB;如果设置 FILEGROWTH 为 10%,则每次都在原来容量基础上增长 10%。

DEFAULT 关键字指定命名文件组为数据库中的默认文件组。

<文件选项>指定属于文件组的文件的属性,其格式描述与主数据文件的属性描述相同。

COLLATE 指定数据库的默认排序规则。排序名称可以是 Windows 排序规则名称,也可以是数据库排序规则名称,后者为默认设置。

2. CREATE DATABASE 语句应用实例

下面结合实例来介绍如何使用 CREATE DATABASE 语句创建数据库,分为以下 3 种情况。

第一种情况:数据库包含一个数据文件和一个事务日志文件。

例 2.2 创建一个名为"员工"的数据库,其初始容量为 10MB,最大容量为 50MB,允许数据库自动增长,文件增量为 5MB;事务日志文件的初始容量为 5MB,最大容量为 25MB,以 5MB 为增量自动增长。

启动 SSMS,在"标准"工具栏上单击"新建查询"按钮,然后在"SQL 编辑器"窗口中输入以下 Transact-SQL 语句:

```
CREATE DATABASE 员工
ON (
    NAME=Employee_dat,
    FILENAME='E:\SQL Server 2012\DATA\empdat.mdf',
    SIZE=10,
    MAXSIZE=50,
    FILEGROWTH=5
)
LOG ON (
    NAME=Employee_log,
    FILENAME='E:\SQL Server 2012\DATA\emplog.ldf',
    SIZE=5MB,
    MAXSIZE=25MB,
    FILEGROWTH=5MB
);
```

在"SQL 编辑器"工具栏上单击"执行"按钮或按 F5 键,执行上述语句,此时可以在"消息"窗格中看到"命令已成功完成"的提示信息。在"对象资源管理器"窗格中,右键单击"数据库"并选择"刷新"命令,即可看到新建的数据库,如图 2.10 所示。

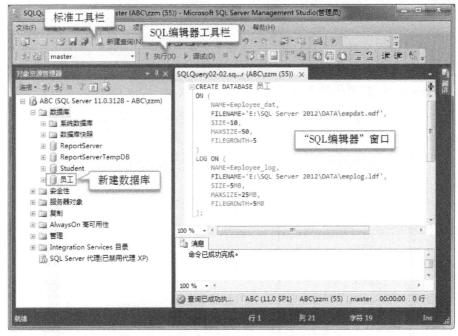

图 2.10   使用 Transact-SQL 语句创建数据库

第二种情况:数据库包含两个数据文件和一个事务日志文件。

例 2.3 创建一个名为"销售"的数据库。该数据库包含两个数据文件,其中,主数据文件的初始容量为 50MB,最大容量为 1GB,按 5MB 增量增长;次要数据文件的初始容量为 10MB,最大容量不受限制,按 10%增量增长;该数据库仅包含一个事务日志文件,其初始容量为 5MB,最大容量为 50MB,按 2MB 增量增长。

启动 SSMS,在"SQL 编辑器"窗口中输入并执行以下 Transact-SQL 语句:

```
CREATE DATABASE 销售
ON PRIMARY (
    NAME=Sales_dat1,
    FILENAME='E:\SQL Server 2012\DATA\saledat1.mdf',
    SIZE=5MB,
    MAXSIZE=1GB,
    FILEGROWTH=5MB
),
(
    NAME=Sales_dat2,
    FILENAME='E:\SQL Server 2012\DATA\saledat2.ndf',
    SIZE=10MB,
    MAXSIZE=UNLIMITED,
    FILEGROWTH=10%
```

创建和管理数据库

```
)
LOG ON (
    NAME=Sales_log,
    FILENAME='E:\SQL Server 2012\DATA\salelog.ldf',
    SIZE=5MB,
    MAXSIZE=50MB,
    FILEGROWTH=5MB
);
```

上述 Transact-SQL 语句的执行情况如图 2.11 所示。

图 2.11 创建的数据库包含两个数据文件和一个事务日志文件

第三种情况：数据库包含 6 个数据文件，分成 3 个文件组。

例 2.4 创建一个名为"货物"的数据库。该数据库包含两个文件组，主文件组包含 6 个数据文件，分成 3 个文件组，具体分组情况如下。

（1）主文件组：包含一个主数据文件和次要数据文件，初始容量均为 10MB，最大容量均为 50MB，文件增量均为 10%。

（2）文件组 GoodsGroup1：包含两个次要数据文件，初始容量均为 10MB，最大容量均为 50MB，文件增量均为 2MB。

（3）文件组 GoodsGroup2：包含两个次要数据文件，初始容量均为 10MB，最大容量均为 100MB，文件增量均为 5MB。

启动 SSMS，在"SQL 编辑器"窗口中输入并执行以下 Transact-SQL 语句：

```
CREATE DATABASE 货物
ON PRIMARY (
    NAME=GoodsPri_dat1,
    FILENAME='E:\SQL Server 2012\DATA\GoodsPridat1.mdf',
```

创建和管理数据库

```
    SIZE=10,
    MAXSIZE=50,
    FILEGROWTH=15%
),
(
    NAME=GoodsPri_dat2,
    FILENAME='E:\SQL Server 2012\DATA\GoodsPridat2.ndf',
    SIZE=10,
    MAXSIZE=50,
    FILEGROWTH=15%
),
FILEGROUP GoodsGroup1
(
    NAME=GoodsGrp1_dat1,
    FILENAME='E:\SQL Server 2012\DATA\GoodsGrp1dat1.ndf',
    SIZE=10,
    MAXSIZE=50,
    FILEGROWTH=2
),
(
    NAME=GoodsGrp1_dat2,
    FILENAME='E:\SQL Server 2012\DATA\GoodsGrp1dat2.ndf',
    SIZE=10,
    MAXSIZE=50,
    FILEGROWTH=2
),
FILEGROUP GoodsGroup2
(
    NAME=GoodsGrp2_dat1,
    FILENAME='E:\SQL Server 2012\DATA\GoodsGrp2dat1.ndf',
    SIZE=10,
    MAXSIZE=100,
    FILEGROWTH=5
),
(
    NAME=GoodsGrp2_dat2,
    FILENAME='E:\SQL Server 2012\DATA\GoodsGrp2dat2.ndf',
    SIZE=10,
    MAXSIZE=100,
    FILEGROWTH=5
)
LOG ON
(
    NAME=Goods_log,
    FILENAME='E:\SQL Server 2012\DATA\GoodsLog.ldf',
    SIZE=5MB,
    MAXSIZE=25MB,
    FILEGROWTH=5MB
);
```

上述 Transact-SQL 语句语句的执行情况如图 2.12 所示。

图 2.12　创建的数据库包含三个文件组和一个事务日志文件

任务 2.3　修改数据库

创建 SQL Server 数据库后，可以对其属性进行修改。要修改数据库的属性，必须拥有对数据库的 ALTER 权限。修改数据库可以使用 SSMS 图形界面或 Transact-SQL 语句来完成，主要内容包括扩展数据库、收缩数据库、移动数据库文件、设置数据库选项、重命名数据库及删除数据库等。通过本任务将学习修改 SQL Server 数据库的方法。

任务目标

- 掌握使用 SSMS 图形界面修改数据库的方法
- 掌握扩展数据库的各种方法
- 掌握收缩数据库的各种方法
- 掌握移动数据库文件的方法
- 掌握设置数据库选项的方法
- 掌握重命名和删除数据库的方法

2.3.1　使用 SSMS 图形界面修改数据库

使用 SSMS 查看和修改数据库属性的操作方法如下。

（1）在对象资源管理器中，连接到 SQL Server 数据库引擎的实例，然后展开该实例。

（2）展开"数据库"，右键单击要修改的数据库，从弹出的快捷菜单中选择"属性"命令，如图 2.13 所示。

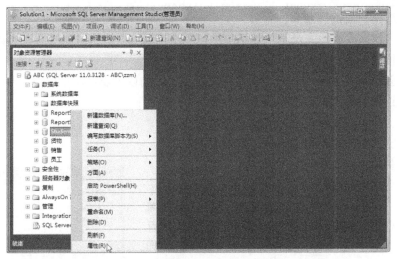

图2.13 从弹出的快捷菜单中选择"属性"命令

（3）在"数据库属性"对话框中，选择一个页以修改相应的信息。选择"文件"页可以修改数据文件和事务日志文件信息，也可以添加新的数据文件和事务日志文件，如图2.14所示。

图2.14 "数据库属性"对话框之"文件"页

（4）完成数据库属性修改后，单击"确定"按钮，修改内容立即生效。

例2.5 使用SSMS图形界面修改例2.2中创建的"员工"数据库。要求在该数据库中添加一个次要数据文件，其逻辑名称为Employee_dat2，初始容量为10MB，最大容量为50MB，文件增量为10%，物理文件名为empdata2.ndf，存放路径为"E:\SQL Server 2012\DATA"。

使用SSMS图形界面修改"员工"数据库的操作过程如下。

（1）启动SSMS，连接到SQL Server数据库引擎，此时默认打开对象资源管理器。

（2）在"对象资源管理器"中，展开"数据库"，右键单击"员工"数据库，从弹出的快捷菜单中选择"属性"命令。

（3）在"数据库属性－员工"对话框中，单击"添加"按钮，此时会在"数据库文件"网格底部新增加一行。

（4）在新行的各个单元格中，设置次要数据文件的以下属性。

- 在"逻辑名称"单元格中输入"Employee_dat2"；
- 在"文件类型"单元格中选择"行数据"；
- 在"文件组"单元格中选择"PRIMARY"；
- 在"初始大小"单元格中输入 5；
- 在"自动增长/最大大小"单元格中单击浏览按钮 ，然后在"更改 Employee_dat2 的自动增长设置"对话框中，将"文件增长"设置为按百分比 10%，将"最大文件大小"设置为限制为 50MB，如图 2.15 所示。
- 在"路径"单元格中输入"E:\SQL Server 2012\DATA\"。
- 在"文件名"单元格中输入"empdat2.ndf"。

新添加数据文件的属性如图 2.16 所示。

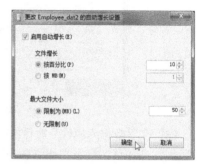

图 2.15 文件自动增长设置

图 2.16 向数据库中添加数据文件

（5）单击"确定"按钮，使修改立即生效。

2.3.2 使用 Transact-SQL 语句修改数据库

在 Transact-SQL 中，可以使用 ALTER DATABASE 语句修改与数据库关联的文件和文件组，可以在数据库中添加或删除文件和文件组、更改数据库或其文件和文件组的属性。这个语句包含各种各样的子句，其语法格式如下：

```
ALTER DATABASE 数据库名
{
```

```
    ADD FILE <文件选项>[, ...][TO FILEGROUP 文件组名]
    |ADD LOG FILE <文件选项>[, ...]
    |REMOVE FILE 逻辑文件名
    |MODIFY FILE <文件选项>
    |MODIFY NAME=新数据库名
    |ADD FILEGROUP 文件组名[, ...]
    |REMOVE FILEGROUP 文件组名
    |MODIFY FILEGROUP 文件组名
    {<文件组可更新选项>|DEFAULT|NAME=新文件组名}
    |SET <属性选项>[, ...][WITH <终止>]
    |COLLATE 排序名
);
```

数据库名指定要修改的目标数据库。

ADD FILE 子句用于向数据库中添加数据文件，该文件的属性由<文件选项>指定，请参阅 CREATE DATABASE 语句中的说明。TO FILEGROUP 用于指定要添加的数据文件属于哪个文件组，如果省略，则属于主文件组。

ADD LOG FILE 子句用于数据库中添加事务日志文件，该文件的属性由<文件选项>指定。

REMOVE FILE 子句用于从数据库中删除数据文件，被删除文件由"逻辑文件名"参数指定。从数据库中删除一个数据文件时，逻辑文件与物理文件被一并删除。

MODIFY FILE 子句用于修改数据文件的属性，被修改文件的逻辑名称由<文件选项>中的 NAME 属性指定，可以修改的文件属性包括 FILENAME（文件名）、SIZE（文件容量）、MAXSIZE（文件最大容量）及 FILEGROWTH（文件增量）。一次只能修改一个属性；修改文件大小时，新值不能小于当前文件容量。

MODIFY NAME 子句用于重命名数据库，新的数据库名由"新数据库名"参数指定。

ADD FILEGROUP 子句用于向数据库中添加文件组，要添加的新文件组名由"文件组名"参数指定。

REMOVE FILEGROUP 子句用于从数据库中删除文件组，待删除文件组由"文件组名"参数指定。

MODIFY FILEGROUP 子句用于修改文件组的属性，待修改文件组由"文件组名"参数指定；<文件组可更新选项>用于设置文件组的读写权限，使用 READONLY 和 READ_ONLY 可将文件组设置为只读，使用 READWRITE 和 READ_WRITE 可将文件组设置为读写模式；使用 DEFAULT 选项可将该文件组设置为数据库的默认文件组；NAME 选项用于将文件组名更改为新文件组名。

SET 子句用于设置数据库的选项，要设置的选项由<选项>参数指定。例如，如果对数据库设置了 READ_ONLY 属性时，则设置数据库为只读的。

以上讲述了 ALTER DATABASE 语句的语法，接下来几个小节将介绍该语句的具体应用。

2.3.3　扩展数据库

默认情况下，SQL Server 根据创建数据库时指定的增长参数自动扩展数据库。不过，也可以通过手动方式来扩展数据库，为此可以为现有数据库文件分配更多的磁盘空间，或者向数据库中添加新文件。如果现有的文件已满，则可能需要扩展数据或事务日志的空间。

如果数据库已经用完分配给它的空间且不能自动增长，则会出现错误。

在 Transact-SQL 中，可以使用 ALTER DATABASE 语句来增加数据库的大小，这个操作过程可以通过以下 3 种方式来实现：使用 MODIFY FILE 子句修改现有数据文件的大小；使用 ADD FILE 子句向数据库中添加新的数据文件；使用 ADD FILEGROUP 子句向数据库中添加新的文件组。

例 2.6 使用 ALTER DATABASE 语句扩展例 2.3 中创建的"销售"数据库。要求如下：

（1）将逻辑名称为 Sales_dat1 的数据文件的大小改为 10MB;

（2）向该数据库中添加一个数据文件，文件的初始容量为 10MB，最大容量为 100MB，文件增长为 10%;

（3）向该数据库中添加一个名为 SalesFG1 的文件组；

（4）向文件组 SalesFG1 中添加两个数据文件，文件的初始容量均为 5MB，最大容量均为 100MB，文件增量为 5MB。

启动 SSMS，在"SQL 编辑器"窗口中输入并执行以下 Transact-SQL 语句：

```
ALTER DATABASE 销售
MODIFY FILE (
    NAME=Sales_dat1,
    SIZE=10MB
);
GO
ALTER DATABASE 销售
ADD FILE (
    NAME=Sales_dat3,
    FILENAME='E:\SQL Server 2012\DATA\saledat3.ndf',
    SIZE=10MB,
    MAXSIZE=100MB,
    FILEGROWTH=10%
);
GO
ALTER DATABASE 销售
ADD FILEGROUP SalesFG1;
GO
ALTER DATABASE 销售
ADD FILE (
    NAME=Sales_dat4,
    FILENAME='E:\SQL Server 2012\DATA\saledat4.ndf',
    SIZE=5MB,
    MAXSIZE=100MB,
    FILEGROWTH=5MB
),
(
    NAME=Sales_dat5,
    FILENAME='E:\SQL Server 2012\DATA\saledat5.ndf',
    SIZE=5MB,
    MAXSIZE=100MB,
    FILEGROWTH=5MB
)
TO FILEGROUP SalesFG1;
GO
```

注意：在这个例子中多次执行 ALTER DATABASE 语句，每条 ALTER DATABASE 语句后面都添加了一个 GO 关键字。该关键字是批处理的结束标志，所谓批处理就是一条或多条 SQL 语句的集合。

上述 Transact-SQL 语句的执行情况如图 2.17 所示。

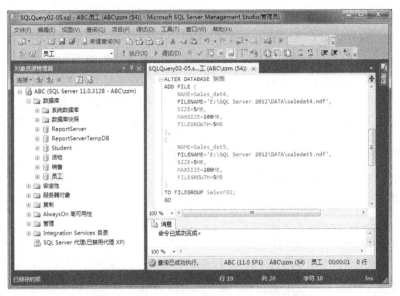

图 2.17　使用 Transact-SQL 语句扩展数据库

命令执行成功后，可在"对象资源管理器"窗格中右键单击"销售"数据库，在弹出的快捷菜单中选择"属性"命令，然后在"数据库属性"对话框中选择"文件"页，查看文件信息，如图 2.18 所示。

图 2.18　在数据库属性对话框中查看数据库文件信息

2.3.4　收缩数据库

SQL Server 数据库中的每个文件都可以通过删除未使用的页的方法来减小。尽管数据库引擎会有效地重新使用空间，但某个文件多次出现无须原来大小的情况后，收缩文件就变得很有必要了。数据和事务日志文件都可以减小（收缩）。既可以通过设置数据库来使其按照指定的间隔自动收缩，也可以成组或单独地手动收缩数据库文件，还可以从数据库中删除文件和文件组。

1．自动收缩数据库

在 SQL Server 中，数据库引擎会定期检查每个数据库的空间使用情况。如果某个数据库的 AUTO_SHRINK 选项设置为 ON，则数据库引擎将自动收缩该数据库的可用空间，以减少数据库中文件的大小。该活动在后台进行，不影响数据库内的用户活动。

使用 ALTER DATABASE 语句可以设置数据库的 AUTO_SHRINK 选项：

```
ALTER DATABASE 数据库名 SET AUTO_SHRINK ON;
```

2．使用 DBCC SHRINKDATABASE 收缩数据库

使用 DBCC SHRINKDATABASE 语句可以收缩特定数据库的所有数据文件和事务日志文件，语法格式如下：

```
DBCC SHRINKDATABASE
(数据库名|数据库 ID|0[, 目标百分比]
[, {NOTRUNCATE|TRUNCATEONLY}]);
```

其中，数据库名指定要收缩数据库，数据库 ID 表示要收缩的数据库的 ID，0 表示当前数据库。目标百分比指定数据库收缩后的数据库文件中可用空间的百分比。

NOTRUNCATE 表示将文件中的数据移动到前面的数据页，但不把未用空间释放给操作系统；TRUNCATEONLY 表示将文件末尾的未分配空间全部释放给操作系统，但不在文件内部移动数据。NOTRUNCATE 和 TRUNCATEONLY 不能同时使用。

例如，下面的语句用于减小 UserDB 用户数据库中的文件，以使数据库中的文件有 10% 的可用空间。

```
DBCC SHRINKDATABASE(UserDB, 10)
```

若要将当前数据库压缩到未使用空间占数据库大小的 10%，可以使用以下语句：

```
DBCC SHRINKDATABASE(0, 10);
```

3．使用 DBCC SHRINKFILE 收缩数据库文件

使用 DBCC SHRINKFILE 语句可以收缩相关数据库的指定数据文件或事务日志文件大小，基本语法格式如下：

```
DBCC SHRINKFILE
({文件名|文件 ID}, 目标大小)
```

其中文件名指定要收缩的文件的逻辑名称；文件 ID 指定要收缩的文件的标识号（ID）；目标大小指定收缩后的文件大小，用整数表示，以 MB 为单位。

若要获取文件 ID，可使用 FILE_ID 函数或在当前数据库中搜索 sys.database_files。

DBCC SHRINKFILE 适用于当前数据库中的文件。使用时，需要使用 USE 语句先将上下文切换到数据库，然后发出引用该特定数据库中文件的 DBCC SHRINKFILE 语句。

例如，下面的语句将 UserDB 用户数据库中名为 DataFil1 的文件的大小收缩到 10MB。

```
USE UserDB;
GO
DBCC SHRINKFILE(DataFil1, 10);
GO
```

4. 从数据库中删除文件和文件组

在 ALTER DATABASE 语句中使用 REMOVE FILE 子句可以从指定的数据库中删除文件，使用 REMOVE FILEGROUP 子句可以从数据库中删除文件组。

例 2.7 从例 2.4 中创建的"货物"数据库中删除逻辑名称为 GoodsGrp1_data2 的数据文件和名称为 GoodsGroup2 的文件组。

启动 SSMS，在"SQL 编辑器"窗口中输入并执行以下 Transact-SQL 语句：

```
ALTER DATABASE 货物
REMOVE FILE GoodsGrp1_dat2;
GO
ALTER DATABASE 货物
REMOVE FILE GoodsGrp2_dat1;
GO
ALTER DATABASE 货物
REMOVE FILE GoodsGrp2_dat2;
GO
ALTER DATABASE 货物
REMOVE FILEGROUP GoodsGroup2;
GO
```

上述 Transact-SQL 语句的执行情况如图 2.19 所示。

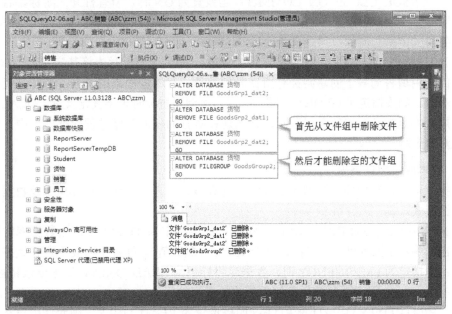

图 2.19 从数据库中删除文件和文件组

2.3.5 设置数据库选项

在 SQL Server 中，可以为每个数据库都设置若干个决定数据库特征的数据库级选项，这些选项对于每个数据库都是唯一的，而且不影响其他数据库。当创建数据库时这些数据库选项设置为默认值。在实际应用中，可以根据需要对数据库选项进行更改。

下面列出创建数据库时设置的数据库选项及其默认值。

1. 自动选项

自动选项可用于控制某些自动行为。

（1）AUTO_CLOSE：当设置为 ON 时，数据库将在最后一个用户退出后完全关闭，它占用的资源也将释放。当用户尝试再次使用该数据库时，该数据库将自动重新打开。当设置为 OFF 时，最后一个用户退出后数据库仍保持打开。当使用 SQL Server Express 时，对于所有数据库默认值均为 ON；使用所有其他版本时，对于所有数据库均为 OFF。

（2）AUTO_CREATE_STATISTICS：当设置为 ON（默认值）时，将自动创建谓词所用的列的统计信息。如果设置为 OFF，将不自动创建统计信息，此时可手动创建统计信息。

（3）AUTO_UPDATE_STATISTICS：当设置为 ON（默认值）时，优化查询所需的任何缺少的统计信息将在查询优化过程中自动生成。当设置为 OFF 时，统计信息必须手动创建。

（4）AUTO_SHRINK：当设置为 ON 时，数据库文件可作为定期收缩的对象。数据文件和事务日志文件都可以通过 SQL Server 自动收缩。只有在数据库设置为 SIMPLE 恢复模式时，或事务日志已备份时，AUTO_SHRINK 才可减小事务日志的大小。当设置为 OFF（默认值）时，在定期检查未使用空间的过程中，数据库文件将不自动收缩。

2. 游标选项

游标选项用于控制游标行为和范围。

（1）CURSOR_CLOSE_ON_COMMIT：当设置为 ON 时，所有打开的游标都将在提交或回滚事务时关闭。当设置为 OFF（默认值）时，打开的游标将在提交事务时仍保持打开，回滚事务将关闭所有游标，但定义为 INSENSITIVE 或 STATIC 的游标除外。

（2）CURSOR_DEFAULT：如果指定为 LOCAL，而创建游标时未将其定义为 GLOBAL，则游标的作用域将局限于创建游标时所在的批处理、存储过程或触发器。游标名仅在该作用域内有效。如果指定了 GLOBAL（默认值），而创建游标时未将其定义为 LOCAL，则游标的作用域将是相应连接的全局范围。在由连接执行的任何存储过程或批处理中，都可以引用该游标名称。

3. 数据库可用性选项

数据库可用性选项控制数据库是在线还是离线、何人可以连接到数据库及数据库是否处于只读模式。

（1）OFFLINE | ONLINE | EMERGENCY：如果指定为 OFFLINE，则数据库将完全关闭和退出，并标记为脱机；如果指定为 ONLINE（默认值），则数据库处于打开状态并且可供使用；当指定为 EMERGENCY 时，数据库将标记为 READ_ONLY，日志记录将被禁用，并且只有 sysadmin 固定服务器角色的成员才能进行访问。

（2）READ_ONLY | READ_WRITE：如果设置为 READ_ONLY，则允许用户从数据库中读取数据，但此时不能修改数据库；如果设置为 READ_WRITE（默认值），则允许用户

对数据库执行读写操作。

（3）SINGLE_USER | RESTRICTED_USER | MULTI_USER：若指定为SINGLE_USER，则一次只允许一个用户连接到数据库，所有其他用户连接均中断；若指定为RESTRICTED_USER，则只允许db_owner固定数据库角色的成员及dbcreator和sysadmin固定服务器角色的成员连接到数据库，不过对连接数没有限制；如果指定为MULTI_USER（默认值），则允许所有具有相应权限的用户连接到数据库。

4. 日期相关性优化选项

日期相关性优化选项 DATE_CORRELATION_OPTIMIZATION 可用于控制 date_correlation_optimization 选项。如果指定为ON，则SQL Server将维护数据库中所有由FOREIGN KEY约束链接的包含datetime列的两个表中的相关统计信息；如果指定为OFF（默认值），则不会维护相关统计信息。

5. 外部访问选项

外部访问选项用于控制是否允许外部资源（如另一个数据库中的对象）访问数据库。

（1）DB_CHAINING：如果指定为ON，则数据库可以是跨数据库所有权链的源或目标；如果设置为OFF（默认值），则数据库不能参与跨数据库的所有权链接。

（2）TRUSTWORTHY：如果设置为ON，则使用了模拟上下文的数据库模块（如用户定义函数或存储过程）可以访问数据库以外的资源；如果指定为OFF（默认值），则在模拟上下文中无法访问数据库以外的资源。只要附加数据库，TRUSTWORTHY就会设置为OFF。

6. 参数化选项

当参数化选项PARAMETERIZATION设置为SIMPLE（默认值）时，将根据数据库的默认行为对查询进行参数化；如果指定为FORCED，则SQL Server将对数据库中的所有查询进行参数化。

7. 恢复选项

恢复选项用于控制数据库的恢复模式。

（1）RECOVERY：当指定为FULL（默认值）时，将使用事务日志备份在发生媒体故障后进行完全恢复，如果数据文件损坏，则媒体恢复可以还原所有已提交的事务；当指定为BULK_LOGGED时，将综合某些大规模或大容量操作的最佳性能和日志空间的最少占用量，在发生媒体故障后进行恢复；当指定为SIMPLE时，将会提供占用最小日志空间的简单备份策略。

（2）PAGE_VERIFY：当指定为CHECKSUM（默认值）时，数据库引擎将在页写入磁盘时，计算整个页的内容的校验和并存储页头中的值，从磁盘中读取页时，将重新计算校验和，并与存储在页头中的校验和值进行比较；当指定为TORN_PAGE_DETECTION时，在将8KB的数据库页写入磁盘时，该页的每个512字节的扇区都有一个特定的位保存并存储在数据库的页头中，当从磁盘中读取页时，页头中存储的残缺位将与实际的页扇区信息进行比较；当指定为NONE时，数据库页写入将不生成CHECKSUM或TORN_PAGE_DETECTION值，即使CHECKSUM或TORN_PAGE_DETECTION值在页头中出现，SQL Server也不会在读取期间验证校验和或页撕裂。

8. Service Broker 选项

ENABLE_BROKER | DISABLE_BROKER | NEW_BROKER | ERROR_BROKER_CON

VERSATIONS 选项用于控制 Service Broker。当指定为 ENABLE_BROKER（默认值）时，针对指定的数据库启用 Service Broker；当指定为 DISABLE_BROKER 时，针对指定的数据库禁用 Service Broker；当指定为 NEW_BROKER 时，数据库将收到新的代理标识符；当指定为 ERROR_BROKER_CONVERSATIONS 时，数据库中的会话将会在附加数据库时收到一个错误消息。

9. 快照隔离选项

快照隔离选项用于确定事务隔离级别。

（1）ALLOW_SNAPSHOT_ISOLATION：如果指定为 ON，则事务可以指定 SNAPSHOT 事务隔离级别，当事务在 SNAPSHOT 隔离级别运行时，所有的语句都将数据快照视为位于事务的开头；如果指定为 OFF（默认值），则事务无法指定 SNAPSHOT 事务隔离级别。

（2）READ_COMMITTED_SNAPSHOT：如果设置为 ON，则指定 READ COMMITTED 隔离级别的事务将使用行版本控制而不是锁定，当事务在 READ COMMITTED 隔离级别运行时，所有的语句都将数据快照视为位于语句的开头；如果设置为 OFF（默认值）时，则指定 READ COMMITTED 隔离级别的事务将使用锁定；设置 READ_COMMITTED_SNAPSHOT 选项时，数据库中只允许存在执行 ALTER DATABASE 命令的连接，在 ALTER DATABASE 完成之前，数据库中决不能有其他打开的连接。数据库不必一定要处于单用户模式中。

10. SQL 选项

SQL 选项用于控制 ANSI 相容性选项。

（1）ANSI_NULL_DEFAULT：确定在 CREATE TABLE 或 ALTER TABLE 语句中未显式定义为空性的 alias 数据类型或 CLR user-defined type 列的默认值（NULL 或 NOT NULL）。如果设置为 ON，则列默认值为 NULL；如果设置为 OFF（默认值），则列默认值为 NOT NULL。

（2）ANSI_NULLS：如果设置为 ON，则所有与空值的比较运算计算结果为 UNKNOWN；如果设置为 OFF（默认值），则非 UNICODE 值与空值的比较运算在两者均为 NULL 时结果为 TRUE。

（3）ANSI_PADDING：如果设置为 ON，则不剪裁插入 varchar 或 nvarchar 列中的字符值的尾随空格，也不剪裁插入 varbinary 列中的二进制值的尾随零，不将值填充到列的长度；如果设置为 OFF（默认值），则剪裁 varchar 或 nvarchar 的尾随空格及 varbinary 的尾随零。此设置只影响新列的定义。当 ANSI_PADDING 设置为 ON 时，将把允许为空的 char 和 binary 列填充到列长，而当 ANSI_PADDING 为 OFF 时，则将剪裁尾随空格和零。始终将不允许为空的 char 和 binary 列填充到列长。

（4）ANSI_WARNINGS：如果设置为 ON，则在出现如除以零或聚合函数中出现空值这类情形时将发出错误或警告；如果设置为 OFF（默认值），则在出现如除以零这类情形时不会发出警告并返回空值。

（5）ARITHABORT：如果设置为 ON，则在执行查询期间发生溢出或除以零的错误时，该查询将结束；如果设置为 OFF（默认值），则出现其中一个错误时将显示警告信息，而查询、批处理或事务将继续处理，就像没有出现错误一样。

（6）CONCAT_NULL_YIELDS_NULL：当指定为 ON 时，如果串联操作的两个操作数中任意一个为 NULL，则结果也为 NULL；当指定为 OFF（默认值）时，空值将按空字符串对待。

（7）QUOTED_IDENTIFIER：如果设置为 ON，则双引号可用来将分隔标识符括起来；如果设置为 OFF（默认值），则标识符不能用引号括起来，而且必须遵循所有用于标识符的 Transact-SQL 规则。

（8）NUMERIC_ROUNDABORT：如果设置为 ON，则表达式中出现失去精度时将产生错误；如果设置为 OFF（默认值），则失去精度时不生成错误信息，并且将结果舍入到存储结果的列或变量的精度。

（9）RECURSIVE_TRIGGERS：如果设置为 ON 时，则允许递归激发 AFTER 触发器；如果设置为 OFF（默认值），则仅不允许直接递归激发 AFTER 触发器。

若要更改数据库选项的默认设置，可以执行带有 SET 子句的 ALTER DATABASE 语句。

例 2.8 将"员工"数据库的恢复模式由完全模式更改为简单模式。

启动 SSMS，在"SQL 编辑器"窗口中输入并执行以下 Transact-SQL 语句：

```
USE master;            /* 上下文切换为系统主数据库 */
GO
ALTER DATABASE 员工
SET RECOVERY SIMPLE;
GO
```

执行上述语句后，打开数据库属性对话框，选择"选项"页，此时可以看到数据库的恢复模式已被设置为"简单"模式，如图 2.20 所示。

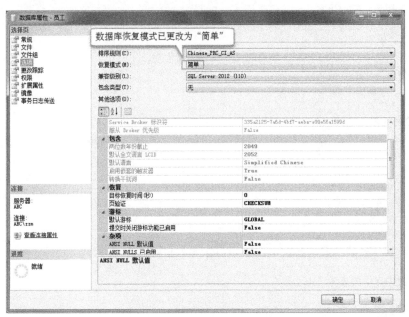

图 2.20　设置数据库的恢复模式

大多数数据库选项也可以使用 SSMS 工具提供的图形界面来设置。

若要更改所有新创建数据库的任意数据库选项的默认值，可以更改 model 系统数据库中的相应的数据库选项。例如，对于随后创建的任何新数据库，如果希望 AUTO_SHRINK 数据库选项的默认设置均为 ON，可将 model 数据库的 AUTO_SHRINK 选项设置为 ON。

设置了数据库选项之后，将自动产生一个检查点，它会使修改立即生效。

除了使用 ALTER DATABASE 语句设置数据库选项外，还可以使用 sp_configure 系统存储过程更改当前服务器的全局配置设置，或者使用 SET 语句来更改特定信息的当前会话处理。Transact-SQL 编程语言提供了一些 SET 语句，可以用来设置各种选项。

2.3.6　移动数据库文件

在 SQL Server 中，可以通过在 ALTER DATABASE 语句的 FILENAME 子句中指定新的文件位置来用户数据库。数据、日志也可以通过这种方法进行移动。这在故障恢复（如由于硬件故障数据库处于可疑模式或被关闭）、预先安排的重定位及为预定的磁盘维护操作而进行的重定位等情况下是很有用的。

如果要将用户数据库中的数据、事务日志文件移动到新位置，可以在 ALTER DATABASE 语句的 FILENAME 子句中指定新的文件位置。这种方法适用于在同一 SQL Server 实例中移动数据库文件。如果要将数据库移动到另一个 SQL Server 实例或另一台服务器上，请使用分离和附加操作（参阅任务 2.4）或备份和还原操作（参阅任务 2.5）。

例 2.9 将"员工"数据库中的两个数据文件和一个事务日志文件移动到新的位置。在移动数据库文件之前，必须将数据库设置为脱机状态；完成数据库文件移动之后，应及时将数据库设置为联机状态。

启动 SSMS，在"SQL 编辑器"窗口中输入以下 Transact-SQL 语句：

```
--设置数据库为脱机状态
ALTER DATABASE 员工 SET OFFLINE;
GO
--在操作系统中将数据文件和事务日志文件移动到新位置
--移动数据库中的数据文件
ALTER DATABASE 员工
MODIFY FILE (
    NAME=Employee_dat,
    FILENAME='E:\SQL Server 2012\DATA\Employee\empdat.mdf'
);
GO
--移动数据库中的数据文件
ALTER DATABASE 员工
MODIFY FILE (
    NAME=Employee_dat2,
    FILENAME='E:\SQL Server 2012\DATA\Employee\empdat2.mdf'
);
--移动数据库中的事务日志文件
ALTER DATABASE 员工
MODIFY FILE (
    NAME=Employee_log,
    FILENAME='E:\SQL Server 2012\DATA\Employee\emplog.ldf'
);
GO
--设置数据库为打开状态
ALTER DATABASE 员工 SET ONLINE;
GO
```

在 "SQL 编辑器" 窗口中，选中并执行 "ALTER DATABASE 员工 SET OFFLINE" 语句，然后在 Windows 资源管理器中将数据文件 empdat.mdf、empdat2.mdf 及事务日志文件 emplog.ldf 移动到指定位置。

接着选中并执行后续语句，如图 2.21 所示。当所有语句执行成功之后，打开数据库属性对话框，然后选择 "文件" 页，检查数据库文件信息。

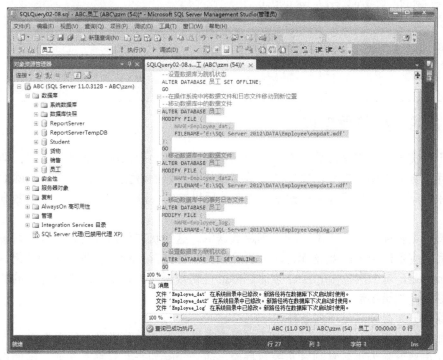

图 2.21　移动数据库文件

2.3.7　重命名数据库

在重命名数据库之前，应该确保没有人使用该数据库，而且将该数据库设置为单用户模式。重命名数据库可以通过两种方式来实现，一种方式是使用 SSMS 图形界面，另一种方式是使用 Transact-SQL 语句。

1. 使用 SSMS 图形界面重命名数据库

使用 SSMS 图形界面重命名数据库的操作方法如下。

（1）启动 SSMS，并连接到 SQL Server 数据库引擎实例。

（2）在 "对象资源管理器" 窗格中，展开 "数据库"，右键单击要重命名的数据库，然后从弹出的快捷菜单中选择 "重命名" 命令。

（3）输入新的数据库名称。数据库名称可以包含符合标识符命名规则的任何字符。

2. 使用 Transact-SQL 语句重命名数据库

在 Transact-SQL 中，可以通过在 ALTER DATABASE 语句中使用 MODIFY NAME 子句来更改数据库的名称。

例 2.10 使用 ALTER DATABASE 语句将"货物"数据库重命名为"Goods"。

在"SQL 编辑器"窗口中输入并执行以下 Transact-SQL 语句：

```
--将"student"数据库设置为单用户模式
ALTER DATABASE 货物 SET SINGLE_USER;
GO
--将"货物"数据库更名为"Goods"
ALTER DATABASE 货物 MODIFY NAME=Goods;
GO
--将"Goods"数据库设置多用户模式
ALTER DATABASE Goods SET MULTI_USER;
GO
```

2.3.8 删除数据库

当不再需要用户定义的数据库，或者已将其移到其他数据库或服务器上时，即可删除该数据库。数据库删除之后，文件及其数据都从服务器的磁盘中删除。一旦删除数据库，它即被永久删除，并且不能进行检索，除非使用以前的备份。SQL Server 系统数据库不能删除。

不管该数据库所处的状态，均可删除数据库。这些状态包括脱机、只读和可疑。删除数据库后，应备份 master 数据库，因为删除数据库将更新 master 数据库中的信息。如果必须还原 master，自上次备份 master 以来删除的任何数据库仍将引用这些不存在的数据库，这可能导致产生错误消息。

删除数据库必须满足下列条件。

● 如果数据库涉及日志传送操作，可在删除数据库之前取消日志传送操作。

● 如果要删除为事务复制发布的数据库，或者删除为合并复制发布或订阅的数据库，则必须首先从数据库中删除复制。

● 删除数据库之前，必须首先删除数据库上存在的数据库快照。

要从 SQL Server 实例中删除数据库，可以使用两种方式来实现，一种方式是使用 SSMS 图形界面，另一种方式是使用 Transact-SQL 语句。

1. 使用 SSMS 图形界面删除数据库

使用 SSMS 图形界面删除数据库的方法是：在"对象资源管理器"窗格中右键单击要删除的数据库，从弹出的快捷菜单中选择"删除"命令，然后在"删除对象"对话框中单击"确定"按钮。

2. 使用 Transact-SQL 语句删除数据库

在 Transact-SQL 中，可以使用 DROP DATABASE 从 SQL Server 实例中删除一个或多个数据库，语法格式如下：

```
DROP DATABASE 数据库名[, ...]
```

其中，数据库名指定要删除的数据库。

例如，下面的语句删除所列出的两个数据库。

```
DROP DATABASE Sales, NewSales;
```

任务 2.4 分离和附加数据库

如果要将数据库更改到同一计算机的不同 SQL Server 实例或者要移动数据库，分离和附加数据库会很有用。首先从 SQL Server 实例中分离数据库的数据和事务日志文件，然后通过指定这些文件的新位置将其重新附加到同一或其他 SQL Server 实例，这使数据库的使用状态与它分离时的状态完全相同。通过本任务将学习分离和附加数据库的方法步骤。

任务目标

- 掌握分离数据库的方法
- 掌握附加数据库的方法

2.4.1 分离数据库

分离数据库是指将数据库从 SQL Server 实例中删除，但使数据库在其数据文件和事务日志文件中保持不变。之后，就可以使用这些文件将数据库附加到任何 SQL Server 实例，包括分离该数据库的服务器。

如果存在下列任何情况，则不能分离数据库。

- 已复制并发布数据库。如果进行复制，则数据库必须是未发布的。必须通过运行系统存储过程 sp_replicationdboption 禁用发布后，才能分离数据库。
- 数据库中存在数据库快照。必须首先删除所有数据库快照，然后才能分离数据库。
- 该数据库正在某个数据库镜像会话中进行镜像。除非终止该会话，否则无法分离该数据库。
- 数据库处于可疑状态。无法分离可疑数据库；必须将数据库设为紧急模式，才能对其进行分离。
- 数据库为系统数据库。

分离数据库的操作可以通过两种方式实现，一种方式是使用 SSMS 图形界面，另一种方式是使用 Transact-SQL 语句。

1. 使用 SSMS 图形界面分离数据库

使用 SSMS 图形界面分离数据库的操作步骤如下。

（1）在 SSMS 对象资源管理器中，连接到 SQL Server 数据库引擎实例，然后展开该实例。

（2）展开"数据库"，并选择要分离的用户数据库的名称。

（3）右键单击数据库名称，在弹出的快捷菜单中指向"任务"命令组，然后单击"分离"命令，如图 2.22 所示。

（4）出现如图 2.23 所示的"分离数据库"对话框时，根据需要执行以下操作。

- 若要断开与指定数据库的连接，勾选"删除连接"复选框。不能分离连接为活动状态的数据库。
- 若要更新现有的优化统计信息，勾选"更新统计信息"复选框。默认情况下，分离操作将在分离数据库时保留过期的优化统计信息。

图 2.22 选择分离数据库的菜单命令

图 2.23 "分离数据库"对话框

（5）分离数据库准备就绪后，单击"确定"按钮。

新分离的数据库将一直显示在对象资源管理器的"数据库"节点中，一直到刷新该视图。可以随时刷新视图：单击对象资源管理器窗格，从"视图"菜单中选择"刷新"命令，或者按 F5 键。

2．使用 Transact-SQL 语句分离数据库

在 Transact-SQL 中，可使用 sp_detach_db 系统存储过程从 SQL Server 实例中分离当前未使用的数据库，并且可以选择在分离之前为所有表运行 UPDATE STATISTICS，语法格式如下：

```
sp_detach_db '数据库名称'
    [, 'skipchecks']
    [, 'KeepFulltextIndexFile']
```

其中，3个参数都是字符串类型，需要使用单引号括起来。

数据库名称指定要分离的数据库。

参数 skipchecks 指定是跳过还是运行 UPDATE STATISTIC（更新统计信息）。默认值为 NULL。若要跳过 UPDATE STATISTICS，请指定 true。若要显式运行 UPDATE STATISTICS，请指定 false。默认情况下，执行 UPDATE STATISTICS 可更新有关表和索引中的数据的信息。对于要移动到只读介质的数据库，执行 UPDATE STATISTICS 非常有用。

参数 KeepFulltextIndexFile 指定在数据库分离操作过程中不会删除与所分离的数据库关联的全文索引文件。默认值为 true。如果 KeepFulltextIndexFile 为 false，则会删除与数据库关联的所有全文索引文件及全文索引元数据，除非数据库是只读的。如果为 NULL 或 true，则保留与全文相关的元数据。

分离数据库需要对数据库有独占访问权限。如果要分离的数据库正在使用当中，则必须先将该数据库设置为 SINGLE_USER 模式以获取独占访问权限，然后才能对其进行分离。

例2.11 首先获取对 AdventureWorks 2012 数据库的独占访问权限，然后从 SQL Server 实例中分离该数据库。

在"SQL 编辑器"窗口中输入并执行以下 Transact-SQL 语句：

```
--将上下文切换为系统主数据库
USE master;
--将 AdventureWorks 2012 数据库设置为单用户模式
--以获取对该数据库的独占访问权限
ALTER DATABASE AdventureWorks 2012
SET SINGLE_USER;
GO
--从服务器实例中分离 AdventureWorks 2012
--并跳过跳过 UPDATE STATISTICS
EXEC sp_detach_db 'AdventureWorks 2012', 'true';
GO
```

在"对象资源管理器"窗格中单击"数据库"文件夹，按 F5 键刷新，此时已经看不到通过上述语句分离的 AdventureWorks 2012 数据库，如图 2.24 所示。

图 2.24　从服务器实例中分离数据库

2.4.2 附加数据库

从 SQL Server 实例中分离数据库后，可以将其数据文件和事务日志文件移动到其他计算机或磁盘，然后将该数据库附加到任何 SQL Server 实例中，既可以是同一个 SQL Server 实例，也可以是其他 SQL Server 实例。附加数据库时，所有数据文件（包括 MDF 文件和 NDF 文件）都必须可用。如果任何数据文件的路径不同于首次创建数据库或上次附加数据库时的路径，则必须指定文件的当前路径。附加数据库的操作既可以使用 SSMS 图形界面来实现，也可以使用 Transact-SQL 语句来实现。

1. 使用 SSMS 图形界面附加数据库

使用 SSMS 图形界面附加数据库的操作步骤如下。

（1）在对象资源管理器中连接到 SQL Server 数据库引擎实例，然后展开该实例。

（2）在"对象资源管理器"窗格中右键单击"数据库"，在弹出的快捷菜单中选择"附加"命令，如图 2.25 所示。

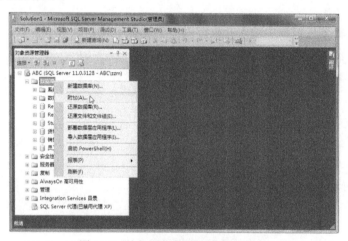

图 2.25　选择附加数据库的菜单命令

（3）在"附加数据库"对话框中指定要附加的数据库，单击"添加"按钮，然后在"定位数据库文件"对话框中选择数据库所在的磁盘驱动器并展开目录树，查找并选择数据库的.mdf 文件，如图 2.26 所示。

图 2.26　"定位数据库文件"对话框

（4）如果要指定以其他名称附加数据库，可以在如图 2.27 所示的"附加数据库"对话框的"附加为"列中输入名称。

（5）如果需要，可以通过在"所有者"列中选择其他项来更改数据库的所有者。

（6）如果要添加更多的数据文件和事务日志文件，再次单击"添加"按钮并选择所需要的文件。

（7）准备好附加数据库后，单击"确定"按钮。

创建和管理数据库

图 2.27　"附加数据库"对话框

新附加的数据库在视图刷新后才会显示在对象资源管理器的"数据库"节点中。若要随时刷新视图，可在"对象资源管理器"窗格中单击"数据库"，然后按 F5 键。

2．使用 Transact-SQL 附加数据库

在 Transact-SQL 中，可以在 CREATE DATABASE 语句中使用 FOR ATTACH 子句来附加数据库，语法格式如下：

```
CREATE DATABASE 数据库名称
ON <文件选项>[, ..n]
FOR {ATTACH|ATTACH_REBUILD_LOG}
```

FOR ATTACH 指定通过附加一组现有的操作系统文件来创建数据库。必须有一个指定主文件的<文件选项>。至于其他<文件选项>，只需要指定与第一次创建数据库或上一次附加数据库时路径不同的文件的那些选项即可。

FOR ATTACH_REBUILD_LOG 指定通过附加一组现有的操作系统文件来创建数据库。该选项只限于读/写数据库。如果缺少一个或多个事务日志文件，将重新生成事务日志文件。必须有一个指定主文件的<文件选项>。

附加数据库时可将数据库重置为分离时的状态。附加数据库时，要求所有文件都是可用的，如果没有事务日志文件，则 SQL Server 会自动创建一个新的事务日志文件。

例 2.12 将例 2.11 中分离的 AdventureWorks 2012 数据库附加到 SQL Server 实例中。

在 "SQL 编辑器" 窗口中输入并执行以下 Transact-SQL 语句：

```
USE master;
GO
CREATE DATABASE AdventureWorks 2012
ON
(FILENAME='E:\SQL Server 2012\DATA\AdventureWorks 2012_Data.mdf')
FOR ATTACH;
GO
```

在 "对象资源管理器" 窗格中单击 "数据库"，按 F5 键刷新视图，此时可以看到附加成功的 AdventureWorks 2012 数据库，如图 2.28 所示。

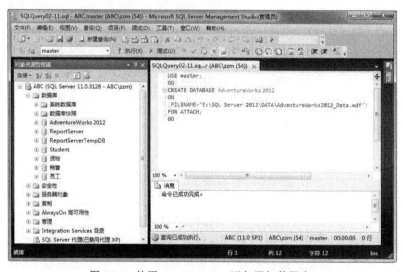

图 2.28　使用 Transact-SQL 语句附加数据库

任务 2.5　备份和还原数据库

SQL Server 备份和还原组件提供了重要的保护手段，以保护存储在 SQL Server 数据库中的关键数据。实施计划妥善的备份和还原策略可以保护数据库，避免由于各种故障造成的损坏而丢失数据。通过还原一组备份并恢复数据库来测试备份和还原策略，为有效地应对灾难做好准备。通过本任务将学习备份和还原数据库的方法步骤。

任务目标

- 掌握备份数据库的方法
- 掌握还原数据库的方法

2.5.1　备份数据库

备份是数据的副本，用于在系统发生故障后还原和恢复数据。使用备份可以在发生故障后还原数据。通过适当的备份可以从多种故障中恢复，包括媒体故障、用户错误（如误删除了某个表）、硬件故障（如磁盘驱动器损坏或服务器报废）及自然灾难等。此外，数据库备份对于例行工作也很有用，例如，将数据库从一台服务器复制到另一台服务器、设置数据库镜像、政府机构文件归档及灾难恢复等。

SQL Server 备份创建在备份设备上，例如磁盘或磁带媒体。使用 SQL Server 可以决定如何在备份设备上创建备份。例如，可以覆盖过时的备份，也可以将新备份追加到备份媒体。执行备份操作对运行中的事务影响很小，因此可以在正常操作过程中执行备份操作。

SQL Server 备份分为以下 3 种类型。

- 数据备份：是指包含一个或多个数据文件的完整映像的任何备份，数据备份会备份所有数据和足够的日志，以便恢复数据；可以对全部或部分数据库、一个或多个文件进行数据备份。
- 差异备份：基于之前进行的数据备份称为差异的基准备份，每种主要的数据备份类型都有相应的差异备份；基准备份是差异备份所对应的最近完整或部分备份，差异备份仅包含基准备份之后更改的数据区；在还原差异备份之前，必须先还原其基准备份。
- 事务日志备份：也称为"日志备份"，其中包括了在前一个日志备份中没有备份的所有日志记录；只有在完整恢复模式和大容量日志恢复模式下才会有事务日志备份。

注意： 如果在进行备份操作时尝试创建或删除数据库文件，则创建或删除将失败。如果正创建或删除数据库文件时尝试启动备份操作，则备份操作将会等待，一直到创建或删除操作完成或者备份超时。

备份数据库的操作可以通过两种方式来完成，一种方式是使用 SSMS 图形界面，另一种方式是使用 Transact-SQL 语句。

1. 使用 SSMS 图形界面备份数据库

使用 SSMS 图形界面创建数据库备份的操作方法如下。

（1）在对象资源管理器中连接到数据库引擎实例，并展开该实例。

（2）展开"数据库"节点，右键单击要备份的数据库，在弹出的快捷菜单中指向"任务"命令组，然后单击"备份"命令，如图 2.29 所示。

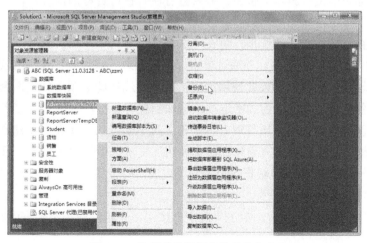

图 2.29　选择备份数据库的菜单命令

（3）出现如图 2.30 所示的"备份数据库"对话框时，在"常规"选项页的"数据库"列表中确认数据库名称，或者从列表中选择其他数据库。

图 2.30 "备份数据库"对话框之"常规"页

（4）从"备份类型"下拉列表中，选择"完整"选项。创建了完整数据库备份后，可以创建差异数据库备份。

（5）若要创建仅复制备份，请选择"仅复制备份"复选框。仅复制备份是 SQL Server 独立于常规备份序列 SQL Server 的备份。

（6）对于备份组件，请选择"数据库"单选按钮。

（7）在"目标"中，使用"备份到"下拉列表选择备份目标。

（8）若要添加其他备份对象和/或目标，可单击"添加"按钮。若要删除备份目标，请选择该备份目标并单击"删除"按钮。若要查看现有备份目标的内容，请选择该备份目标并单击"内容"按钮。

（9）若要查看或选择介质选项，可在"选择页"窗格中单击"选项"选项页，进入如图 2.31 所示的"介质选项"页，并通过单击以下选项之一来选择"覆盖介质"选项。

- 备份到现有介质集：如果要使用加密，则请勿选择此选项。如果选择此选项，则将禁用"备份选项"页中的加密选项，追加到现有备份集时不支持加密。

- 备份到新介质集并清除所有现有备份集：对于该选项，请在"新建介质集名称"文本框中输入名称，并在"新建介质集说明"文本框中描述介质集（可选）。

（10）在"可靠性"中。可根据需要选择"完成后验证备份""写入介质前检查校验和"及"出错时继续"复选框。

（11）设置所有备份选项后，单击"确定"按钮，开始创建指定数据库的备份。

图 2.31 "备份数据库"对话框之"介质选项"页

2. 使用 Transact-SQL 语句备份数据库

在 Transact-SQL 中,可以使用 BACKUP DATABASE 语句创建完整数据库备份,同时指定要备份的数据库的名称和写入完整数据库备份的备份设备。基本语法格式如下:

```
BACKUP DATABASE 数据库名称
TO 备份设备[, ...]
[WITH <附加选项>[, ...]];
```

其中,数据库名称指定要备份的数据库。

TO 子句指定备份操作的备份设备。既可以指定物理备份设备,也可以指定对应的逻辑备份设备(如果已定义)。若要指定物理备份设备,请使用 DISK 或 TAPE 选项。

```
{DISK|TAPE}=物理备份设备名称
```

例 2.13 将 AdventureWorks 2012 数据库备份到磁盘。

在"SQL 编辑器"窗口中输入并执行以下 Transact-SQL 语句:

```
--选择要操作的数据库
USE AdventureWorks 2012;
GO
--将数据库备份到磁盘文件
BACKUP DATABASE AdventureWorks 2012
TO DISK='E:\SQL Server 2012\Backup\AdventureWorks 2012.Bak'
GO
```

上述 Transact-SQL 语句的执行情况如图 2.32 所示。

图 2.32 使用 Transact-SQL 语句备份数据库

2.5.2 还原数据库

数据库完整还原的目的是还原整个数据库。整个数据库在还原期间处于脱机状态。在数据库的任何部分变为联机之前，必须将所有数据恢复到同一点，即数据库的所有部分都处于同一时间点并且不存在未提交的事务。要还原数据库，必须之前对数据库执行过备份操作。对于已创建的数据库备份，可以使用 SSMS 图形界面或 Transact-SQL 语句进行还原。

1. 使用 SSMS 图形界面还原数据库

使用 SSMS 图形界面还原数据库的操作步骤如下。

（1）在对象资源管理器中，连接到 SQL Server 数据库引擎实例，然后展开该实例。

（2）在"对象资源管理器"窗格中，右键单击"数据库"，然后从菜单中选择"还原数据库"命令。

（3）在"源"中指定要还原的备份集的源和位置，可选择下列选项之一。

- 数据库：从下拉列表中选择要还原的数据库。此列表仅包含已根据 msdb 备份历史记录进行备份的数据库。
- 设备：单击"浏览"按钮，打开"选择备份设备"对话框，在该对话框中选择备份介质类型（如文件），单击"添加"按钮，在"定位备份文件"对话框中选择要使用的备份文件。如果之前已创建数据库备份文件，可选择此选项。

（4）根据需要，在"选择页"窗格中单击"文件"或"选项"页，并在"文件"或"选项"页中对相关选项进行设置。

（5）完成还原选项设置后，单击"确定"按钮，执行数据库还原操作。

2. 使用 Transact-SQL 语句还原数据库

在 Transact-SQL 中，可以使用 RESTORE 语句对数据库执行还原操作。若要在 RESTORE 语句中指定物理磁盘设备，则基本语法格式为：

```
RESTORE {DATABASE|LOG} 数据库名称
FROM DISK='物理备份设备名称'
```

其中 DATABASE 指定还原整个数据库；LOG 指定仅还原事务日志文件；数据库名称指定要还原的数据库；物理备份设备名称是在执行 BACKUP DATABASE 语句指定的。

图 2.33　"还原数据库"对话框之"常规"页

例 2.14 使用 RESTORE DATABASE 语句还原 AdventureWorks 2012 数据库，所用物理备份设备是在例 2.13 中创建的。

在 "SQL 编辑器" 窗口中输入并执行以下 Transact-SQL 语句：

```
--选择系统主数据库
USE master;
GO
--执行数据库还原操作
RESTORE DATABASE AdventureWorks 2012
FROM DISK='E:\SQL Server 2012\Backup\AdventureWorks 2012.bak';
GO
```

上述语句的执行情况如图 2.34 所示。

图 2.34　使用 Transact-SQL 语句还原数据库

项目思考

一、选择题

1. 关于数据库文件和文件组，叙述错误的是（　　）。
   A. 一个文件或文件夹只能用于一个数据库
   B. 一个文件只能是一个文件组的成员
   C. 数据库的数据信息和日志信息不能包含在同一个文件或文件组中
   D. 事务日志文件可以是文件组的成员

2. 在下列各项中，（　　）不属于 SQL Server 数据库文件类型。
   A. 主要数据文件　　　　　　B. 次要数据文件
   C. 事务日志文件　　　　　　D. 备份文件

3 在下列各项中，（　　）不是 SQL Server 2012 的系统数据库。
   A. master　　　　　　　　B. msdb
   C. model　　　　　　　　D. MyResource

4. 在下列各项中，（　　）表示数据库处于联机状态。
   A. ONLINE　　　　　　　B. OFFLINE
   C. RESTORING　　　　　D. RECOVERING

5. 在下列各项中，（　　）表示数据库文件处于可疑状态。
   A. OFFLINE　　　　　　　B. RECOVERY PENDING
   C. RESTORING　　　　　D. SUSPECT

6. 使用 CREATE DATABASE 语句时，（　　）不能用作文件大小的单位。
   A. KB　　　　　　　　　B. Byte
   C. MB　　　　　　　　　D. TB

7. 使用 CREATE DATABASE 语句时，（　　）是文件大小的默认单位。
   A. KB　　　　　　　　　B. MB
   C. GB　　　　　　　　　D. TB

8. 使用 CREATE DATABASE 语句时，（　　）指定文件增长。
   A. FILENAME　　　　　　B. SIZE
   C. MAXSIZE　　　　　　D. FILEGROWTH

9. 在 ALTER DATABASE 语句中，（　　）子句用于重命名数据库。
   A. ADD LOG FILE　　　　B. REMOVE FILE
   C. MODIFY FILE　　　　D. MODIFY NAME

10. 在下列各项中，设置（　　）可获取对数据库的独占访问权限。
   A. SINGLE_USER　　　　B. RESTRICTED_USER
   C. MULTI_USER　　　　D. READ_WRITE

二、判断题

1. （　　）SQL Server 数据库由表的集合组成，这些表用于存储一组特定的结构化数据。

2. （　　）一个 SQL Server 实例中包含的数据库数量没有限制。

3. （　　）在每个架构中都存在数据库对象，例如表、视图和存储过程。所有对象都包含在架构中。

4.（　　）SQL Server 数据库分为系统数据库和用户数据库。系统数据库用于存储 SQL Server 服务器的系统级信息；用户数据库是由用户根据自己的需要而创建的，可用于存储用户数据，也可用于存储系统级信息。

5.（　　）每个 SQL Server 数据库文件都有逻辑文件名和操作系统文件名两个名称。

6.（　　）每个 SQL Server 数据库都有一个主要文件组。

7.（　　）在 CREATE DATABASE 语句虽然 UNLIMITED 表示文件大小不受限制，但实际上受磁盘可用空间的限制。

8.（　　）在 CREATE DATABASE 语句中使用 FOR ATTACH 子句可以附加数据库。

三、简答题

1. 创建数据库有哪些方法？

2. 修改数据库有哪些方法？

3. 扩展数据库的方式有哪些？

4. 收缩数据库的方法有哪些？

5. 如何设置自动收缩数据库？

6. 如何移动数据库？

7. 如何重命名数据库？

8. 如何删除数据库？

9. 如何分离和附加数据库？

10. SQL Server 备份有哪几种类型？

11. 如何备份和还原数据库？

项目实训

1. 使用 CREATE DATABASE 语句创建一个数据库，其名称为 Test。

2. 在对象资源管理器中，查看 Test 数据库的相关信息（文件的逻辑名称、物理名称、初始大小和自动增长特性）及数据库选项的默认设置，并将其恢复模式设置为简单模式。

3. 在对象资源管理器中对 Test 数据库进行修改，添加两个数据文件，其逻辑名称分别为 test_data1 和 test_data2，物理文件名分别为 test_data1.ndf 和 test_data2.ndf，初始大小均为 5MB，自动递增量为 1MB，增长无上限；添加一个事务日志文件，其逻辑名称为 test_log1，物理文件名为 test_log1.ldf，初始容量为 512KB，自动递增量为 10%，增长无上限。

4. 在对象资源管理器中对 Test 数据库进行修改，添加一个文件组，名称为 fg，该组中包含一个数据文件，其逻辑名称为 test_data3，物理文件名为 test_data3.ndf，初始容量为 5MB，自动递增量为 2MB，增长没有限制。

5. 在对象资源管理器中，将 Test 数据库从 SQL Server 实例中分离，然后将其数据文件和事务日志文件分别移动到不同的文件夹中，接着再把分离的 Test 数据附加到 SQL Server 实例中。

6. 使用 SQL 语句将 Test 数据库重命名为 Example。

7. 使用 BACKUP DATABASE 对 Example 进行完整备份。

8. 在对象资源管理器中，还原 Example 数据库备份。

9. 使用 DROP DATABASE 语句删除 Example 数据库。

项目 3

创建和管理表

创建数据库之后，可以根据需要在数据库中创建各种各样的数据库对象。表是数据库中最重要的基础对象，它包含数据库中的所有数据，其他数据库对象（如索引和视图等）都是依赖于表而存在的。若要使用数据库来存储和组织数据，首先就需要创建表。通过本项目将学习表的设计、创建和管理。

项目目标

- 理解表的设计原则和方法
- 理解 SQL Server 数据类型
- 掌握创建表的方法
- 掌握修改表的方法
- 掌握管理表的方法

任务 3.1　表结构设计

数据在表中的逻辑组织方式与在电子表格中相似，都是按行和列的格式组织的。表中的每一行代表一条唯一的记录，表中的每一列代表记录中的一个字段。例如，在包含员工信息的表中，每一行代表一名员工，各列分别代表该员工的信息，如员工编号、姓名、地址、职位及手机号码等。通常需要对表和表中每个列设置一些属性，以控制允许的数据和其他属性。表和表中各列的属性统称为表结构。数据库设计是数据库应用程序开发的一个重要环节，而数据库设计的核心就是表结构设计。通过本任务将学习和了解表结构设计的相关知识。

任务目标

- 理解制订表规划的原则
- 理解规范化逻辑设计
- 理解事务处理和决策支持
- 理解表的类型

3.1.1 制订表规划

设计数据库时，首先需要确定数据库所需要的所有表、每个表中各列的数据类型及可访问每个表的用户。合理的表结构可提高数据查询效率。如果在实现表之后再做大的修改，将会耗费大量的时间。在创建表及其对象之前，最好先制订出规划并确定表的下列特征。

1．表要存储什么对象

由表建模的对象可以是一个有形的实体，例如一个人或一个产品；也可以是一个无形的项目，例如某项业务、公司中的某个部门。通常会有少数主对象，标识这些主对象后将显示相关项。主对象及其相关项分别对应于数据库中的各个表。表中的每一行是一条唯一的记录，代表由表建模对象的一个单独的实例。每一列代表记录中的一个字段，代表由表建模对象的某个属性。

2．表中每一列的数据类型和长度

由表建模对象的各个属性分别通过不同的列来存储，设计表时应确定每一列使用哪种数据类型。例如，手机号码虽然是数字，但对它进行任何运算都是毫无意义的，因此手机号码列应该使用字符串类型，要存储手机号码，列长度为 11 就够了；出生日期应该使用日期时间数据类型；成绩列应该使用数字数据类型，可以带 1 位小数，也可以不带小数。

3．表中哪些列允许空值

在数据库中，空值用 NULL 来表示，这是一个特殊值，表示未知值的概念。NULL 不同于空字符或 0。实际上，空字符是一个有效的字符，0 是一个有效的数字。NULL 仅表示此值未知这一事实。使用 NOT NULL 约束可以指定列不接受空值。

4．是否要使用及在何处使用约束、默认值和规则

约束定义关于列中允许值的规则，是强制实施完整性的标准机制。约束分为列级约束和表级约束，前者应用于单列，后者应用于多列。SQL Server 2012 支持下列约束。

- CHECK 约束：定义列中哪些数据值是可接受的。可以将 CHECK 约束应用于多列，也可以为一列应用多个 CHECK 约束。删除表时，将同时删除 CHECK 约束。
- DEFAULT 约束：为表列定义的属性，指定要用作该列的默认值的常量。如果插入或更新数据时为该列指定了 NULL 值，或者没有为该列指定值，则会把在 DEFAULT 约束中定义的常量值放置在该列中。
- UNIQUE 约束：基于非主键强制实体完整性的约束。UNIQUE 约束可以确保不输入重复的值，并确保创建索引来增强性能。

默认值和规则都是数据库对象，默认值是在用户未指定值的情况下系统自动分配的数据值，规则是绑定到列或用户定义数据类型并指定列中可接受哪些数据值的数据库对象。

5．使用何种索引及在何处使用索引

索引是关系数据库中的一种对象，它可以基于键值快速访问表中的数据，也可以强制表中行的唯一性。SQL Server 支持聚集索引和非聚集索引。在全文搜索中，全文索引存储有关重要词及其在给定列中位置的信息。设计表时，应考虑在哪些列上使用索引，是使用聚集索引、非聚集索引还是全文索引。

6. 哪些列是主键或外键

主键（PK）是表中的一列或一组列，可以用来唯一地标识表中的行。外键（FK）是表中的一列或列组合，其值与同一个表或另一个表中的主键或唯一一键相匹配，也称为引用键。主键过 PRIMARY KEY 约束实现，外键则通过 FOREIGN KEY 约束实现。

- PRIMARY KEY 约束：标识具有唯一标识表中行的值的列或列集。在一个表中，不能有两行具有相同的主键值。不能为主键中的任何列输入 NULL 值。建议使用一个小的整数列作为主键。每个表都应有一个主键，表的主键将自动创建索引。限定为主键值的列或列组合称为候选键。尽管不要求表必须有主键，但最好定义主键。
- FOREIGN KEY 约束：标识并强制实施表之间的关系。一个表的外键指向另一个表的候选键。

设计表的最有效的方法是同时定义表中所需的所有内容，这些内容包括表的数据限制和其他组件。在创建和操作表后，将对表进行更为细致的设计。

创建表的有用方法是：创建一个基础表并向其中添加一些数据，然后使用这个基础表一段时间。这种方法可以在添加各种约束、索引、默认设置、规则和其他对象形成最终设计之前，发现哪些事务最常用，哪些数据经常输入。

完成所有表的设计后，可以使用 Microsoft Office Visio 将设计结果绘制成一张数据库模型图，用来描述数据库的结构，表示数据库中包含哪些表，每个表中包含哪些列，每个列使用什么数据类型，哪些表之间通过主键和外键约束建立了关系。

完成教务管理数据库设计后，所绘制的数据库模型图如图 3.1 所示。在这个模型图中，一共有 6 个实体，分别是班级、课程、授课安排、学生、成绩和教师，每个实体对于一个表。每个实体都包含一组属性，每个属性对应于表中的一列。在数据库模型图中，每个实体用一个表格来表示，表格的第一行列出表的名称，第二行列出表的主键列及其数据类型，其他各行分别列出剩余各列的名称。根据需要也可以在数据库模型图中包含各列的数据类型。

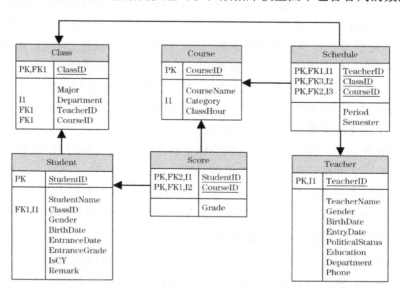

图 3.1　数据库模型图

在数据库模型图中，PK 表示相应列是表的主键。例如，StudentID 列是 Student 表中的主键，StudentID 学号和 CourseID 列组成了 Score 表中的主键，TeacherID、ClassID 和 CourseID 列组成了 Schedule 表的主键。FK 表示相应列是表中的外键。例如，在 Student 表中将 ClassID 列标记为 FK1，该列是学生表中的外键，它指向 Class 表中的候选键，亦即 ClassID 列；在 Score 表中，StudentID 和 CourseID 列既组成了主键，这两个列同时又是外键，它们分别指向 Student 表和 Course 表中的候选键。

如果两个表之间存在着关系，则它们会通过一个带有箭头的线段或拆线连接起来，箭头指向的表称为主表（候选键所在的表），线段另一端所连接的表称为从表（外键所在的表）。

在本书后面章节中，将参考图 3.1 所示的数据库模型图来实现一个用于教务管理的数据库，并在该数据库中创建各个表及其他数据库对象。

3.1.2 规范化逻辑设计

数据库的逻辑设计（包括各种表和表间关系）是优化关系型数据库的核心。设计好逻辑数据库，可以为优化数据库和应用程序性能打下基础。逻辑数据库设计不好，会影响整个系统的性能。规范化逻辑数据库设计包括使用正规的方法来将数据分为多个相关的表。拥有几个具有较少列的窄表是规范化数据库的特征，而拥有少量具有较多列的宽表是非规范化数据库的特征。一般而言，合理的规范化会提高性能。如果包含有用的索引，则 SQL Server 查询优化器可以有效地在表之间选择快速、有效的连接。

规范化具有以下好处：使排序和创建索引更加迅速；聚集索引的数目更大；索引更窄、更紧凑；每个表的索引更少，这样将提高 INSERT、UPDATE 和 DELETE 语句的性能；空值更少，出现不一致的机会更少，从而增加数据库的紧凑性。

随着规范化的不断提高，检索数据所需的连接数和复杂性也将不断增加。太多表间的关系连接太多、太复杂可能会影响性能。合理的规范化通常很少包括经常性执行且所用连接涉及 4 个以上表的查询。

在某些情况下，逻辑数据库设计已经固定，全部进行重新设计是不现实的。但是，尽管如此，将大表有选择性地进行规范化处理，分为几个更小的表还是可能的。如果是通过存储过程对数据库进行访问，则在不影响应用程序的情况下架构可能发生更改。如果不是这种情况，那么可以创建一个视图，以便向应用程序隐藏架构的更改。

在关系数据库设计理论中，规范化规则指出了在设计良好的数据库中必须出现或不出现的某些属性。关于规范化规则的完整讨论不属于本书的范畴。下面给出获得合理的数据库设计的规则。

1. 表应有一个标识符

数据库设计理论的基本原理是：每个表都应有一个唯一的行标识符，可以使用列或列集将任何单个记录同表中的所有其他记录区别开来。每个表都应有一个 ID 列，任何两个记录都不能共享同一 ID 值。作为表的唯一行标识符的列是表的主键。

2. 表应只存储单一类型实体的数据

试图在表中存储过多的信息会影响对表中的数据进行有效、可靠的管理。例如，在示例数据库 AdventureWorks 中，销售订单和客户信息存储在不同的表中。虽然可以在一个表中创建包含有关销售订单和客户信息的列，但是这样设计会导致出现一些问题。必须在每个销售订单中另外添加和存储客户信息、客户姓名和地址，这将使用数据库中的其他存储空间。如果客户地址发生变化，必须更改每个销售订单。另外，如果从 Sales.SalesOrderHeader 表中删除了客户最近的销售订单，则该客户的信息将会丢失。

3．表应避免可为空的列

表中的列可定义为允许空值。虽然在某些情况下，允许空值可能是有用的，但是应尽量少用。这是因为需要对它们进行特殊处理，从而会增加数据操作的复杂性。如果某一表中有几个可为空值的列，并且列中有几行包含空值，则应考虑将这些列置于链接到主表的另一表中。通过将数据存储在两个不同的表中，主表的设计会非常简单，而且仍能够满足存储此信息的临时需要。

4．表不应有重复的值或列

数据库中某一项目的表不应包含有关特定信息的一些值。例如，AdventureWorks 2012 示例数据库中的某产品可能是从多个供应商处购买的。如果 Production.Product 表有一列为供应商的名称，这就会产生问题。一个解决方案是将所有供应商的名称存储在该列中。但是，这使得列出各个供应商变得非常困难。另一个解决方案是更改表的结构来为另一个供应商的名称再添加一列。但是，这只允许有两个供应商。此外，如果一个产品有 3 个供应商，则必须再添加一列。如果发现需要在单个列中存储多个值，或者一类数据（如 TelephoneNumber1 和 TelephoneNumber2）对应于多列，则应考虑将重复的数据置于链接回主表的另一个表中。例如，在 AdventureWorks 示例数据库中，有一个用于存储产品信息的 Production.Product 表和一个用于存储供应商信息的 Purchasing.Vendor 表，还有第三个表 Purchasing.ProductVendor。第三个表只存储产品的 ID 值和产品供应商的 ID 值。这种设计允许产品有任意多个供应商，既不需要修改表的定义，也不需要为单个供应商的产品分配未使用的存储空间。

3.1.3 联机事务处理与决策支持

目前的数据库应用程序可以分为两种主要类型，即联机事务处理（OLTP）和联机分析处理（OLAP），后者也称为决策支持。这两种应用程序的特征对数据库设计有很大影响。

1．联机事务处理

联机事务处理数据库应用程序是管理不断变化的数据的最佳选择。这些应用程序通常涉及很多用户，他们同时执行更改实时数据的事务。尽管用户的各个数据请求通常只涉及少量记录，但这些请求有许多是同时发生的。这种数据库的常见示例是航空订票系统和银行事务系统。在这种应用程序中，主要的问题是并发性和原子性。

数据库系统中的并发性控制确保两个用户不能更改相同的数据，或者一个用户不能在另一个用户完成数据操作之前更改该部分数据。例如，如果一位乘客正在告诉一位航空订票代理要预订某一航班上最后一个可用座位，该代理开始用乘客的姓名预订该座位，这时，其他代理就不能再告诉其他乘客还可以预订该座位。原子性确保事务中的所有步骤都作为一个组成功地完成。如果一个步骤失败，则不应完成其他步骤。例如，银行事务涉及两个步骤：从储户的支票账户中取出资金，然后打入该储户的存款账户。如果从储户的支票账户中取出资金的步骤成功完成，就需要确保将该资金打入该储户的存款账户或重新打回其支票账户。

设计事务处理系统数据库，应注意以下事项。

（1）很好的数据放置。对于联机事务处理系统，输入/输出瓶颈是一个很重要的问题，原因在于修改整个数据库中数据的用户很多。设计数据库时应确定数据可能的访问模式，并将经常访问的数据放在一起。通过使用文件组和 RAID（独立磁盘冗余阵列）系统将会有所助于解决这个问题。

（2）缩短事务，以便将长期锁减至最少并改善并发性。在事务期间，避免用户交互。无论何时，只要有可能，就通过运行单个存储过程来处理整个事务。在事务内对表的引用顺序可能会影响并发性。将对经常访问的表的引用置于事务的末尾，以便将控制锁的持续时间减至最短。

（3）联机备份。联机事务处理系统的常见特点是连续操作，操作中的中断时间保持为绝对的最少。也就是说，在这些系统中一天 24 小时，一周 7 天进行操作。尽管 SQL Server 数据库引擎可以在数据库正在使用时对其进行备份，但是应将备份过程安排在活动不频繁时进行，以使对用户的影响降低到最小。

（4）数据库的高度规范化。减少冗余信息，以加快更新速度并改善并发性。减少数据还可以加快备份的速度，因为只需要备份更少的数据。

（5）很少或没有历史或聚合数据。可将很少引用的数据归档到单独的数据库中，或者从经常更新的表中移出，放到只包含历史数据的表中。这将使表尽可能地小，从而缩短备份时间，改善查询性能。

（6）小心使用索引。每次添加或修改行时，必须更新索引。若要避免对经常更新的表进行过多的索引，索引范围应保持较窄。可以使用数据库引擎优化顾问来设计索引。

（7）联机事务处理系统需要最佳的计算机硬件配置，以处理较大并发用户数目和快速响应时间。

2．决策支持

决策支持数据库应用程序最适用于不更改数据的数据查询。例如，公司可以定期地按日期、销售地区或产品汇总其销售数据，并将该信息存储在单独的数据库中，以供高级管理人员分析时使用。若要做出业务决策，用户必须能够根据各种条件，通过查询数据快速地确定销售趋势，但不必更改这些数据。

决策支持数据库中的表建立了大量索引，通常要对原始数据进行预处理和组织，以支持要使用的各种查询。因为用户并不更改数据，所以不存在并发性和原子性问题；数据仅定期更改，所以可在非工作时间和低流量时间对数据库进行大容量更新。

设计决策支持系统数据库，应注意以下事项。

（1）大量使用索引。决策支持系统只需要很少的更新，但数据量很大。可使用大量索引来提高查询性能。

（2）数据库的非规范化。引入预聚合或汇总数据以满足常见的查询要求，并缩短查询响应时间。

（3）使用星型架构或雪花架构来组织数据库内的数据。星型架构是指数据保存在架构中心的单个事实数据表中而其他维度数据存储在维度表中的一种关系数据库结构。每个维度表都与事实数据表直接相关，并且通常通过键列与事实数据表连接。星型架构用在数据仓库中。雪花架构是星形架构的一个扩展，由多个表定义一个或多个维度，只将一个主维度表与事实数据表连接，其他维度表则连接主维度表。

3.1.4　表的类型

表是关系模型中表示实体的方式，行和列是表的主要组件，表可以用来组织和存储数据，而且行和列的顺序并不影响数据的存储。在 SQL Server 2012 中，表可分为 5 种类型，即标准表、已分区表、临时表、系统表和宽表。

1. 标准表

标准表就是通常用来存储用户数据的表，又称为普通表，或简称为表。用户定义的标准表可以有多达 1024 列。表的行数仅受服务器的存储容量的限制。

2. 已分区表

已分区表是将数据水平划分为多个单元的表，这些单元可以分布到数据库中的多个文件组中，以实现对单元中数据的并行访问。如果表非常大或者有可能变得非常大，并且表中包含或可能包含以不同方式使用的许多数据，或者对表的查询或更新没有按照预期的方式执行，或者维护开销超出了预定义的维护期，则建立已分区表就是一个不错的选择。默认情况下，SQL Server 2012 支持多达 15000 个分区。

已分区表的优点在于可以方便地管理大型表，提高对这些表中数据的使用效率。在维护整个集合的完整性时，使用分区可以快速而有效地访问或管理数据子集，从而使大型表或索引更易于管理。在分区方案下，将数据从联机事务处理（OLTP）加载到联机分析处理（OLAP）系统中这样的操作只需几秒钟，而不是像在早期版本中那样需要几分钟或几小时。对数据子集执行的维护操作也将更有效，因为它们的目标只是所需的数据，而不是整个表。

已分区表支持所有与设计和查询标准表关联的属性和功能，包括约束、默认值、标识和时间戳值、触发器和索引。因此，如果要实现一台服务器本地的分区视图，则应该改为实现已分区表。

3. 临时表

临时表都存储在系统数据库 tempdb 系统数据库中。临时表有两种类型：本地表和全局表。在与首次创建或引用表时相同的 SQL Server 实例连接期间，本地临时表只对于创建者是可见的。当用户与 SQL Server 实例断开连接后，将删除本地临时表。全局临时表在创建后对任何用户和任何连接都是可见的，当引用该表的所有用户都与 SQL Server 实例断开连接后，将删除全局临时表。

4. 系统表

SQL Server 将定义服务器配置及其所有表的数据存储在一组特殊的表中，这组表称为系统表。除非通过专用的管理员连接，否则用户无法直接查询或更新系统表。通常在 SQL Server 的每个新版本中更改系统表。对于直接引用系统表的应用程序，可能必须经过重写才能升级到具有不同版本的系统表的 SQL Server 更新版本。可以通过目录视图查看系统表中的信息。

5. 宽表

宽表使用稀疏列，从而将表可以包含的总列数增大为 30000 列。稀疏列是对 NULL 值采用优化的存储方式的普通列。稀疏列减少了 NULL 值的空间需求，但代价是检索非 NULL

值的开销增加。宽表已定义了一个列集，列集是一种非类型化的 XML 表示形式，它将表的所有稀疏列合并为一种结构化的输出。索引数和统计信息数也分别增大为1000和30000。宽表行的最大大小为 8019 个字节。因此，任何特定行中的大部分数据都应为 NULL。宽表中非稀疏列和计算列的列数之和仍不得超过 1024。

任务 3.2　认识 SQL Server 数据类型

在 SQL Server 中，每个列、局部变量、表达式和参数都具有一个数据类型。数据类型是一种属性，用于指定对象可保存的数据的类型：整数数据、字符数据、货币数据、日期和时间数据或二进制字符串等。通过本任务将学习和理解 SQL Server 2012 提供的各种数据类型。

任务目标

- 理解数值数据类型
- 理解字符串数据类型
- 理解日期和时间数据类型
- 理解二进制数据类型
- 理解其他数据类型
- 理解别名数据类型

3.2.1　数据类型概述

为对象分配数据类型时可以为对象定义所包含的数据种类、所存储值的长度或大小、数值的精度（仅适用于数字数据类型）及数值的小数位数（仅适用于数字数据类型）。创建表时需要为表中的各列分配数据类型，可以使用 SQL Server 2012 提供的系统数据类型，也可以创建并使用基于系统数据类型的别名数据类型。

SQL Server 2012 提供的系统数据类型可以分为以下 4 个类别。

1．数值数据类型

数值数据类型分为精确数值类型和近似数字类型。

精确数值类型包括 bit、bigint、decimal、int、numeric、smallint、money、tinyint 和 smallmoney。

近似数字类型包括 float 和 real。

2．字符串数据类型

字符串数据类型分为普通字符串和 Unicode 字符串类型。

普通字符类型串包括 char、text 和 varchar。

Unicode 字符串包括 nchar、ntext 和 nvarchar。

3．二进制数据类型

二进制数据类型包括 binary、image 和 varbinary。

4. 日期和时间数据类型

日期和时间数据类型包括 date、time、datetime、datetime2 和 smalldatetime。

5. 其他数据类型

其他数据类型包括 cursor、timestamp、sql_variant、uniqueidentifier、table 和 xml。

存储在 SQL Server 2012 中的所有数据必须与上述这些基本数据类型之一相兼容。cursor 数据类型是唯一不能分配给表列的系统数据类型，它只能用于变量和存储过程参数。

有一些基本数据类型还具有数据类型同义词，以便实现与 ISO 的兼容性。例如，integer 是 int 的同义词，character(n)是 char(n)的同义词，rowversion 是 timestamp 的同义词，national character varying 是 nvarchar 的同义词等。

根据需要，还可以从基本数据类型创建别名数据类型作为用户自定义数据类型。它们提供了一种可以将更能清楚地说明对象中值的类型的名称应用于数据类型的机制，这使程序员或数据库管理员能够更容易地理解用该数据类型定义的对象的用途。

3.2.2　数值数据类型

属于数值数据类型的数字可以参与各种数学运算。数值数据类型可以分为整数类型和小数类型；小数类型又分为近似数字类型和精确数字类型。

1. 整数类型

整数类型包括 bigint、int、smallint、tinyint 和 bit。

（1）bigint：用于存储从-2^{63}（$-9\ 223\ 372\ 036\ 854\ 775\ 808$）到 $2^{63}-1$（$9\ 223\ 372\ 036\ 854\ 775\ 807$）的整数，占用 8 个字节。

（2）int：用于存储从-2^{31}（$-2\ 147\ 483\ 648$）到 $2^{31}-1$（$2\ 147\ 483\ 647$）的整数，占用 4 个字节。

（3）smallint：用于存储从-2^{15}（$-32\ 768$）到 $2^{15}-1$（$32\ 767$）的整数，占用 2 个字节。

（4）tinyint：用于存储从 0 到 255 的整数，占用 1 个字节。

（5）bit：用于存储整数，但只能取 0、1 或 NULL。SQL Server 数据库引擎可优化 bit 列的存储。如果表中的列为 8 bit 或更少，则这些列作为 1 个字节存储。如果列为 9 到 16 bit，则这些列作为 2 个字节存储，以此类推。字符串值 TRUE 和 FALSE 可以转换为以下 bit 值：TRUE 转换为 1，FALSE 转换为 0。

2. 小数类型

小数类型包括近似数字类型 float(n)和 real、精确数字类型 decimal(p, s)和 numeric(p, s)及货币数字类型 money 和 smallmoney。

（1）float(n)：用于存储从$-1.79E+308$ 到 $1.79E+308$ 之间的浮点数。n 为用于存储科学记数法浮点数尾数的位数，同时指示其精度和存储大小。n 必须为从 1 到 53 之间的值。当 n 介于 1 和 24 之间，表示精度为 7 位有效数字，占用 4 个字节；当 n 介于 25 和 53 之间时，表示精度为 15 位有效数字，占用 8 个字节。

（2）real：相当于 float(24)，用于存储$-3.40E-38$～$3.40E-38$ 之间的浮点数，占用 4 个字节。

（3）decimal(p, s) 和 numeric(p, s)：用于存储带小数点且数值确定的数据，可将它们视为相同的数据类型。p 表示数值的全部位数，取值范围为 1～38，其中，包含小数部分的位数，不包括小数点在内，p 值称为该数值的精度（precision）；s 表示小数的位数（scale）。整数部分的位数等于 p 减去 s。例如，decimal(10, 5)表示数值中共有 5 位整数，其余 5 位是小数部分，该列的精度为 10 位。将一个列指定为 decimal 类型时，如果没有指定精度 p，则默认精度为 18 位；如果没有指定小数位数，则默认小数位数为 0。在 decimal 和 numeric 数据类型中，p 不仅表示数值精度，也指定了数据占用存储空间的大小。当 p 介于 1 和 9 之间时，数据占用 5 个字节；当 p 介于 10 和 19 之间时，数据占用 9 个字节；当 p 介于 20 和 28 之间时，数据占用 13 个字节；当 p 介于 29 和 38 之间时，数据占用 17 个字节。

（4）money 和 smallmoney：用于存储货币数据，这些数据实际上是带有 4 位小数的 decimal 类型数据。如果将某列指定为 money 数据类型，则该列的取值范围为-922 337 203 685 477.5808 到 922 337 203 685 477.5807，占用 8 个字节，前面 4 个字节表示货币值的整数部分，后面 4 个字节表示货币值的小数部分。smallmoney 的取值范围从-214 748.3648 到 214 748.3647，占用 4 个字节，前面两个字节表示货币值的整数部分，后面两个字节表示小数部分。

3.2.3 字符串数据类型

字符串数据类型包括固定长度字符串类型 char(n)、可变长度字符串类型 varchar(n)及文本类型 text。

1. 固定长度字符串

固定长度字符串类型用 char(n)表示，这是一种固定长度的非 Unicode 的字符数据，其长度为 n 个字节的，n 必须是一个介于 1 和 8 000 之间的数值，数据的存储大小为 n 个字节。

如果没有在数据定义或变量声明语句中指定 n，则默认长度为 1。当一个列中包含字符串数据且每个数据项具有相同的固定长度时，使用 char 数据类型是一个好的选择。

对于一个 char 列，不论用户输入的字符串有多长，都将固定占用 n 个字节的存储空间。当输入字符串的长度小于 n 时，如果该列不允许 NULL 值，则不足部分用空格填充；如果该列允许 NULL 值，则不足部分不再用空格填充。如果输入字符串的长度大于 n，则多余部分会被截断。

2. 可变长度字符串

可变长度字符串类型用 varchar(n | max)表示，这是一种可变长度的非 Unicode 的字符数据，其长度为 n 个字节，n 必须是一个介于 1 和 8 000 之间的数值，max 指示最大的存储大小是 $2^{31}-1$ 个字节。存储大小是输入数据的实际长度加 2 个字节。所输入数据的长度可以为 0 个字符。

如果没有在数据定义或变量声明语句中指定 n，则默认长度为 1。如果一个 varchar 数据类型的列中包含尾随空格，则这些空格会被自动删除。这是使用 varchar 数据类型的一个优点。但在使用 varchar 数据类型时，由于数据项长度可以变化，在处理速度上往往不及固定长度的 char 数据类型。

对于如何选用 char 和 varchar 有以下建议：如果列数据项的大小一致，则使用 char；如果列数据项的大小差异相当大，则使用 varchar；如果列数据项大小相差很大，而且大小可能超过 8 000 字节,可使用 varchar(max);此外,如果要支持多种语言,可考虑使用 Unicode nchar 或 nvarchar 数据类型,以最大限度地消除字符转换问题。

3. 文本类型

文本类型用 text 表示,这是一种服务器代码页中长度可变的非 Unicode 数据,最大长度为 $2^{31}-1$(2 147 483 647)个字符。当服务器代码页使用双字节字符时,存储量仍是 2 147 483 647 字节。存储大小可能小于 2 147 483 647 字节(取决于字符串)。

实际上,在 text 类型列中仅存储一个指针,它指向由若干个以 8KB 为单位的数据页所组成的连接表,系统经由这种连接表来存取所有的文本数据。Microsoft 公司建议,应尽量避免使用 text 数据类型,而应该使用 varchar(max)来存储大文本数据。

3.2.4 Unicode 字符串数据类型

在 SQL Server 2012 中,Unicode 字符串类型包括固定长度字符串类型 nchar(n)、可变长度字符串类型 nvarchar(n)和文本类型 ntext。

1. 固定长度 Unicode 字符串

固定长度 Unicode 字符串类型用 nchar(n)表示,这是一种长度固定的 Unicode 字符数据,其中,包含 n 个字符的,n 的值必须介于 1 与 4 000 之间。数据的存储大小为 n 字节的两倍。

如果没有在数据定义或变量声明语句中指定 n,则默认长度为 1。对一个 nchar 列指定了 n 的数值以后,不论用户在输入多少个字符,该列都将占用 2n 个字节的存储空间。当输入字符串长度小于 n 时,不论该列是否允许空值,不足部分都会用空格来填充。

2. 可变长度 Unicode 字符串

可变长度 Unicode 字符串用 nvarchar(n | max) 表示,这是一种可变长度的 Unicode 字符数据,其中,包含 n 个字符,n 的值必须介于 1 与 4 000 之间。max 指示最大的存储大小为 $2^{31}-1$ 字节。数据的存储字节数是所输入字符个数的两倍。所输入的数据字符长度可以为零。

如果没有在数据定义或变量声明语句中指定 n,则默认长度为 1。如果一个 nvarchar 数据类型的列中包含尾随空格,则这些空格会被自动删除。

如果列数据项的大小可能相同,可使用 nchar。如果列数据项的大小可能差异很大,可使用 nvarchar。sysname 是系统提供的用户定义数据类型,除了不以为零外,它在功能上与 nvarchar(128)相同。sysname 用于引用数据库对象名。

3. Unicode 文本类型

Unicode 文本类型用 ntext 表示,这是一种长度可变的 Unicode 数据,其最大长度为 $2^{30}-1$(1 073 741 823)个字符。存储字节数是所输入字符个数的两倍。ntext 应该使用 nvarchar(max)来代替。

3.2.5 二进制字符串数据类型

二进制字符串数据类型包括固定长度二进制数据类型 binary(n)、可变长度二进制数据类型 varbinary(n)和大量二进制数据类型 image。

1. 固定长度二进制数据类型

固定长度二进制数据类型用 binary(n) 表示，这是 n 个字节的固定长度二进制数据。n 的取值范围为必须 1~8 000。不论输入数据的实际长度如何，存储空间大小均为 n 个字节。如果输入数据超长，则多余部分会被截掉。例如，如果将表中的一个列的数据类型指定为 binary(1)，则可以存储 0x00~0xFF 范围内的数据；如果指定为 binary(2)，则可以存储 0x0000~0xFFFF 范围内的数据。

2. 可变长度二进制数据类型

可变长度二进制数据类型用 varbinary(n|max) 表示，这是 n 个字节的可变长度二进制数据。n 的取值范围为 1~8 000。max 指示最大的存储大小为 $2^{31}-1$ 字节。存储空间大小为实际输入数据长度+2 个字节，而不是 n 个字节。输入的数据长度可能为 0 字节。与 binary 数据类型不同的是，使用 varbinary 数据类型时系统会将数据尾部的 00 删除掉。

3. 大量二进制数据类型

大量二进制数据类型用 image 表示，是一种可变长度的二进制数据类型，用于存储图片数据。一个 image 数据类型的列最多可以存储 $2^{31}-1$（2 147 483 647）个字节，约为 2GB。

如果列数据项的大小一致，则使用 binary；若列数据项的大小差异相当大，则使用 varbinary；当列数据条目超出 8 000 字节时，可以使用 varbinary(max)。image 应该使用 varbinary(max)来代替。

3.2.6 日期和时间数据类型

日期和时间数据类型包括 date、time、datetime、smalldatetime、datetime2 和 datetimeoffset。

1. 日期类型 date

日期类型 date 用于定义 SQL Server 中的日期，可以表示的日期范围为 0001-01-01 到 9999-12-31，即公元元年 1 月 1 日到公元 9999 年 12 月 31 日。默认的字符串文字格式为 "YYYY-MM-DD"，其中，YYYY 是表示年份的四位数字，范围为 0001 到 9999；MM 是表示指定年份中的月份的两位数字，范围为 01 到 12；DD 是表示指定月份中的某一天的两位数字，范围为 01 到 31（最高值取决于具体月份）。日期数据和字符长度为 10 位，存储为 3 个字节，默认值为 1900-01-01。

2. 时间类型 time

时间类型 time 用于定义一天中的某个时间，可以表示的时间范围为 00:00:00.0000000 到 23:59:59.9999999。此时间基于 24 小时制，但不能感知时区。默认的字符串文字格式为 "hh:mm:ss[. nnnnnnn]"，其中，hh 是表示小时的两位数字，范围为 0 到 23；mm 是表示分钟的两位数字，范围为 0 到 59；ss 是表示秒的两位数字，范围为 0 到 59；n*是 0 到 7 位数字，范围为 0 到 9999999，它表示秒的小数部分。时间的字符长度最小 8 位（hh:mm:ss），最大 16 位（hh:mm:ss. nnnnnnn）。存储为 5 个字节，精确度为 100ns，默认值为 00:00:00。

3. 日期时间类型 datetime

日期时间类型 datetime 用于定义一个与采用 24 小时制并带有秒小数部分的一日内时间相组合的日期。可以表示的日期范围为 1753 年 1 月 1 日到 9999 年 12 月 31 日，时间范围为 00:00:00 到 23:59:59.997。datetime 的字符长度最低 19 位，最高 23 位，存储为 8 个字节，默认值为 1900-01-01 00:00:00。

注意： 对于新的工作，请使用 time、date、datetime2 和 datetimeoffset 数据类型。这些类型符合 SQL 标准，并且更易于移植。time、datetime2 和 datetimeoffset 提供更高精度的秒数。datetimeoffset 为全局部署的应用程序提供时区支持。

4. 日期时间类型 smalldatetime

日期时间类型 smalldatetime 用于定义结合了一天中的时间的日期。此时间为 24 小时制，秒始终为零（:00），并且不带秒小数部分。可以表示的日期范围为 1900-01-01 到 2079-06-06，即 1900 年 1 月 1 日到 2079 年 6 月 6 日，时间范围为 00:00:00 到 23:59:59。字符长度最高 19 位，存储为 4 个字节。默认值为 1900-01-01 00:00:00。

5. 日期时间类型 datetime2

日期时间类型 datetime2 用于定义结合了 24 小时制时间的日期，可以表示的日期范围为 0001-01-01 到 9999-12-31，即公元元年 1 月 1 日到公元 9999 年 12 月 31 日，时间范围为 00:00:00 到 23:59:59.9999999。

可将 datetime2 视为现有 datetime 类型的扩展，其数据范围更大，默认的小数精度更高，并具有可选的用户定义的精度。

datetime2 类型的默认的字符串文字格式为"YYYY-MM-DD hh:mm:ss[.nnnnnnn]"，其中，YYYY 是一个四位数，范围从 0001 到 9999，表示年份；MM 是一个两位数，范围从 01 到 12，它表示指定年份中的月份；DD 是一个两位数，范围为 01 到 31（具体取决于月份），它表示指定月份中的某一天；hh 是一个两位数，范围从 00 到 23，它表示小时；mm 是一个两位数，范围从 00 到 59，它表示分钟；ss 是一个两位数，范围从 00 到 59，它表示秒钟；n*代表 0 到 7 位数字，范围从 0 到 9999999，它表示秒小数部分。字符长度最低为 19 位（YYYY-MM-DD hh:mm:ss），最高 27 位（YYYY-MM-DD hh:mm:ss.0000000）。精度为 0 至 7 位，默认精度为 7 位数，准确度为 100ns。当精度小于 3 时存储为 6 个字节；当精度为 3 和 4 时存储为 7 个字节，所有其他精度则需要 8 个字节。默认值为 1900-01-01 00:00:00。

6. 日期时间类型 datetimeoffset

日期时间类型 datetimeoffset 用于定义一个与采用 24 小时制并可识别时区的一日内时间相组合的日期。可以表示的日期范围为 0001-01-01 到 9999-12-31，即公元元年 1 月 1 日到公元 9999 年 12 月 31 日，时间范围为 00:00:00 到 23:59:59.9999999，时区偏移量范围为 -14:00 到+14:00。

datetimeoffset 的默认字符串文字格式为" YYYY-MM-DD hh:mm:ss[. nnnnnnn][{+|-}hh:mm]"，其中，YYYY 表示年份的四位数字，范围为 0001 到 9999；MM 表示指定年份中的月份的两位数字，范围为 01 到 12；DD 表示指定月份中的某一天的两位数字，范围为 01 到 31（最高值取决于相应月份）；hh 表示小时的两位数字，范围为 00 到 23；mm 表示分钟的两位数字，范围为 00 到 59；ss 表示秒钟的两位数字，范围为 00 到 59；n*是 0 到 7 位数字，范围为 0 到 9999999，它表示秒的小数部分；hh 是两位数，范围为-14 到+14；mm 是两位数，范围为 00 到 59。字符长度最低 26 位（YYYY-MM-DD hh:mm:ss {+|-}hh:mm），最高 34 位（YYYY-MM-DD hh:mm:ss. nnnnnnn {+|-}hh:mm）。存储为 10 个字节，精确度为 100ns，默认值为 1900-01-01 00:00:00 00:00。

3.2.7 其他数据类型

除前面介绍的基本数据类型外，SQL Server 2012 还提供了一些比较特殊的数据类型，包括 cursor、table、timestamp、sql_variant、uniqueidetifier、xml、hierarchyid 及两种空间类型。

1. cursor 数据类型

cursor 这是变量或存储过程 OUTPUT 参数的一种数据类型，这些参数包含对游标的引用。使用 cursor 数据类型创建的变量可以为空。在 Transact-SQL 语句中，有些操作可以引用那些带有 cursor 数据类型的变量和参数。但要特别注意，对于 CREATE TABLE 语句中的列，是不能使用 cursor 数据类型的。

2. table 数据类型

table 是一种特殊的数据类型，可用于存储结果集以进行后续处理。table 主要用于临时存储一组作为表值函数的结果集返回的行。可将函数和变量声明为 table 类型。table 变量可用于函数、存储过程和批处理中。

3. timestamp 数据类型

timestamp 数据类型是 rowversion 数据类型的同义词，并具有数据类型同义词的行为。在数据定义语言（DDL）中，请尽量使用 rowversion 而不是 timestamp。

timestamp 是公开数据库中自动生成的唯一二进制数字的数据类型。timestamp 通常用作给表行加版本戳的机制，存储大小为 8 个字节。

注意： Microsoft 不推荐使用 timestamp 语法。后续版本的 SQL Server 将删除该功能。请避免在新的开发工作中使用该功能，并着手修改当前还在使用该功能的应用程序。

4. sql_variant 数据类型

sql_variant 数据类型用于存储 SQL Server 支持的各种数据类型的值，但 text、ntext、image、timestamp 和 sql_variant 除外。sql_variant 数据类型可以用在列、参数和变量中并返回用户定义函数的值。sql_variant 允许这些数据库对象支持其他数据类型的值。sql_variant 数据类型的最大长度可达 8 016 字节。这包括基类型信息和基类型值。实际基类型值的最大长度是 8 000 个字节。对于 sql_variant 数据类型，必须先将它转换为其基本数据类型值，然后才能参与诸如加减之类的运算。

5. uniqueidetifier 数据类型

uniqueidentifier 即数据类型全局性唯一标识数据类型，用于存储一个由 16 个字节组成的二进制数字，其数值格式类似于 1C1AE361-7F2C-11D6-97AD-00E03C68608E，该识别码称为全局性唯一标识符（GUID，Globally Unique Identifier）。若要对一个 uniqueidentifier 列或局部变量进行初始化，通常使用以下两种方法。

（1）使用 NEWID 函数产生 GUID。

（2）将一个 "xxxxxxxx-xxxx-xxxx-xxxx-xxxxxxxxxxxx" 形式的字符串常量转换为 GUDI，其中，x 是一个 16 进制数字，取值范围为 0～9、a～f。

6. xml 数据类型

这是一种存储 XML 数据的数据类型。使用 xml 数据类型可以在 SQL Server 数据库中存储 XML 文档和片段。XML 片段是缺少单个顶级元素的 XML 实例。可以创建 xml 类型的列和变量，并在其中存储 XML 实例。xml 数据类型实例的存储表示形式不能超过 2GB。

7. hierarchyid 数据类型

hierarchyid 数据类型是一种长度可变的系统数据类型，可用于表示层次结构中的位置。类型为 hierarchyid 的列不会自动表示树。由应用程序来生成和分配 hierarchyid 值，使行与行之间的所需关系反映在这些值中。

8. 空间类型

SQL Server 2012 支持以下两种空间类型。

（1）geography：这是一种地理空间数据类型，它是作为 SQL Server 中的.NET 公共语言运行时（CLR）数据类型实现的。这种类型表示圆形地球坐标系中的数据。geography 数据类型用于存储诸如 GPS 纬度和经度坐标之类的椭球体（圆形地球）数据。SQL Server 支持 geography 空间数据类型的一组方法。

（2）geometry：这是一种平面空间数据类型，它在 SQL Server 中作为公共语言运行时数据类型实现，用于表示欧几里得平面坐标系中的数据。SQL Server 支持 geometry 空间数据类型的一组方法。

3.2.8 别名数据类型

别名数据类型是用户基于 SQL Server 本机系统数据类型来创建的。当多个表必须在一个列中存储相同类型的数据，而且必须确保这些列具有相同的数据类型、长度和为空性时，可以使用别名数据类型。例如，在学生信息管理数据库中，几个表中都包含班级编号列，可以基于 char 数据类型创建名为 classnum 的别名数据类型。

在 SQL Server 2012 中，可以使用 SSMS 图形界面创建和删除别名数据类型，也可以使用 Transact-SQL 语句来创建和删除别名数据类型。

1. 使用 SSMS 图形界面创建别名数据类型

使用 SSMS 图形界面创建别名数据类型的操作步骤如下。

（1）在对象资源管理器中，连接到 SQL Server 数据库引擎，然后展开该实例。

（2）展开要在其中创建别名数据类型的数据库，依次展开"可编程性"和"类型"，右键单击"用户自定义数据类型"节点，在弹出的快捷菜单中单击"新建用户自定义数据类型"命令。

（3）当出现如图 3.2 所示的"新建用户自定义数据类型"对话框时，从包含当前用户的所有可用架构的"架构"列表中选择一个架构，默认选择是当前用户的默认架构。

（4）在"名称"框中输入用于在整个数据库中表示用户定义数据类型别名的唯一名称。最大字符数必须符合 sysname 数据类型的要求。

（5）从"数据类型"下拉列表框中选择一种基本数据类型。该列表框显示除 geography、geometry、hierarchyid、sysname、timestamp 和 xml 数据类型之外的所有数据类型。不能编辑现有的用户定义数据类型的数据类型。

（6）在"长度/精度"框中指定数据类型的长度或精度。"长度"适用于基于字符的用户定义数据类型 T；"精度"仅适用于基于数字的用户定义数据类型。该标签会根据先前所选的数据类型而相应地改变。如果所选数据类型的长度或精度是固定的，则不能编辑此框。

图 3.2 "新建用户定义数据类型"对话框

（7）对于 numeric 和 decimal 数据类型，在"小数位数"框中指定可在小数点右存储的十进制数字的最大位数。小数位数必须是 0 到 p 之间的值，其中，p 是"精度"值。最大存储大小会根据精度的不同而变化。

（8）按需要选取或不选取"允许空值"复选框，以指定用户定义数据类型别名是否可以接受 NULL 值。

（9）根据需要，可以选择要绑定到用户定义数据类型别名的默认值或规则。

（10）单击"确定"按钮，完成用户定义数据类型别名的创建。

若要在对象资源管理器中删除别名数据类型，可以在目录树中展开"用户自定义数据类型"节点，右键单击该别名数据类型并选择"删除"命令。

2. 使用 Transact-SQL 语句创建别名数据类型

在 Transact-SQL 中，可以使用 CREATE TYPE 语句来创建别名数据类型，语法格式如下：

```
CREATE TYPE [架构名称.]数据类型名称
{
    FROM 系统数据类型
    [(精度[,位数])]
    [NULL|NOT NULL]
};
```

其中，架构名称指定别名数据类型所属架构的名称。

数据类型名称指定别名数据类型的名称。类型名称必须符合标识符命名规则。

系统数据类型指定别名数据类型所基于的数据类型，由 SQL Server 提供，其数据类型为 sysname，没有默认值，可以是系统数据类型 bigint、binary(n)、bit、char(n)、date、datetime、datetime2、datetimeoffset、decimal、float、image、int、money、nchar(n)、ntext、numeric、 nvarchar(n|max)、real、smalldatetime、smallint、smallmoney、sql_variant、text、time、tinyint、uniqueidentifier、varbinary(n|max)或 varchar(n |max) 之一。

精度和位数参数适用于系统数据类型为 decimal 或 numeric 时，它们的值为非负整数，精度指示可保留的十进制数字位数的最大值，包括小数点左边和右边的数字；位数指示十进制数字的小数点右边最多可保留多少位，它必须小于或等于精度值。

NULL | NOT NULL 指定此类型是否可容纳空值。如果未指定，则默认值为 NULL。

例如，下面的语句基于系统提供的 char 数据类型在当前数据库中创建一个名为 classnum 的别名数据类型：

```
CREATE TYPE classnum
FROM char(6) NOT NULL;
```

在 Transact-SQL 中，可以使用 DROP TYPE 语句从当前数据库中删除别名数据类型，语法格式如下：

```
DROP TYPE [架构名称.]数据类型名称;
```

其中，架构名称用于指定别名数据类型所属架构的名称；数据类型名称用于指定要删除的别名数据类型。

任务 3.3　创建表

要通过数据库来存储数据，就必须在数据库中创建表，这就需要定义表结构，设置表和列的属性，包括确定表的名称和属性，指定表中各列的名称、所使用的数据类型、是否允许为空、是否标识列及默认值，同时确定哪些列是主键、哪些列是外键等。在数据库中创建表的操作可以使用 SSMS 图形界面或 Transact-SQL 语句来完成。通过本任务学习和掌握创建表的方法。

任务目标

- 掌握使用 SSMS 图形界面创建表的方法
- 掌握使用 Transact-SQL 语句创建表的方法

3.3.1　使用 SSMS 图形界面创建表

使用 SSMS 图形界面创建表的操作步骤如下。

（1）在对象资源管理器中，连接到数据库引擎实例，然后展开该实例。

（2）在"对象资源管理器"窗格中，展开"数据库"，展开要在其中创建表的数据库，右键单击"表"节点，指向"新建"命令组，在弹出的快捷菜单中单击"新建表"命令，如图 3.3 所示。

（3）在表设计器窗格中输入各列的名称，选择所使用的数据类型，并设置各个列是否允许 Null 值。

（4）根据需要，在表设计器下部的"列属性"选项卡中设置列的附加属性，如默认值或绑定、精度、小数位数、是否标识列、标识增量和标识种子等，如图 3.4 所示。

图 3.3　选择"新建表"菜单命令

图 3.4　表设计器窗口

（5）若要将某个列指定为主键，请右键单击该列，在弹出的快捷菜单中选择"设置主键"命令，如图 3.5 所示。

（6）若要插入列、删除列、创建外键关系、CHECK 约束或索引，请在表设计器窗格中右键单击，然后从弹出的快捷菜单中选择所需的命令。

（7）默认情况下，新建的表将包含在 dbo 架构中。若要为该表指定不同架构，请在"表设计器"窗格中右键单击，在弹出的快捷菜单中选择"属性"命令，然后从"属性"窗格的"架构"下拉列表中选择适当的架构，如图 3.6 所示。

（8）在表中添加所需要的列并设置其属性后，在"文件"菜单中选择"保存<表名称>"命令，或者在"标准"工具栏中单击"保存"按钮 🖫。

（9）在如图 3.7 所示的"选择名称"对话框中，输入新建表的名称，然后单击"确定"按钮。此时，新建的表将出现在"对象资源管理器"窗格中。

创
建
和
管
理
表

数据库应用基础 (SQL Server 2012)

图 3.5　在表中设置主键

图 3.6　设置表所属的架构

图 3.7　"选择名称"对话框

例 3.1　使用 SSMS 图形界面创建一个名为 EduAdmin 的数据库，用于存储教务管理信息；在该数据库中基于系统数据类型 char(6)创建一个别名数据类型，名称为 classnum，不允许为空；在该数据库中创建一个新表，表名称为 class，由以下 3 个列组成，ClassID 列表示班级编号，数据类型为别名数据类型 classnum，为表中的主键；Major 列表示专业名称，数据类型为 nvarchar(12)；Department 表示系部名称，数据类型为 nvarchar(10)。

使用 SSMS 图形界面创建数据库、别名数据类型和表的操作步骤如下。

（1）在对象资源管理器中，连接到数据库引擎实例，展开该实例。

（2）在"对象资源管理器"窗格中，右键单击"数据库"，在弹出的快捷菜单中选择"新建数据库"命令，使用默认设置创建一个数据库，将该数据库命名为 EduAdmin。

（3）展开 EduAdmin 数据库、"可编程性"和"类型"，右键单击"用户定义数据"，在弹出的快捷菜单中单击"新建用户定义数据"命令，打开"新建用户定义数据类型"对话框，在"名称"框中输入"classnum"，从"数据类型"列表中选择"char"选项，在"长度"框中输入"6"，然后单击"确定"按钮，如图 3.8 所示。

图 3.8　创建别名数据类型 classnum

（4）右键单击"表"节点，指向"新建"命令组，在弹出的快捷菜单中单击"新建表"命令。

（5）在表设计器窗口中，对以下各列进行设置。

- 第一列：列名为 ClassID；数据类型为 classnum；通过在"表设计器"工具栏上单击"设置主键"按钮 🔑，将该列设置为表中的主键。
- 第二列：列名为 Major，数据类型为 nvarchar(12)。
- 第三列：列名为 Department，数据类型为 nvarchar(10)。

（6）在"标准"工具栏上单击"保存"按钮 🖫，在随后出现的对话框中指定新表的名称为 Class，然后单击"确定"按钮。

此时，在"对象资源管理器"窗格中可以看到新建的 Class 表，如图 3.9 所示。

图 3.9　在表设计器中创建表

3.3.2 使用 Transact-SQL 语句创建表

在 Transact-SQL 中，可以使用 CREATE TABLE 语句在当前数据库或指定数据库中创建新表，基本语法格式如下：

```
CREATE TABLE 表名称 (
    {<列定义>|<计算列定义>|<列集>}
        [<表约束>][,...]
);

<列定义>::=
列名称 <数据类型>
[NULL|NOT NULL]
[[CONSTRAINT 约束名称] DEFAULT 约束表达式]
[IDENTITY[(种子,增量)]
[ROWGUIDCOL][<列约束>[...n]]

<列约束>::=
[CONSTRAINT 约束名称]
{PRIMARY KEY|UNIQUE}
[CLUSTERED|NONCLUSTERED]
|[FOREIGN KEY] REFERENCES 引用表名称[(引用列)]
|CHECK(逻辑表达式)

<计算列定义>::=
别名 AS 计算列表达式
[PERSISTED [NOT NULL]]

<表约束>::=
[CONSTRAINT 约束名称]
{
    {PRIMARY KEY|UNIQUE}
    {CLUSTERED|NONCLUSTERED(列名称 [ASC|DESC][,...])}
    |FOREIGN KEY (列名称[,...])
        REFERENCES 引用表名称[(引用列名称[,...])]
    |CHECK(逻辑表达式)
}
```

其中，表名称的完整写法是"[数据库名称[.架构名称].|架构名称.]表名称"，其中数据库名称指定在其中创建表的数据库，如果未指定，则默认为当前数据库；架构名称指定新表所属架构的名称。

表名称指定要新建的表的名称，该名称必须遵循标识符规则。除了本地临时表名（以单个数字符号#为前缀的名称）不能超过 116 个字符外，最多可以包含 128 个字符。

列名称指定表中列的名称，该名称必须遵循标识符规则，并且在表中是唯一的。列名称可以包含 1～128 个字符。对于使用 timestamp 数据类型创建的列，可省略列名称。若未指定列名称，则 timestamp 列的名称将默认为 timestamp。每个表最多可以定义 1 024 列。

数据类型指定列所使用的的数据类型，数据类型可以是 SQL Server 2012 提供的各种系统数据类型，也可以是基于系统数据类型的别名数据类型。

NULL | NOT NULL 确定列中是否允许使用空值。

CONSTRAINT 为可选关键字，表示 PRIMARY KEY、NOT NULL、UNIQUE、FOREIGN KEY 或 CHECK 约束定义的开始。约束名称在表所属的架构中必须是唯一的。

DEFAULT 指定列的默认值。如果在插入记录的过程中未显示提供值，则该列将获得此默认值。DEFAULT 定义可适用于除定义为 timestamp 或带 IDENTITY 属性的列以外的任何列。约束表达式指定作为列的默认值的常量、NULL 或系统函数。

IDENTITY 表示新列是标识列。在表中添加新行时，数据库引擎将为该列提供一个唯一的增量值。标识列通常与 PRIMARY KEY 约束一起用作表的唯一行标识符。可将 IDENTITY 属性分配给 tinyint、smallint、int、bigint、decimal(p,0)或 numeric(p,0)列。对于每个表，只能创建一个标识列。不能对标识列使用绑定默认值和 DEFAULT 约束。种子是装入表的第一行所使用的值。增量是向装载的前一行的标识值中添加的增量值。必须同时指定种子和增量，或者两者都不指定。如果二者均未指定，则取默认值(1,1)。

ROWGUIDCOL 指示新列是行 GUID 列。对于每个表，只能将其中的一个 uniqueidentifier 列指定为 ROWGUIDCOL 列。ROWGUIDCOL 属性只能分配给表中的 uniqueidentifier 列。

<列约束>是在列级别上对指定的单个列设置的约束。

PRIMARY KEY 是通过唯一索引为指定的列强制实体完整性的约束，称为主键。每个表只能创建一个 PRIMARY KEY 约束。

UNIQUE 是通过唯一索引为指定列或列提供实体完整性的约束，即唯一性约束。一个表中可以有多个 UNIQUE 约束。

CLUSTERED 或 NONCLUSTERED 指示为 PRIMARY KEY 或 UNIQUE 约束创建聚集或非聚集索引。PRIMARY KEY 约束默认为 CLUSTERED，UNIQUE 约束默认为 NONCLUSTERED。

FOREIGN KEY REFERENCES 为列中的数据提供引用完整性的约束，称为外键约束。外键约束要求列中的每个值都存在于引用表中相应的引用列中，它只能引用在引用表中设置唯一索引或 PRIMARY KEY 或 UNIQUE 约束的列。

CHECK 约束通过限制可能输入到一个列或多个列的值来强制域的完整性，称为检查约束。检查约束通过不基于其他列中的数据的逻辑表达式来确定有效值，如果该表达式返回 TRUE，则数据有效，返回 FALSE 则数据无效。计算列上的 CHECK 约束必须标记为 PERSISTED。

<表约束>是在表级别上对一个或多个列设置的约束。各种约束的含义与在单个列上设置的约束相同。创建 PRIMARY KEY 约束时，需要使用 CLUSTERED 或 NONCLUSTERED 设置索引的类型，ASC 表示升序，DESC 表示降序。

<计算列定义>用于在表中设置计算列，该列的值是通过其他列计算出来的。ERSISTED 指定 SQL Server 数据库引擎会将计算的值物理存储在表中，并且在更新计算列所依赖的任何其他列时更新值。

<列集>用于 XML 列。

下面将结合教务管理数据库来介绍如何使用 CREATE TABLE 语句创建表。

3.3.3 在表中设置主键

表通常具有包含唯一标识表中每一行的值的一列或一组列，这样的一列或多列称为表的主键（PRIMARY KEY），主键用于强制表的实体完整性。在创建表时可以通过定义 PRIMARY KEY 约束来创建主键。一个表只能有一个 PRIMARY KEY 约束，并且 PRIMARY KEY 约束中的列不能接受空值。由于 PRIMARY KEY 约束可以保证数据的唯一性，因此经常对标识列定义这种约束。

使用 CREATE TABLE 语句创建表时，要将某个列指定为标识列，在该列定义中添加 IDENTITY 并在括号内指定标识种子和标识增量即可；要将某个设置为主键，在该列定义中添加 PRIMARY KEY 即可，默认情况下将在该列上创建聚集索引。如果未使用 CONSTRAINT 为主键约束指定名称，则系统会自动对其进行命名。

例 3.2 在 EduAdmin 数据库中，使用 CREATE TABLE 语句创建一个表，表名称为 Course，用于存储课程信息。该表由以下四个列组成：CourseID 列表示课程编号，数据类型为 smallint，不允许为空，为表中的主键并且为标识列，种子和增量均为 1；CourseName 表示课程名称，数据类型为 nvarchar(20)，不允许为空；Category 列表示课程类别，数据类型为 nvarchar(5)，不允许为空；ClassHour 表示课时，数据类型为 smallint，不允许为空。

在"SQL 编辑器"窗口中编写并执行以下 Transact-SQL 语句：

```
--选择 EduAdmin 数据库
USE EduAdmin;
GO
--在当前数据库中创建 Course 表
CREATE TABLE Course (
    CourseID smallint IDENTITY(1,1) NOT NULL PRIMARY KEY,
    CourseName nvarchar(20) NOT NULL,
    Category nvarchar(5) NOT NULL,
     ClassHour smallint NOT NULL
);
GO
--查看当前数据库中所有用户表
SELECT * FROM sysobjects WHERE xtype='U';
GO
```

在上述 CREATE TABLE 语句中，使用 IDENTITY 将 CourseID 列设置为表中的标识列，种子和增量均为 1，同时使用 PRIMARY KEY 将该列设置为表中的主键，默认情况下将在该列上创建聚集索引。使用 SELECT 语句从系统表 sysobjects 中检索所有记录，其中，星号"*"表示从表中选择所有字段，通过 WHERE 子句对查询结果进行筛选，指定 xtype 字段值为 U，以获取当前数据库中所有用户表的信息。

上述语句的执行结果如图 3.10 所示。

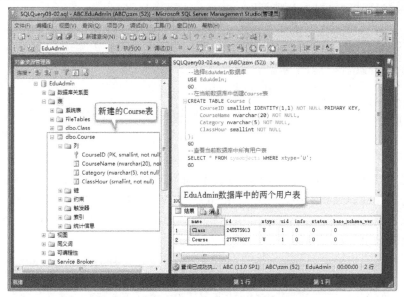

图 3.10　使用 CREATE TABLE 语句创建表

3.3.4　在表中设置外键

外键（FOREIGN KEY）是用于建立和加强两个表数据之间的链接的一列或多列。在外键引用中，当 A 表的列引用作为 B 表的主键值的列时，便在两表之间创建了链接，该列就成为 A 表的外键。FOREIGN KEY 约束不仅可以与另一表的 PRIMARY KEY 约束相链接，它还可以定义为引用另一表的 UNIQUE 约束。FOREIGN KEY 约束可以包含空值。

创建表时可以通过添加 FOREIGN KEY 约束来创建外键。如果要将某个列设置为外键，可以在该列定义中添加 FOREIGN KEY，并指定要引用的表及要引用的列。

例 3.3　在 EduAdmin 数据库中，使用 CREATE TABLE 语句创建一个表，名称为 Student，用于存储学生信息。该表由以下九个列组成：StudentID 列表示学号，数据类型为 char(6)，不允许为空，该列为表中的主键；StudentName 列表示学生姓名，数据类型为 nvarchar(4)，不允许为空；ClassID 列表示班级编号，数据类型为别名数据类型 classnum，不允许为空，要求在该列上创建外键约束，以引用 Class 表中的 ClassID 列；Gender 列表示学生性别，数据类型为 nchar(1)，不允许为空；BirthDate 列表示出生日期，数据类型为 date，不允许为空；EntranceDate 列表示入学时间，数据类型为 date，不允许为空；EntranceGrade 表示入学成绩，数据类型为 smallint，不允许为空；IsCY 列表示是否为共青团员，数据类型为 bit；Remark 列表示备注，数据类型为 nvarchar(3000)。

在"SQL 编辑器"窗口中编写并执行以下 Transact-SQL 语句：

```
--选择 EduAdmin 数据库
USE EduAdmin;
GO
--在当前数据库中创建 Student 表
CREATE TABLE Student (
    StudentID char(6) NOT NULL PRIMARY KEY CLUSTERED,
    StudentName nvarchar(4) NOT NULL,
```

```
    ClassID classnum NOT NULL
        FOREIGN KEY REFERENCES Class(ClassID),
    Gender nchar(1) NOT NULL,
    BirthDate date NOT NULL,
    EntranceDate date NOT NULL,
    EntranceGrade smallint NOT NULL,
    IsCY bit NULL,
    Remark nvarchar(3000) NULL
);
GO
```

在上述 CREATE TABLE 语句中，使用 PRIMARY KEY CLUSTERED 在 StudentID 列上创建主键约束并创建聚集索引，使用 FOREIGN KEY REFERENCES 在 ClassID 列上创建外键约束，以引用 Class 表中的 ClassID 列。这两个约束都属于列约束，系统会为它们命名。

上述语句的执行结果如图 3.11 所示。

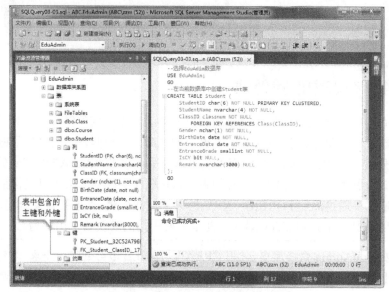

图 3.11　在表中创建主键和外键约束

3.3.5　基于多列设置主键

如果需要基于多个列来设置主键，则应在 CREATE TABLE 语句中添加表约束，即定义 PRIMARY KEY 约束并指定多个列，同时还需要指定创建哪种类型的索引及升序还是降序。表约束与列定义之间使用逗号分隔。

例 3.4 在 EduAdmin 数据库中，使用 CREATE TABLE 语句创建一个表，表名称为 Score，用于存储学生成绩信息。该表由以下三个列组成：StudentID 列表示学号，数据类型为 char(6)，不允许为空，在该列上创建外键约束，以引用 Student 表中的 StudentID 字段；CourseID 列表示课程编号，数据类型为 smallint，不允许为空，在该列上创建外键约束，以引用 Course 表中的 CourseID 列；Grade 列表示成绩，数据类型为 tinyint；要求创建表约束，基于 StudentID 和 CourseID 列创建表的主键。

在"SQL 编辑器"窗口中编写并执行以下 Transact-SQL 语句：

```
--选择 EduAdmin 数据库
USE EduAdmin;
GO
--在当前数据库中创建 Score 表
CREATE TABLE Score (
    StudentID char(6) NOT NULL
        CONSTRAINT FK_Student
        FOREIGN KEY REFERENCES Student(StudentID),
    CourseID smallint NOT NULL
        CONSTRAINT FK_Course
        FOREIGN KEY REFERENCES Course(CourseID),
    Grade tinyint NULL,
    CONSTRAINT PK_Score_Student_Course
        PRIMARY KEY CLUSTERED(StudentID ASC,CourseID ASC)
);
GO
```

上述语句基于 StudentID 和 CourseID 列创建了主键，同时还基于这两个列创建了外键，分别引用 Student 表中的 StudentID 列和 Course 表中的 CourseID 列。执行结果如图 3.12 所示。

图 3.12　基于多列创建主键

任务 3.4　修改表

在数据库中创建表之后，在实际应用中还可能需要对表的结构进行修改，包括修改表和列的属性、添加和删除列及添加和修改约束等。修改表结构的操作可以使用 SSMS 图形界面或 Transact-SQL 语句来实现。通过本任务将学习和掌握修改和管理表的方法。

任务目标

- 掌握使用 SSMS 图形界面修改表的方法
- 掌握使用 Transact-SQL 语句修改表的方法

3.4.1 使用 SSMS 图形界面修改表

使用 SSMS 图形界面修改表的操作步骤如下。

（1）在资源管理器中，连接到数据库引擎实例，展开该实例。

（2）展开"数据库"，展开要修改的表所在的数据库。

（3）展开"表"，右键单击要修改的表，在弹出的快捷菜单中选择"设计"命令，如图 3.13 所示。

图 3.13　选择修改表的菜单命令

（4）在表设计器中对列的名称、数据类型及是否为空值进行修改；根据需要，在"列属性"选项卡中更多的列属性（如标识规范等）进行修改。

（5）若要调整列的顺序，可用单击列名称左侧的列选择器并将其拖到新的位置。

（6）若要添加新的列，可右键单击现有的列，然后从弹出的快捷菜单中选择"插入列"命令，如图 3.14 所示。

（7）若要删除某列，可右键单击该列的选择器，然后从弹出的快捷菜单中选择"删除列"命令，或者单击该列的选择器并按 Delete 键。

（8）若要将某列设置为主键，可右键单击该列所在的行，然后从弹出的快捷菜单中选择"设置主键"命令，再次选择此命令则会删除主键。若要将多列的组合设置为主键，可按住 Ctrl 键依次单击这些列的选择器以选中它们，然后右键单击选中的某个列并选择"设置主键"命令。

（9）若要将某个列设置为外键，可右键单击该列所在的行，在弹出的快捷菜单中选择"关系"命令，然后在"外键关系"对话框中添加新的外键，并设置要引用的表和列。若要删除某个外键，可在外键列表中单击该外键，然后单击"删除"按钮，如图 3.15 所示。

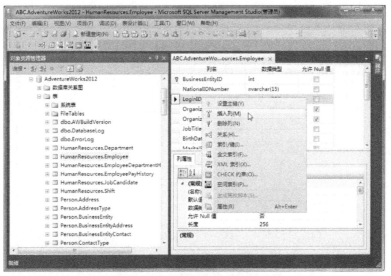

图 3.14　选择"插入列"命令

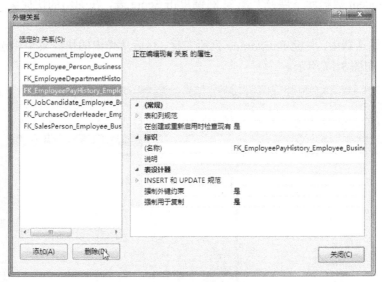

图 3.15　从表中删除外键

（10）若要对某个设置 CHECK 约束，可右键单击该列所在的行，在弹出的快捷菜单中选择"CHECK 约束"命令，然后在"CHECK 约束"对话框中添加新的 CHECK 约束，并对检查所使用的逻辑表达式进行设置。若要删除某个 CHECK 约束，可在 CHECK 约束列表框中单击该约束，然后单击"删除"按钮，如图 3.16 所示。

　　例 3.5　使用 SSMS 图形界面修改 Score 表，对表中的 Grade 列添加 CHECK 约束，要求输入该列的成绩数值必须位于 0 到 100 范围，即大于或等于 0 且小于或等于 100。

　　使用 SSMS 图形界面修改 Score 表的操作步骤如下。

　　（1）在资源管理器中，连接到数据库引擎实例，然后展开该实例。

　　（2）在"资源管理器"窗格中，展开"数据库"，然后展开 Student 数据库。

创建和管理表

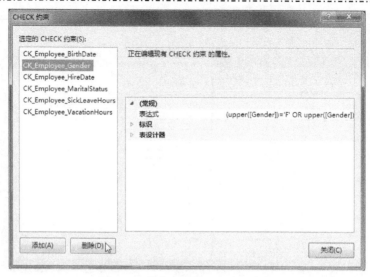

图 3.16　从表中删除 CHECK 约束

（3）在 Student 数据库下展开"表"，右键单击 Score 表，在弹出的快捷菜单中选择"设计"命令。

（4）在表设计器中，右键单击 Grade 列所在行，然后从弹出的快捷菜单中选择"CHECK 约束"命令，如图 3.17 所示。

图 3.17　选择创建 CHECK 约束的菜单命令

（5）在"CHECK 约束"对话框中，单击"添加"按钮创建新的 CHECK 约束，接受该约束的默认名称 CK_Score，在右侧窗格的"表达式"文本框中输入"Grade>=0 AND Grade<=100"，对在"表设计器"下方的 3 个选项均选择"是"选项，完成设置后单击"关闭"按钮，如图 3.18 所示。

（6）返回表设计器后，在"标准"工具栏上单击"保存"按钮。

图3.18 "CHECK约束"对话框

3.4.2 使用 Transact-SQL 修改表

在 Transact-SQL 中，使用 ALTER TABLE 语句可以更改、添加或删除列和约束，从而修改表的定义。基本语法格式如下：

```
ALTER TABLE 表名称 {
    ALTER COLUMN 列名称 {
        数据类型[({精度[,小数位数]|max})]
        [NULL|NOT NULL]}
    |ADD {<列定义>|<表约束>}[,...]
    |DROP {
        [CONSTRAINT] 约束名称
        |COLUMN 列名称
    }[,...]
};
```

其中，表名称指定要修改的表。

ALTER COLUMN 子句用于修改表中指定列的属性。

ADD 子句用于向表中添加新列或表约束，列和表约束的定义方法与 CREATE TABLE 语句中相同，可以一次添加多个列或表约束，列或约束用逗号分隔。

DROP 子句用于从表中删除列或约束。

下面结合实例说明如何使用 ALTER TABLE 语句修改表。

例 3.6 在 EduAdmin 数据库中，使用 CREATE TABLE 语句创建一个名为 Teacher 的新表，用于存储教师信息。该表包含以下各列：TeacherID 列表示教师编号，数据类型为 int，为表中的标识符列，标识种子和标识增量均为 1，将该列设置为表中的主键；TeacherName 列表示教师的姓名，数据类型为 nvarchar(4)；Gender 列表示性别，数据类型为 nchar(1)；Age 列表示年龄，数据类型为 tinyint；EntryDate 列表示参加工作时间，数据类型为 smalldatetime；PoliticalStatus 列表示政治面貌，数据类型为 nvarchar(4)；Education 列表示学历，数据类型为 nvarchar(3)，默认值为"大学"；Department 列表示所在系部，数据类型为 nvarchar(10)；Phone 列表示电话号码，数据类型为 char(15)。所有列均不允许为空。

创建 Teacher 表之后，使用 ALTER TABLE 语句修改该表的结构，要求如下：将 EntryDate 列的数据类型更改为 date；从该表中删除 Age 列；在该表中增加一个新列，列名称为 BirthDate，数据类型为 date，不允许为空。

在"SQL 编辑器"窗口中输入并执行以下 Transact-SQL 语句：

```sql
USE EduAdmin;
GO
CREATE TABLE Teacher (
    TeacherID int NOT NULL IDENTITY(1,1) PRIMARY KEY,
    TeacherName nvarchar(4) NOT NULL,
    Gender nchar(1) NOT NULL,
    Age tinyint NOT NULL,
    EntryDate smalldatetime NOT NULL,
    PoliticalStatus nvarchar(4),
    Education nvarchar(3) NOT NULL DEFAULT ('大学'),
    Department nvarchar(10) NOT NULL,
    Phone nvarchar(15) NOT NULL
);
--修改 EntryDate 列的数据类型
ALTER TABLE Teacher
ALTER COLUMN EntryDate date NOT NULL
GO
--从 Teacher 表中删除 Age 列
ALTER TABLE Teacher
DROP COLUMN Age;
GO
--向 Teacher 表中添加 BirthDate 列
ALTER TABLE Teacher
ADD BirthDate date NOT NULL;
GO
```

上述语句的执行结果如图 3.19 所示。

图 3.19　创建和修改 Teacher 表

例 3.7 在 EduAdmin 数据库中，使用 CREATE TABLE 语句创建一个名为 Schedule 的表，用于存储排课信息。该表包含以下各列：TeacherID 列表示教师编号，数据类型为 int；ClassID 列表示老师任课的班级编号，数据类型为别名数据类型 classnum；CourseID 列表示教师授课的课程编号，数据类型为 smallint；Period 列表示教师授课课时数，数据类型为 smallint；Semester 表示学期，数据类型为 nchar(5)；所有列均不允许为空值。

创建 Schedule 表之后，使用 ALTER TABLE 语句修改该表，要求如下：创建表约束，基于 TeacherID、ClassID 和 CourseID 三列创建主键约束；分别在 TeacherID、ClassID 和 CourseID 三列上创建外键约束，以引用 Teacher 表中的 TeacherID 列、Class 列中的 ClassID 列和 Course 表的 CourseID 列；

在"SQL 编辑器"窗口中输入并执行以下 Transact-SQL 语句：

```
--选择 EduAdmin 数据库
USE EduAdmin;
GO
--在当前数据库中创建 Schedule 表
CREATE TABLE Schedule (
    TeacherID int NOT NULL,
    ClassID classnum NOT NULL,
    CourseID smallint NOT NULL,
    Period smallint NOT NULL,
    Semester nchar(5) NOT NULL
);
GO


--修改 Schedule 表
--基于 TeacherID、ClassID 和 CourseID 三个列创建主键
ALTER TABLE Schedule
ADD CONSTRAINT PK_Schedule
    PRIMARY KEY CLUSTERED (TeacherID ASC,ClassID ASC,CourseID);
GO
--在 TeacherID 列上创建外键
--以引用 Teacher 表中的 TeacherID 列
ALTER TABLE Schedule
ADD CONSTRAINT FK_Schedule_Teacher FOREIGN KEY(TeacherID)
    REFERENCES Teacher(TeacherID)
GO
--在 ClassID 列上创建外键
--以引用 Class 表中的 ClassID 列
ALTER TABLE Schedule
ADD CONSTRAINT FK_Schedule_Class FOREIGN KEY(ClassID)
    REFERENCES Class (ClassID)
GO


--在 ClassID 列上创建外键
--以引用 Course 表中的 CourseID 列
ALTER TABLE Schedule
ADD CONSTRAINT FK_Schedule_Course FOREIGN KEY(CourseID)
    REFERENCES Course(CourseID)
GO
```

在上述语句中，一共 4 次执行了 ALTER TABLE 语句，每次都添加一个表约束。第一次添加一个名为 PK_Schedule 的 PRIMARY KEY 约束，基于 TeacherID、ClassID 和 CourseID 这 3 个列创建主键；后面三次分别对 TeacherID、ClassID 和 CourseID 这 3 个列设置 FOREIGN KEY 约束，以引用另外 3 个表中的同名列。语句执行结果如图 3.20 所示。

图 3.20　创建和修改 Schedule 表

任务 3.5　管理表

根据需要在数据库中创建不同的表之后，还需要对这些表进行管理，如查看与表相关的信息、重命名表及删除表等。通过本任务将学习和掌握管理表的方法。

任务目标

- 掌握查看表信息的方法
- 掌握重命名表的方法
- 掌握删除表的方法

3.5.1　查看表信息

在数据库中创建表之后，可能需要查找有关表属性的信息，例如列的名称、数据类型或其约束的名称等，最为常见的任务查看表中的数据。此外，还可以通过显示表的依赖关系来确定哪些对象（如视图、存储过程和触发器）是由表决定的。在更改表时，相关的对象可能会受到影响。

在对象资源管理器中展开一个表，展开下方的"列"、"键"、"约束"文件夹，然后就可以查看该表的相关信息。在对象资源管理器中单击与表相关的节点并按 F7 键，将会在"对象资源管理器详细信息"窗格中列出该节点包含的具体内容。

在 Transact-SQL 中，也可以使用系统存储过程、系统表、目录视图查看表的相关信息。

- 查看表的定义：使用 sp_help 系统存储过程。
- 查看数据库中的表：使用 sysobjects 系统表。
- 获取有关表的信息：使用 sys.tables 目录视图。
- 获取有关表列的信息：使用 syscolumns 系统表。
- 查看表的依赖关系：使用 sys.sql_dependencies 目录视图。

例 3.8 通过查询系统表 syscolumns 获取 Student 表中所有列的相关信息。

在"SQL 编辑器"窗口中编写并执行以下 Transact-SQL 语句：

```sql
--选择 EduAdmin 数据库
USE EduAdmin;
GO
--通过 SELECT 语句从系统表 syscolumns 检索数据
SELECT colid AS '列编号',name AS 列名,
    TYPE_NAME(xtype) AS '数据类型', length AS 长度
FROM syscolumns
WHERE id=OBJECT_ID('Student');
GO
```

在上述语句中，使用 SELECT 语句从系统表 syscolumns 检索数据，并为每个列指定了别名（如 colid 列的别名为"列编号"）；xtype 列的值表示物理存储类型（用整数表示，例如 char 类型为 175），通过 TYPE_NAME 函数返回数据类型的名称；在 WHERE 子句中，使用 OBJECT_ID 函数返回指定表的数据库对象标识号。语句执行结果如图 3.21 所示。

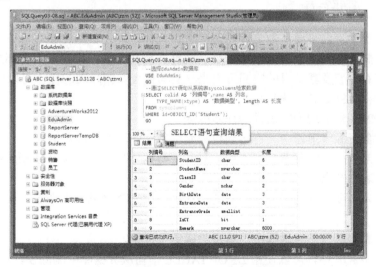

图 3.21　从系统表 syscolumns 中查询表列信息

3.5.2 重命名表

若要对更改表的名称,可在对象资源管理器中右键单击该表,然后从弹出的快捷菜单中选择"重命名"命令,并输入新的名称。

在 Transact-SQL 中,可以使用 sp_rename 系统存储过程在当前数据库中更改用户创建对象的名称,此对象可以是表、索引、列、别名数据类型。语法格式如下:

```
sp_rename '对象名称','新名称'
    [,'对象类型']
```

其中,对象名称表示要重命名的用户对象或数据类型的名称。如果要重命名的对象是表中的列,则对象名称的格式必须是"表.列"。如果要重命名的对象是索引,则对象名称的格式必须是"表.索引"。

新名称参数指定对象的新名称,该名称并且必须遵循标识符的规则。

对象类型指定要重命名的对象的类型,可以取下列值之一:COLUMN 表示要重命名列;DATABASE 表示要重命名用户数据库;INDEX 表示要重命名用户定义索引;OBJECT 表示在系统表 sys.objects 中跟踪的类型的项目,可以用于重命名用户表、各种约束(CHECK、FOREIGN KEY、PRIMARY/UNIQUE KEY)及规则等对象;USERDATATYPE 表示重命名用户自定义数据类型。对象类型参数的默认值为 NULL,可以是上述可能值之一。

如下面的语句将 SalesTerritory 表重命名为 SalesTerr。

```
USE AdventureWorks2014;
GO
EXEC sp_rename 'Sales.SalesTerritory','SalesTerr';
GO
```

注意: 更改对象名的任一部分都有可能破坏脚本和存储过程。建议一般不要使用这个语句来重命名存储过程、触发器、用户定义函数或视图;而是删除该对象,然后使用新名称重新创建该对象。

3.5.3 删除表

在某些情况下可能需要从数据库中删除表。例如,要在数据库中实现一个新的设计或释放空间时。删除表后,该表的结构定义、数据、全文索引、约束和索引都从数据库中永久删除;原来存储表及其索引的空间可用来存储其他表。删除表的操作可以使用 SSMS 图形界面或 Transact-SQL 语句来完成。

使用 SSMS 图形界面删除表的操作步骤如下。

(1)在对象资源管理器中,连接到数据库引擎实例,展开该实例。

(2)在"对象资源管理器"窗格中,展开"数据库"节点,展开要删除的表所在的数据库,展开"表"节点。

(3)右键单击要删除的表并在弹出的快捷菜单中选择"删除"命令,或者单击该表并按 Delete 键。

(4)在"删除对象"对话框中,单击"确定"按钮。

在 Transact-SQL 中,可以使用 DROP TABLE 语句从数据库中删除表,语法格式如下:

```
DROP TABLE 表名称
```

其中，表名称指定要删除的表。

注意： 若要删除通过 FOREIGN KEY、UNIQUE 或 PRIMARY KEY 约束相关联的表，则必须先删除具有 FOREIGN KEY 约束的表。若要删除 FOREIGN KEY 约束中引用的表但不删除整个外键表，可使用 ALTER TABLE 删除 FOREIGN KEY 约束。

如果要删除表中的所有数据但不删除表本身，则可以使用 TRUNCATE TABLE 语句来截断该表，语法格式如下：

```
TRUNCATE TABLE 表名称
```

其中，表名称指定要截断要删除其全部行的表。

TRUNCATE TABLE 删除表中的所有行，但表结构及其列、约束、索引等保持不变。与 DROP TABLE 语句相比，TRUNCATE TABLE 具有以下优点：所用的事务日志空间较少；使用的锁通常较少；表中不留下任何页。

项目思考

一、选择题

1. 通过（   ）可以唯一地标识表中的行。

   A. CHECK 约束　　　　　　　　　　B. DEFAULT 约束

   C. PRIMARY KEY 约束　　　　　　　D. FOREIGN KEY 约束

2. 通过（   ）可以定义列中哪些数据值是可接受的。

   A. CHECK 约束　　　　　　　　　　B. DEFAULT 约束

   C. PRIMARY KEY 约束　　　　　　　D. FOREIGN KEY 约束

3. 在下列各项中，（   ）不是 SQL Server 2012 数据库中表的类型。

   A. 系统表　　　　　　　　　　　　B. 临时表

   C. 文件分配表　　　　　　　　　　D. 标准表

4. 标准表可以有多达（   ）列。

   A. 128　　　　　　　　　　　　　　B. 256

   C. 512　　　　　　　　　　　　　　D. 1024

5. 在下列各项中，（   ）不属于数值数据类型。

   A. bigint　　　　　　　　　　　　　B. decimal

   C. smallint　　　　　　　　　　　　D. text

6. 在下列各项中，（   ）不属于二进制数据类型。

   A. bit　　　　　　　　　　　　　　B. binary

   C. image　　　　　　　　　　　　　D. varbinary

7. 在下列数据类型中，（   ）不包含时间信息。

   A. date　　　　　　　　　　　　　　B. datetime

   C. datetime2　　　　　　　　　　　D. smalldatetime

8. 对于 decimal(p, s)数据类型而言，若 p 介于 10 和 19 之间，则数据占用（   ）个字节。

   A. 5　　　　　　　　　　　　　　　B. 9

C. 13   D. 17

9. 如果列数据项差异很大，并且要支持多种语言，则应使用（   ）数据类型。

    A. char   B. varchar

    C. nchar   D. nvarchar

10. 在 CREATE TABLE 语句中，使用（   ）可要将列设置为标识列。

    A. IDENTITY   B. PRIMARY KEY

    C. UNIQUE   D. FOREIGN KEY

11. 使用（   ）可以获取有关表列的信息。

    A. sp_help   B. sysobjects

    C. sys.tables   D. syscolumns

12. 使用 sp_rename 系统存储过程对表进行重命名时，应将对象类型参数设置为（   ）。

    A. COLUMN   B. DATABASE

    C. INDEX   D. OBJECT

二、判断题

1.（   ）PRIMARY KEY 约束标识并强制实施表之间的关系；FOREIGN KEY 约束标识具有唯一标识表中行的值的列或列集。

2.（   ）可以将 CHECK 约束应用于多列，也可以为一列应用多个 CHECK 约束。

3.（   ）UNIQUE 约束可以确保不输入重复的值，并确保创建索引来增强性能。

4.（   ）已分区表是将数据水平划分为多个单元的表；SQL Server 2012 支持多达 12000 个分区。

5.（   ）宽表使用稀疏列，从而将表可以包含的总列数增大为 30000 列。

6.（   ）real 数据类型相当于 float(32)。

7.（   ）timestamp 数据类型是 rowversion 数据类型的同义词。

8.（   ）将某个设置为主键时，默认情况下将在该列上创建非聚集索引。

9.（   ）如果需要基于多个列来设置主键，则应在 CREATE TABLE 语句中添加表约束。

10.（   ）使用 ALTER TABLE 语句可以更改、添加或删除列，但不能添加和删除约束。

11.（   ）使用 DROP TABLE 和 TRUNCATE TABLE 语句都可以删除表定义和表中的数据。

三、简答题

1. 制订表规划时应确定表的哪些特征？

2. 数据库模型图有什么用途？使用什么软件可以绘制数据库模型图？

3. 合理的数据库设计有哪些规则？

4. 什么是规范化逻辑数据库设计？它有哪些好处？

5. 在 SQL Server 2012 中表可以分为哪些类型？

6. 数据类型 datetime2 与 datetime 类型有什么不同？

7. SQL Server 2012 支持哪些空间类型？

8. 创建表有哪两种方法？

9. 修改表有哪两种方法？

10. PRIMARY KEY 约束和 UNIQUE 约束有什么区别？

11. 如何在表设计器中调整表列的顺序？

12. 如何在表设计器中设置外键？

13. DROP TABLE 与 TRUNCATE TABLE 语句在功能上有什么不同？

项目实训

1. 在如图 3.1 所示的数据库模型图中，为各个表中的列分配适当的数据类型。

2. 使用 Visio 软件绘制教务管理数据库的数据库模型图。

3. 在 SQL Server 2012 中创建 EduAdmin 数据库，然后根据数据库模型图创建各个表。

4. 在各个表中设置主键。

5. 在相关表之间创建外键关系。

6. 编写创建各个表的查询文件。

创建和管理表

操作数据库数据

表是由行和列组成的。创建表结构之后，表的列组件已经存在，但表中并不包含任何行。在 SQL Server 2012 中可以使用 SSMS 图形界面或 Transact-SQL 语句来完成数据的增删改操作，在数据库应用开发中主要是通过 Transact-SQL 语句来实现数据操作的。通过本项目将学习和掌握添加、修改、删除、导入和导出数据的方法。

项目目标

- 掌握向表中添加数据的方法
- 掌握更新表中数据的方法
- 掌握从表中删除数据的方法
- 掌握导入和导出数据的方法

任务 4.1 添加数据

创建表结构之后，可以使用 SSMS 图形界面向表中添加数据，也可以使用 INSERT 语句向表中添加数据，还可以使用 BULK INSERT 语句以用户指定的格式将数据文件导入到表中，或者使用 INSERT...SELECT 语句将来自其他表的数据添加到表中。通过本任务将学习和掌握向表中添加数据的各种方法。

任务目标

- 掌握使用 SSMS 图形界面添加数据的方法
- 掌握使用 INSERT 语句添加数据的方法
- 掌握使用 BULK INSERT 语句复制数据的方法
- 掌握使用 INSERT...SELECT 语句添加数据的方法

4.1.1 使用 SSMS 图形界面添加数据

使用 SSMS 图形界面添加数据的操作方法如下。

（1）在对象资源管理器中，连接到数据库引擎实例，然后展开该实例。

（2）在"对象资源管理器"窗格中，展开"数据库"节点，然后展开要向其中添加数据的表所在的数据库。

（3）展开"表"节点，右键单击要向其中添加数据的表，然后从弹出的快捷菜单中选选择"编辑前 200 行"命令。

（4）此时将打开查询分析器的"结果"窗格，该窗格用于显示 SELECT 查询的结果，如图 4.1 所示。在该窗格中执行以下操作。

- 在类似于电子表格的网格中查看最近执行的 SELECT 查询的结果集。
- 对于显示单个表或视图中的数据的查询或视图，可以编辑结果集中各个列的值、添加新行及删除现有的行。

图 4.1　查询分析器的"结果"窗格

- 在记录之间快速导航。导航栏中提供了多个按钮，可分别用于跳转到第一个记录、最后一个记录、下一个记录、上一个记录及某个特定记录。若要转到特定的记录，可在导航栏的文本框中输入行号，然后按 Enter 键。

（5）若要向表中添加新行，可在导航栏单击"移动到新行"按钮 ，并在新行中输入各列的值，然后离开该行，此时会将添加的数据提交到数据库加以保存。

例 4.1 使用 SSMS 图形界面向 EduAdmin 数据库的 Class 表中添加一些班级数据。

操作步骤如下。

（1）在对象资源管理器中，连接到数据库引擎实例，然后展开该实例。

（2）展开"数据库"节点，展开 EduAdmin 数据库。

（3）展开 EduAdmin 数据库下方的"表"节点，右键单击 Class 表，然后从弹出的快捷菜单中选择"编辑前 200 行"命令，如图 4.2 所示。

图 4.2　选择"编辑前 200 行"命令

数据库应用基础 (SQL Server 2012)

（4）在"结果"窗格中，定位到用于添加新记录数据的空白行（其行选择器包含星号），然后输入各个列值，按 Tab 键移到下一个单元格。若要直接转到网格中的第一个空行，可在"结果"窗格底部导航栏中单击"移动到新行"按钮。

（5）离开该行即可将输入的数据提交到数据库。

添加班级数据后的 Class 表如图 4.3 所示。

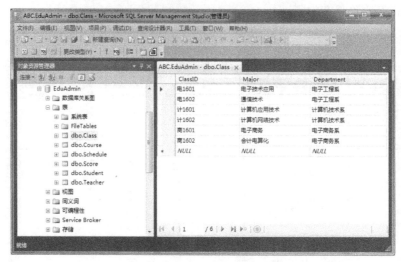

图 4.3　使用 SSMS 向表中添加数据

4.1.2　使用 INSERT 语句添加数据

在 Transact-SQL 中，可以使用 INSERT 语句将一行或多行数据添加到表中，基本语法格式如下：

```
INSERT {[INTO] 表名称
    [(列名列表)]
    {
        VALUES({DEFAULT|NULL|表达式}[, ...])[, ...]
        |派生表
        |DEFAULT VALUES
    }
}
```

其中，表名称参数指定要接收数据的表。表名称的完整格式是"[服务器名称.数据库名称.架构名称|数据库名称[.架构名称]|架构名称.]表名称"，这里省略了服务器名称、数据库名称和该表所属的架构名称。INTO 是可以在 INSERT 和目标表之间使用的可选关键字。

(列名列表) 表示要在其中插入数据的一列或多列的列表。必须用圆括号将这个列表括起来，并且用逗号进行分隔。如果某列不在这个列表中，则 SQL Server 数据库引擎必须能够基于该列的定义提供一个值，否则不能加载行。如果列满足下面的条件，则数据库引擎将自动为列提供值。

- 若具有 IDENTITY 属性，则使用下一个增量标识值。
- 若指定有默认值，则使用列的默认值。
- 若具有 timestamp 数据类型，则使用当前的时间戳值。

- 若可为空值，则使用空值。
- 若是计算列，则使用计算值。

当向标识列中插入显式值时，必须使用列名列表和 VALUES 列表，并且必须将表的 SET IDENTITY_INSERT 选项设置为 ON。

VALUES 指定引入要插入的数据值的列表。对于列名列表（如果已指定）或表中的每个列，都必须有一个数据值，而且必须用圆括号将值列表括起来。如果 VALUES 列表中的各值与表中各列的顺序不相同，或者未包含表中所有列的值，则必须使用列名列表显式指定存储每个传入值的列。若未指定 (列名列表)，则必须使用表中的所有列来接收数据，并且值列表中的各值与表中各列的顺序相同。若要一次添加多行，则用逗号分隔每行接受的值列表。

DEFAULT 强制数据库引擎加载为列定义的默认值。如果某列并不存在默认值，并且该列允许空值，则插入 NULL 值。对于使用 timestamp 数据类型定义的列，插入下一个时间戳值。DEFAULT 对标识列无效。表达式参数指定一个常量、变量或表达式。表达式不能包含 SELECT 或 EXECUTE 语句。对于具有 char、varchar、nchar、nvarchar、smalldatetime 及 datetime 数据类型的列，相应的值要用单引号括起来。

派生表是任何有效的 SELECT 语句，返回要加载到表中的数据行。

DEFAULT VALUES 强制新行包含为每个列定义的默认值。

例 4.2 使用 INSERT 语句向 EduAdmin 数据库的 Course 表添加一些课程数据，向 Teacher 表中添加一些教师信息。

在 SQL 编辑器中输入并执行以下 Transact-SQL 语句：

```
--选择 EduAdmin 数据库
USE EduAdmin;
GO
--向课程表中添加课程数据
INSERT INTO Course (CourseName, Category, ClassHour)
VALUES ('数学', '基础课', 96),
('语文', '基础课', 96),
('英语', '基础课', 72),
('计算机应用基础', '基础课', 100),
('计算机网络基础', '基础课', 96),
('PS 图像处理', '专业基础课', 72),
('Flash 动画制作', '专业基础课', 96),
('数据库应用', '专业基础课', 120),
('AutoCAD 制图', '专业基础课', 72),
('VB 程序设计', '专业课', 120),
('ASP 动态网页设计', '专业课', 120),
('网络集成与综合布线', '专业课', 96),
('电路基础', '基础课', 100),
('电工基础', '基础课', 96),
('低频电子线路', '专业基础课', 100),
('高频电子线路', '专业基础课', 90),
('数字电子线路', '专业基础课', 96),
('通信技术基础', '专业基础课', 80),
('单片机原理及应用', '专业课', 100),
```

```
    ('数字音视频技术', '专业课', 96),
     ('仪器原理与电测技术', '专业课', 90),
    ('电子商务概论', '专业基础课', 72),
    ('电子商务经济', '专业基础课', 80),
    ('网络营销', '专业基础课', 72),
    ('电子商务网站与管理', '专业课', 96),
    ('电子商务网站安全技术', '专业课', 80),
    ('基础会计', '专业基础课', 90),
    ('统计原理', '专业基础课', 72),
    ('基础会计', '专业基础课', 96),
    ('会计电算化', '专业基础课', 80),
    ('财务会计', '专业课', 96),
    ('成本会计', '专业课', 72),
    ('管理会计', '专业课', 100);
GO
--查看课程信息
SELECT * FROM Course;
--向教师表中添加教师信息
INSERT INTO Teacher (TeacherName, Gender, BirthDate, EntryDate,
    PoliticalStatus, Education, Department, Phone) VALUES
    ('冯岱若', '女', '1978-07-16', '2002-09-20', '党员', '研究生', '基础部',
'13933002369'),
    ('张喜林', '男', '1968-05-09', '1992-09-20', '党员', '大学', '基础部',
'13903713688'),
    ('赵恒之', '男', '1982-03-19', '2005-09-20', '群众', '大学', '基础部',
'13903682326'),
    ('郭桂英', '女', '1964-02-12', '1992-09-22', '群众', '研究生', '基础部',
'13603712629'),
    ('陈新民', '男', '1962-02-10', '1988-09-21', '党员', '大学', '基础部',
'15632682126'),
    ('李永乐', '男', '1978-05-23', '2002-09-20', '群众', '研究生', '基础部',
'13833012233'),
    ('连静雯', '女', '1983-02-12', '2009-09-23', '党员', '研究生', '基础部',
'13733033631'),
    ('苏建伟', '男', '1978-09-06', '2002-09-20', '群众', '大学', '基础部',
'13503711236'),
    ('袁慧敏', '女', '1980-02-12', '2004-09-20', '党员', '大学', '基础部',
'13603716969'),
    ('何晓明', '女', '1978-02-12', '2002-09-20', '党员', '研究生', '计算机技术系',
'13933006688'),
    ('李国平', '男', '1976-12-26', '2000-09-16', '群众', '大学', '计算机技术系',
'13923306789'),
    ('赵燕玲', '女', '1977-08-23', '2001-09-06', '群众', '研究生', '计算机技术系',
'13966770008'),
    ('张国强', '男', '1975-06-16', '1997-09-12', '群众', '大学', '计算机技术系',
'13667896789'),
    ('许小曼', '女', '1978-02-12', '2002-09-20', '党员', '研究生', '计算机技术系',
'13769226688'),
    ('刘爱梅', '女', '1972-05-19', '1995-09-09', '党员', '大学', '计算机技术系',
'13923826789'),
    ('吴国华', '男', '1977-08-23', '2001-09-06', '群众', '研究生', '电子工程系',
'13506776688'),
```

```
    ('陈伟强', '男', '1975-06-26', '1999-09-12', '群众', '大学', '电子工程系',
'13963896789'),
    ('王薇薇', '女', '1980-02-12', '2004-09-20', '党员', '研究生', '电子工程系',
'15661226683'),
    ('李国杰', '男', '1976-12-20', '2001-09-16', '群众', '大学', '电子工程系',
'15023456789'),
    ('何晓燕', '女', '1979-08-21', '2003-09-06', '党员', '研究生', '电子工程系',
'15836962388'),
    ('段琳琳', '女', '1980-06-16', '2004-09-12', '党员', '大学', '电子工程系',
'13569396789'),
    ('张春明', '男', '1975-07-19', '1997-09-19', '群众', '大学', '电子商务系',
'13336996789'),
    ('刘玉霞', '女', '1978-06-16', '2002-09-25', '党员', '研究生', '电子商务系',
'15667893623'),
    ('张志伟', '男', '1979-05-11', '2003-09-29', '群众', '大学', '电子商务系',
'13636923689'),
    ('李云龙', '男', '1972-03-22', '1996-09-13', '群众', '大学', '电子商务系',
'13823696262'),
    ('何丽娜', '女', '1978-08-11', '2002-09-16', '党员', '研究生', '电子商务系',
'13569890029'),
    ('张一迪', '女', '1970-03-16', '1995-09-15', '群众', '大学', '电子商务系',
'15667896981');
    GO
    --查看教师信息
    SELECT * FROM Teacher;
    GO
```

上述语句的执行情况如图 4.4 所示。

图 4.4　使用 INSERT 语句向表中添加多行数据

4.1.3　使用 BULK INSERT 语句导入数据

除了使用 INSERT 语句向表中插入数据行，还可以使用 BULK INSERT 语句按用户指

数据库应用基础 (SQL Server 2012)

定的格式将数据文件导入到数据库表中，基本格式语法如下：

```
BULK INSERT 表名称
FROM '数据文件'
WITH(
    FIELDTERMINATOR='字段终止符',
    ROWTERMINATOR='行终止符'
);
```

其中表名称参数指定要向其中导入数据的目标表。

数据文件参数指定数据文件的完整路径，该文件包含要导入表中的数据。BULK INSERT 可以从磁盘（包括网络、软盘、硬盘等）加载数据。数据文件必须基于运行 SQL Server 的服务器指定有效路径。如果数据文件为远程文件，则应指定通用命名约定（UNC）名称。

FIELDTERMINATOR 指定数据文件的字段终止符，默认的字段终止符是 \t（制表符）。ROWTERMINATOR 指定数据文件要使用的行终止符。默认行终止符为 \n（换行符）。

注意：通用命名约定（UNC）名称的格式为\\系统名称\共享名称\路径\文件名称。例如，\\SystemX\DiskZ\Sales\update.txt。

例 4.3 使用 Windows 自带的记事本程序编写两个数据文件，文件名分别为 Student.txt 和 Schedule.txt，前者用于存储学生信息，后者用于存储教师授课信息，并通过执行 BULK INSERT 语句将这两个数据文件导入 EduAdmin 数据库的 Student 表和 Schedule 表。

具体操作步骤如下。

（1）在记事本中创建文本文件 Student.txt，在该文件中输入学生信息，每个学生占一行，每一行都包含学号、姓名、班级、性别、出生日期、入学日期、入学成绩、是否团员及备注等字段，不同字段值之间用半角逗号分隔，具体内容如下：

```
160001, 赵宏伟, 计1601, 男, 2002-10-16, 2016-08-26, 415, 1, 擅长体育
160002, 田玉梅, 计1601, 女, 2003-06-20, 2016-08-26, 433, 1, 喜欢绘画
160003, 孙震虎, 计1601, 男, 2002-08-28, 2016-08-26, 398, 0, 爱好文学
160004, 李国栋, 计1601, 男, 2002-09-22, 2016-08-26, 376, 0, 喜欢网络游戏
160005, 王晓芙, 计1601, 女, 2003-12-09, 2016-08-26, 436, 1, 英语口语好
160006, 陈伟民, 计1601, 男, 2002-03-19, 2016-08-26, 405, 0, 想做网络工程师
160051, 左文涛, 计1601, 男, 2001-03-18, 2016-08-26, 456, 1, 爱好编程
160052, 高玉洁, 计1601, 女, 2002-07-21, 2016-08-26, 451, 0, 爱好做网页
160053, 刘旭光, 计1601, 男, 2002-05-19, 2016-08-26, 469, 1, 喜欢 PS
160054, 李云飞, 计1601, 男, 2002-06-11, 2016-08-26, 432, 1, 喜欢 Flash
160055, 孙颖颖, 计1601, 女, 2003-10-19, 2016-08-26, 452, 1, 爱看电影
160056, 陈冰清, 计1601, 女, 2003-01-28, 2016-08-26, 368, 0, 爱唱歌
160101, 张志军, 计1602, 男, 2002-10-18, 2016-08-26, 401, 1, 爱听音乐
160102, 肖萍萍, 计1602, 女, 2003-12-17, 2016-08-26, 431, 1, 爱跳舞
160103, 王喜文, 计1602, 男, 2003-09-25, 2016-08-26, 400, 1, 爱看小说
160104, 蒋东昌, 计1602, 男, 2003-06-26, 2016-08-26, 376, 0, 爱打乒乓球
160105, 刘薇薇, 计1602, 女, 2003-06-22, 2016-08-26, 469, 1, 想在网上开个店铺
160106, 李建伟, 计1602, 男, 2002-03-26, 2016-08-26, 472, 1, 对哲学感兴趣
160151, 袁天乐, 计1602, 男, 1988-06-12, 2016-08-26, 477, 1, 想建一个购物网站
160152, 李家驹, 计1602, 男, 2002-10-25, 2016-08-26, 359, 0, 喜欢上网
160153, 倪兰花, 计1602, 女, 2003-03-22, 2016-08-26, 481, 1, 想当空姐
160154, 刘慧敏, 计1602, 女, 2003-09-25, 2016-08-26, 461, 1, 爱好书法
```

160155, 孙志强, 计 1602, 男, 2002-06-16, 2016-08-26, 433, 1, 喜欢电脑游戏
160156, 赵娜娜, 计 1602, 女, 2003-09-22, 2016-08-26, 459, 1, 喜欢外国名著
160201, 薛冰倩, 电 1601, 女, 2003-01-28, 2016-08-26, 368, 0, 爱唱歌
160202, 王家明, 电 1601, 男, 2002-10-28, 2016-08-26, 401, 1, 想学手机编程
160203, 肖慧兰, 电 1601, 女, 2003-02-17, 2016-08-26, 431, 1, 爱跳舞
160204, 王喜民, 电 1601, 男, 2003-09-25, 2016-08-26, 400, 1, 爱看外国小说
160205, 张家贵, 电 1601, 男, 2003-06-26, 2016-08-26, 376, 0, 爱打羽毛球
160206, 乔亚楠, 电 1601, 女, 2003-06-22, 2016-08-26, 469, 1, 爱帮助人
160251, 李建国, 电 1601, 男, 2002-03-26, 2016-08-26, 412, 1, 想学修手机
160252, 陈明远, 电 1601, 男, 2001-06-12, 2016-08-26, 407, 1, 想学修电视
160253, 孙贵宝, 电 1601, 男, 2002-10-25, 2016-08-26, 329, 0, 想学修冰箱
160254, 李春兰, 电 1601, 女, 2003-03-22, 2016-08-26, 431, 1, 想当空姐
160255, 袁慧敏, 电 1601, 女, 2003-09-20, 2016-08-26, 401, 1, 喜欢跑步
160256, 赵龙飞, 电 1601, 男, 2002-08-16, 2016-08-26, 413, 1, 喜欢听歌
160301, 龚巧云, 电 1602, 女, 2003-09-22, 2016-08-26, 409, 1, 喜欢看视频
160302, 陈梦梦, 电 1602, 女, 2003-11-28, 2016-08-26, 328, 0, 爱看小说
160303, 周天顺, 电 1602, 男, 2002-10-18, 2016-08-26, 401, 1, 想学修手机
160304, 李静娴, 电 1602, 女, 2003-12-17, 2016-08-26, 431, 1, 爱跳舞
160305, 陈昌俊, 电 1602, 男, 2003-09-25, 2016-08-26, 400, 1, 喜欢街舞
160306, 张志刚, 电 1602, 男, 2003-06-26, 2016-08-26, 376, 0, 爱打乒乓球
160351, 关慧珊, 电 1602, 女, 2003-06-22, 2016-08-26, 419, 1, 爱玩微信
160352, 李建民, 电 1602, 男, 2002-03-26, 2016-08-26, 472, 1, 喜欢英语
160353, 罗永乐, 电 1602, 男, 2001-06-12, 2016-08-26, 427, 1, 喜欢手机游戏
160354, 张凌昊, 电 1602, 男, 2002-10-15, 2016-08-26, 359, 0, 喜欢上网
160355, 王淑颖, 电 1602, 女, 2003-03-22, 2016-08-26, 411, 1, 想当模特
160356, 郑敏之, 电 1602, 女, 2003-09-20, 2016-08-26, 421, 1, 喜欢瑜伽
160401, 钱大龙, 商 1601, 男, 2002-08-16, 2016-08-26, 403, 1, 喜欢电脑游戏
160402, 刘桂英, 商 1601, 女, 2003-09-22, 2016-08-26, 417, 1, 喜欢外国名著
160403, 焦耀华, 商 1601, 女, 2003-10-28, 2016-08-26, 328, 0, 爱唱流行歌曲
160404, 高云龙, 商 1601, 男, 2002-10-18, 2016-08-26, 401, 1, 想开个淘宝店
160405, 曹美玲, 商 1601, 女, 2003-12-17, 2016-08-26, 431, 1, 爱跳舞
160406, 王玉玺, 商 1601, 男, 2003-09-25, 2016-08-26, 400, 1, 爱看小说
160451, 张东昌, 商 1601, 男, 2003-06-26, 2016-08-26, 376, 0, 爱打乒乓球
160452, 宋荔荔, 商 1601, 女, 2003-06-22, 2016-08-26, 469, 1, 想在网上开个店铺
160453, 李向阳, 商 1601, 男, 2002-03-21, 2016-08-26, 472, 1, 对小说感兴趣
160454, 孟东轲, 商 1601, 男, 2001-06-12, 2016-08-26, 437, 1, 想建一个购物网站
160455, 李家驹, 商 1601, 男, 2002-10-05, 2016-08-26, 359, 0, 喜欢 QQ 聊天
160456, 王颖洁, 商 1601, 女, 2003-03-22, 2016-08-26, 481, 1, 想当空姐
160501, 霍思燕, 商 1602, 女, 2003-09-20, 2016-08-26, 361, 0, 爱好钢笔书法
160502, 李逍遥, 商 1602, 男, 2002-08-16, 2016-08-26, 298, 1, 喜欢电脑游戏
160503, 丁洁琼, 商 1602, 女, 2003-01-02, 2016-08-26, 269, 1, 喜欢看电影
160504, 程之光, 商 1602, 男, 2003-09-22, 2016-08-26, 198, 1, 爱好数学
160505, 钱一鸣, 商 1602, 女, 2003-03-12, 2016-08-26, 259, 0, 喜欢英语
160506, 徐春阳, 商 1602, 男, 2003-09-09, 2016-08-26, 336, 1, 擅长表演小品
160551, 赵瑞龙, 商 1602, 男, 2003-10-22, 2016-08-26, 416, 0, 爱踢足球
160552, 刘亚涛, 商 1602, 男, 2003-09-15, 2016-08-26, 302, 1, 喜欢骑自行车
160553, 李芳芳, 商 1602, 女, 2003-12-02, 2016-08-26, 229, 1, 喜欢外国电影
160554, 王佳丽, 商 1602, 女, 2003-06-12, 2016-08-26, 268, 0, 爱听流行歌曲
160555, 刘姗姗, 商 1602, 女, 2003-09-19, 2016-08-26, 326, 1, 喜欢写作
160556, 张亚军, 商 1602, 男, 2003-12-22, 2016-08-26, 323, 1, 喜欢网页设计

（2）在记事本中创建文本文件 Schedule.txt，在该文件中输入教师授课信息，每名教师

占一行，每一行都包含教师编号、班级、课程编号及课时等字段，不同字段值之间用逗号分隔，具体内容如下：

```
1, 电 1601, 1, 96, 2016-2017 上
1, 电 1602, 1, 96, 2016-2017 上
2, 计 1601, 1, 96, 2016-2017 上
2, 计 1602, 1, 96, 2016-2017 上
3, 商 1601, 1, 96, 2016-2017 上
3, 商 1602, 1, 96, 2016-2017 上
4, 电 1601, 2, 96, 2016-2017 上
4, 电 1602, 2, 96, 2016-2017 上
5, 计 1601, 2, 96, 2016-2017 上
5, 计 1602, 2, 96, 2016-2017 上
6, 商 1601, 2, 96, 2016-2017 上
6, 商 1602, 2, 96, 2016-2017 上
10, 电 1601, 4, 100, 2016-2017 上
10, 电 1602, 4, 100, 2016-2017 上
11, 计 1601, 4, 100, 2016-2017 上
11, 计 1602, 4, 100, 2016-2017 上
12, 商 1601, 4, 100, 2016-2017 上
12, 商 1602, 4, 100, 2016-2017 上
7, 电 1601, 3, 72, 2016-2017 下
7, 电 1602, 3, 72, 2016-2017 下
8, 计 1601, 3, 72, 2016-2017 下
8, 计 1602, 3, 72, 2016-2017 下
9, 商 1601, 3, 72, 2016-2017 下
9, 商 1602, 3, 72, 2016-2017 下
16, 电 1601, 13, 100, 2016-2017 下
16, 电 1602, 13, 100, 2016-2017 下
13, 计 1601, 6, 72, 2016-2017 下
13, 计 1602, 6, 72, 2016-2017 下
22, 商 1601, 22, 72, 2016-2017 下
23, 商 1602, 27, 90, 2016-2017 下
17, 电 1601, 14, 96, 2016-2017 下
17, 电 1602, 14, 96, 2016-2017 下
14, 计 1601, 7, 96, 2016-2017 下
15, 计 1602, 5, 96, 2016-2017 下
24, 商 1601, 23, 80, 2016-2017 下
25, 商 1602, 28, 72, 2016-2017 下
```

（3）启动 SSMS，连接到数据库引擎实例，然后在"查询编辑器"窗口中编写并执行以下 Transact-SQL 语句：

```
--选择 EduAdmin 数据库
USE EduAdmin;
GO
--将数据文件 Student.txt 导入学生表
BULK INSERT Student
    FROM 'E:\SQL Server 2012\DATA\Student.txt'
    WITH(FIELDTERMINATOR=',', ROWTERMINATOR='\n'
);
GO
```

```
--查看学生表数据
SELECT * FROM Student;
GO
--将数据文件 Schedule.txt 导入授课表
BULK INSERT Schedule
    FROM 'E:\SQL Server 2012\DATA\Schedule.txt'
    WITH(FIELDTERMINATOR=',', ROWTERMINATOR='\n'
);
GO
--查看授课表数据
SELECT * FROM Schedule;
GO
```

在上述语句中，使用 BULK INSERT 语句将数据文件导入到数据库表中，在该语句指定字段终止符为半角逗号 "，"，行终止符为换行符 "\n"。导入数据后，通过执行 SELECT 语句查看表中数据。语句执行结果如图 4.5 所示。

图 4.5　使用 BULK INSERT 语句将数据文件导入到数据库

4.1.4　使用 INSERT...SELECT 语句从其他表复制数据

使用 INSERT 语句时，除了可以使用 VALUES 指定要插入数据的列表，还可以使用派生表参数来指定一个有效的 SELECT 语句，从其他来源表中获取数据行并将这些数据行插入到目标表，由此构成 INSERT...SELECT 语句。语法格式如下：

```
INSERT INTO 目标表 {
    [(列名列表)]
    SELECT 选择列表 FROM 来源表 [WHERE 搜索条件]
};
```

其中，目标表指定要接收数据行的表。列名列表指定接收数据的列，不同列用逗号分隔。

SELECT 子句用于从数据库检索行。选择列表指定要检索的列，不同列用逗号分隔；FROM 指定要从其中检索数据的一个或多个来源表；WHERE 指定查询数据行的搜索条件。

使用 INSERT...SELECT 语句时，SELECT 查询语句的选择列表必须与 INSERT 语句的列名列表匹配。若未指定列名列表，则选择列表必须与正在其中执行插入操作的目标表列匹配。

例 4.4 在 EduAdmin 数据库中，从 Student 表中选择学号、从 Schedule 表中选择课程编号，并将学号和课程编号填写到 Score 表中。

在"查询编辑器"中输入并执行以下 Transact-SQL 语句：

```
--选择 EduAdmin 数据库
USE EduAdmin;
GO
--从学生表和授课表中检索学号和课程编号
--并将数据行插入到成绩表
INSERT INTO Score
    (StudentID, CourseID)
    SELECT Student.StudentID, Schedule.CourseID
    FROM Student, Schedule
    WHERE (Student.StudentID NOT IN (SELECT StudentID FROM Score)
        AND Schedule.ClassID=Student.ClassID);
GO
--查看成绩表数据
SELECT * FROM Score;
GO
```

在上述 INSERT...SELECT 语句中，选择学号和课程编号使用 SELECT 子句来实现，在选择列表中指定 Student.StudentID 和 Schedule.CourseID 两个列；在 FROM 子句中包含 Student 表和 Schedule 表；在 WHERE 子句中指定一个搜索条件，这个条件由两个部分组成：其一是学号不能存在于 Score 表中，可使用 Student.StudentID NOT IN (SELECT StudentID FROM Score) 来实现；其二是授课表中的班级编号必须与学生表中的课程编号相等，可使用表达式 (Schedule. ClassID=Student.ClassID) 来表示；这两个条件通过 AND 运算符连接起来。由于仅在成绩表填写学号和课程编号而不填写成绩，所以应在 INSERT 语句中提供列名列表，在此列表中仅指定 StudentID 和 CourseID 两个列。执行 INSERT...SELECT 后，根据授课表为每个学生添加相应的成绩记录，其中，Grade 列为空值，以后可对其值进行更新。语句执行情况如图 4.6 所示。

图 4.6　使用 INSERT...SELECT 语句从其他表添加数据

任务 4.2　更新数据

在表中添加记录或者向表中导入数据之后，如果某些数据发生了变化，就需要对表中已有的数据进行修改。在 SQL Server 2012 中，既可以使用 SSMS 图形界面对表中的数据进行编辑，也可以使用 UPDATE 语句对表中的一行或多行数据进行修改，或者使用 FROM 子句对 UPDATE 语句进行扩展，以便从一个或多个已经存在的表中获取修改时要用到的数据，此外还可以使用 TOP 子句来限制 UPDATE 语句中修改的行数。通过本任务将学习和掌握更新表中现有数据的各种方法。

任务目标

- 掌握使用 SSMS 图形界面更新数据的方法
- 掌握使用 UPDATE 语句更新数据的方法
- 掌握在 UPDATE 语句使用 FROM 子句的方法
- 掌握使用 TOP 限制更新行数的方法

4.2.1　使用 SSMS 图形界面更新数据

使用 SSMS 图形界面更新表中数据的操作步骤如下。

（1）在对象资源管理器中，连接到数据库引擎实例，然后展开该实例。

（2）在"对象资源管理器"窗格中，展开"数据库"节点，然后展开要更新的数据表所在的数据库。

（3）在该数据库下方展开"表"节点，然后右键单击要更新数据的表，从弹出的快捷菜单中选择"编辑前 200 行"命令，此时将运行一个 SELECT 查询语句，在网格中显示该表中的前 200 行数据，如图 4.7 所示。

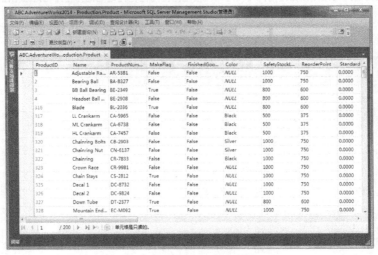

图 4.7　在"结果"窗格中编辑数据

（4）定位到要更改的数据所在的单元格，然后输入新数据。

（5）若要保存更改，将光标移出该行即可。

（6）默认情况下，查询分析器的"结果"窗格中仅显示表中的前 200 行数据，若要编辑更多的数据，可选择"查询分析器"→"窗格"→"SQL"命令，或者按 Ctrl+3 组合键，打开"SQL"窗格，然后在 SELECT 语句中将"TOP(200)"删除，接着按 Ctrl+R 组合键再次执行查询刷新数据，如图 4.8 所示。

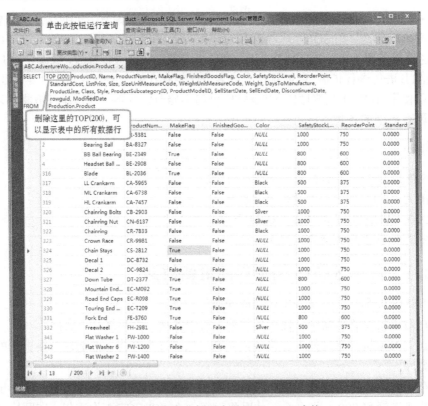

图 4.8　在查询分析器中显示"SQL"窗格

注意： 若要在单元格中输入空值，应以大写字母形式输入 NULL。此时"结果"窗格将该单词设置为斜体以指示它是一个空值，而不是字符串。

例 4.5 使用 SSMS 图形界面在 Score 表中填写 Grade 列的值。

前面通过执行 INSERT...SELECT 语句，已经在 Score 表中插入了一些数据行。在这些数据行，StudentID 和 CourseID 列均获得了数据，Grade 列尚未填写数据，仍然为空值。下面通过 SSMS 图形界面在 Grade 列中填写成绩数据，这实际上是一个更新数据的过程。具体操作步骤如下：

（1）在"对象资源管理器"窗格中，连接到数据库引擎实例，然后展开该实例。

（2）在"对象资源管理器"窗格中，展开"数据库"节点，展开 EduAdmin 数据库，在该数据库下方展开"表"节点，右键单击 Score 表，在弹出的快捷菜单中选择"编辑前 200 行"命令。

（3）在"结果"窗格中，对每一行中的 Grade 列填写数值，然后按向下箭头键把光标移到下一行，如图 4.9 所示。

图 4.9　利用"结果"窗格填写学生成绩

由于在创建 Score 表时对 Grade 列添加了 CHECK 约束，限制该列的值必须在 0～100 之间，如果输入的值超出这个范围，则会弹出如图 4.10 所示的消息框并取消更改。

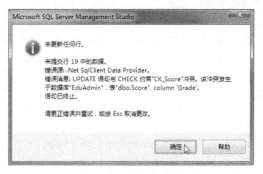

图 4.10　违反 CHECK 约束时弹出的消息框

操作数据库数据

4.2.2 使用 UPDATE 语句更新数据

在 Transact-SQL 中，可以使用 UPDATE 语句更改表中单行、行组或所有行的数据值，基本语法格式如下：

```
UPDATE
    [TOP(表达式)[PERCENT]]
    目标表
    SET {列名称={表达式|DEFAULT|NULL}[, ...]
    [FROM <表源>[, ...]]
    [WHERE <搜索条件>]
```

其中，TOP（表达式）[PERCENT] 指定要更新的行的数量或百分比。表达式可以是行数，也可以是占总行数的百分比。

目标表指定要更新行的表名称。

SET 子句包含要更新的列和每个列的新值的列表（用逗号分隔），列名称指定包含要更改数据的列，该列必须已存在于目标表中，不能更新标识列。表达式参数指定返回单个值的变量、文字值、表达式或嵌套 SELECT 语句（加括号）。表达式的值用于替换列中的现有值。

DEFAULT 指定用为列定义的默认值替换列中的现有值。如果该列没有默认值并且定义为允许空值，则也可以使用 NULL 关键字将列更改为空值。

FROM 子句指定为 SET 子句中的表达式提供值的表或视图，及各个源表或视图之间可选的连接条件，用于提供更新操作的条件。

WHERE 子句指定搜索条件，提供限制更新行的条件。该子句执行以下功能：指定要更新的行。如果同时指定了 FROM 子句，则指定来源表中可以为更新提供值的行；如果没有指定 WHERE 子句，则将更新表中的所有行。

例 4.6 使用 UPDATE 语句对 Score 表中部分记录的 Grade 列进行更新。

在 SQL 编辑器中编写并执行以下 Transact-SQL 语句：

```
--选择 EduAdmin 数据库
USE EduAdmin;
GO
--对指定满足条件的学生成绩进行修改
UPDATE Score SET Grade=82 WHERE StudentID='160006' AND CourseID=1;
UPDATE Score SET Grade=76 WHERE StudentID='160006' AND CourseID=2;
UPDATE Score SET Grade=80 WHERE StudentID='160006' AND CourseID=3;
UPDATE Score SET Grade=85 WHERE StudentID='160006' AND CourseID=4;
UPDATE Score SET Grade=87 WHERE StudentID='160006' AND CourseID=6;
UPDATE Score SET Grade=92 WHERE StudentID='160006' AND CourseID=7;
UPDATE Score SET Grade=81 WHERE StudentID='160051' AND CourseID=1;
UPDATE Score SET Grade=79 WHERE StudentID='160051' AND CourseID=2;
UPDATE Score SET Grade=85 WHERE StudentID='160051' AND CourseID=3;
UPDATE Score SET Grade=86 WHERE StudentID='160051' AND CourseID=4;
```

```
UPDATE Score SET Grade=89 WHERE StudentID='160051' AND CourseID=6;
UPDATE Score SET Grade=87 WHERE StudentID='160051' AND CourseID=7;
UPDATE Score SET Grade=90 WHERE StudentID='160052' AND CourseID=1;
UPDATE Score SET Grade=90 WHERE StudentID='160052' AND CourseID=2;
UPDATE Score SET Grade=80 WHERE StudentID='160052' AND CourseID=3;
UPDATE Score SET Grade=85 WHERE StudentID='160052' AND CourseID=4;
UPDATE Score SET Grade=77 WHERE StudentID='160052' AND CourseID=6;
UPDATE Score SET Grade=82 WHERE StudentID='160052' AND CourseID=7;
UPDATE Score SET Grade=78 WHERE StudentID='160053' AND CourseID=1;
UPDATE Score SET Grade=83 WHERE StudentID='160053' AND CourseID=2;
UPDATE Score SET Grade=92 WHERE StudentID='160053' AND CourseID=3;
UPDATE Score SET Grade=81 WHERE StudentID='160053' AND CourseID=4;
UPDATE Score SET Grade=76 WHERE StudentID='160053' AND CourseID=6;
UPDATE Score SET Grade=83 WHERE StudentID='160053' AND CourseID=7;
UPDATE Score SET Grade=75 WHERE StudentID='160151' AND CourseID=1;
UPDATE Score SET Grade=76 WHERE StudentID='160151' AND CourseID=2;
UPDATE Score SET Grade=83 WHERE StudentID='160151' AND CourseID=3;
UPDATE Score SET Grade=85 WHERE StudentID='160151' AND CourseID=4;
UPDATE Score SET Grade=79 WHERE StudentID='160151' AND CourseID=5;
UPDATE Score SET Grade=82 WHERE StudentID='160151' AND CourseID=6;
UPDATE Score SET Grade=81 WHERE StudentID='160152' AND CourseID=1;
UPDATE Score SET Grade=76 WHERE StudentID='160152' AND CourseID=2;
UPDATE Score SET Grade=82 WHERE StudentID='160152' AND CourseID=3;
UPDATE Score SET Grade=70 WHERE StudentID='160152' AND CourseID=4;
UPDATE Score SET Grade=73 WHERE StudentID='160152' AND CourseID=5;
UPDATE Score SET Grade=82 WHERE StudentID='160152' AND CourseID=6;
UPDATE Score SET Grade=65 WHERE StudentID='160153' AND CourseID=1;
UPDATE Score SET Grade=72 WHERE StudentID='160153' AND CourseID=2;
UPDATE Score SET Grade=73 WHERE StudentID='160153' AND CourseID=3;
UPDATE Score SET Grade=86 WHERE StudentID='160153' AND CourseID=4;
UPDATE Score SET Grade=89 WHERE StudentID='160153' AND CourseID=5;
UPDATE Score SET Grade=82 WHERE StudentID='160153' AND CourseID=6;
UPDATE Score SET Grade=76 WHERE StudentID='160201' AND CourseID=1;
UPDATE Score SET Grade=80 WHERE StudentID='160201' AND CourseID=2;
UPDATE Score SET Grade=73 WHERE StudentID='160201' AND CourseID=3;
UPDATE Score SET Grade=67 WHERE StudentID='160201' AND CourseID=4;
UPDATE Score SET Grade=83 WHERE StudentID='160201' AND CourseID=13;
UPDATE Score SET Grade=79 WHERE StudentID='160201' AND CourseID=14;
GO
--查看成绩表数据
SELECT * FROM Score;
GO
```

在上述语句中，使用 WHERE 子句提供了更新行的限制条件，由于在 Score 表中 StudentID 列和 CourseID 列一起组成了主键，因此在 WHERE 子句中需要同时指定 StudentID 列和 CourseID 列的值才能唯一地确定 Score 表中的一条记录。语句执行情况如图 4.11 所示。

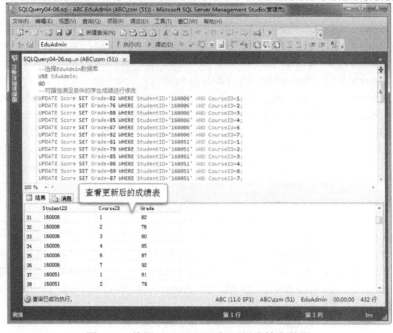

图 4.11　使用 UPDATE 语句更新成绩表数据

4.2.3　在 UPDATE 语句中使用 FROM 子句

如前所述，在 UPDATE 语句中 FROM 子句是一个可选项。如果在 UPDATE 语句中使用了 FROM 子句，则可以将数据从一个或多个表或视图拉入要更新的表中。在 UPDADE 语句中使用 FROM 子句时，语法格式如下：

```
UPDATE 目标表
    SET {列名称={表达式|DEFAULT|NULL}[, ...]
    FROM <表源>[, ...]
    [WHERE <搜索条件>]
```

其中，目标表指定 UPDATE 要更新的表。SET 子句指定要更新的列和所使用的数据，表达式的值中可以同时包含目标表和 FROM 子句指定的表中的列。

FROM 子句指定将表、视图或派生表源为更新操作提供条件。

WHERE 子句执行以下功能：指定要在目标表中更新的行；指定源表中可以为更新提供值的行。如果没有指定 WHERE 子句，则将更新目标表中的所有行。

例 4.7 根据学生姓名和课程名称，使用 UPDATE 语句对 Score 表部分行中的 Grade 列进行更新。

在 SQL 编辑器中编写并执行以下 Transact-SQL 语句：

```
USE EduAdmin;
UPDATE Score SET Grade=89
FROM Student, Course
WHERE Student.StudentName='李云飞' AND Course.CourseName='数学' AND
    Student.StudentID=Score.StudentID AND Course.CourseID=Score.CourseID;
UPDATE Score SET Grade=90
```

```
FROM Student, Course
WHERE Student.StudentName='李云飞' AND Course.CourseName='语文' AND
    Student.StudentID=Score.StudentID AND Course.CourseID=Score.CourseID;
UPDATE Score SET Grade=87
FROM Student, Course
WHERE Student.StudentName='李云飞' AND Course.CourseName='英语' AND
    Student.StudentID=Score.StudentID AND Course.CourseID=Score.CourseID;
UPDATE Score SET Grade=93
FROM Student, Course
WHERE Student.StudentName='李云飞' AND Course.CourseName='计算机应用基础' AND
    Student.StudentID=Score.StudentID AND Course.CourseID=Score.CourseID;
UPDATE Score SET Grade=86
FROM Student, Course
WHERE Student.StudentName='李云飞' AND Course.CourseName='PS 图像处理' AND
    Student.StudentID=Score.StudentID AND Course.CourseID=Score.CourseID;
UPDATE Score SET Grade=91
FROM Student, Course
WHERE Student.StudentName='李云飞' AND Course.CourseName='Flash 动画制作' AND
    Student.StudentID=Score.StudentID AND Course.CourseID=Score.CourseID;
UPDATE Score SET Grade=91
FROM Student, Course
WHERE Student.StudentName='孙颖颖' AND Course.CourseName='数学' AND
    Student.StudentID=Score.StudentID AND Course.CourseID=Score.CourseID;
UPDATE Score SET Grade=81
FROM Student, Course
WHERE Student.StudentName='孙颖颖' AND Course.CourseName='语文' AND
    Student.StudentID=Score.StudentID AND Course.CourseID=Score.CourseID;
UPDATE Score SET Grade=79
FROM Student, Course
WHERE Student.StudentName='孙颖颖' AND Course.CourseName='英语' AND
    Student.StudentID=Score.StudentID AND Course.CourseID=Score.CourseID;
UPDATE Score SET Grade=86
FROM Student, Course
WHERE Student.StudentName='孙颖颖' AND Course.CourseName='计算机应用基础' AND
    Student.StudentID=Score.StudentID AND Course.CourseID=Score.CourseID;
UPDATE Score SET Grade=89
FROM Student, Course
WHERE Student.StudentName='孙颖颖' AND Course.CourseName='PS 图像处理' AND
    Student.StudentID=Score.StudentID AND Course.CourseID=Score.CourseID;
UPDATE Score SET Grade=85
FROM Student, Course
WHERE Student.StudentName='孙颖颖' AND Course.CourseName='Flash 动画制作' AND
    Student.StudentID=Score.StudentID AND Course.CourseID=Score.CourseID;
GO
```

在上述语句中，使用 FROM 子句对 UPDATE 语句进行扩展，以便对更新操作设置条件。这是由于 Score 表中不包含 StudentName 和 CourseName 列，StudentName 列包含在 Student 表中，CourseName 列则包含在 Course 表中。若要根据学生姓名和课程名称来指定要更改的记录，就需要在 UPDATE 语句中使用 FROM 子句指定 Student 表和 Course 表作为来源表，同时还要通过 WHERE 子句指定要更新的记录所满足的条件。在这个条件中不仅需要指定具体的学生姓名和课程名称，还需要设置学生表和成绩表中学号列相等及课程表与成绩表中的课程编号列相等，否则将对所有行进行更新，无法限制要更新的行。语句执行情况如图 4.12 所示。

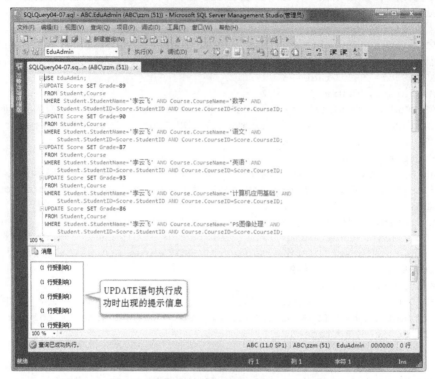

图 4.12 根据学生姓名和课程名称修改成绩

4.2.4 使用 TOP 限制更新行数

在 UPDATE 语句中，可以使用 TOP 子句来限制修改的行数。当在 UPDATE 语句中使用 TOP (n) 子句时，将基于随机选择 n 行来执行更新操作。语法格式如下：

```
UPDATE
    TOP (表达式) [PERCENT]
    目标表
    SET {列名称={表达式|DEFAULT|NULL}[, ...]
    FROM <表源>[, ...]
    [WHERE <搜索条件>]
```

其中，TOP（表达式）[PERCENT] 指定将要更新的行数或行百分比。表达式的值可以是行数或行百分比。与 INSERT、UPDATE 或 DELETE 语句一起使用时，TOP 表达式中被引用的行将不按任何顺序排列。TOP 子句中的表达式需要使用圆括号括起来。

例如，假设要为一位高级销售人员减轻销售负担，而将一些客户分配给了一位初级销售人员。下面的语句将随机抽样的 10 位客户从一位销售人员分配给了另一位销售人员。

```
USE AdventureWorks 2012;
GO
UPDATE TOP (10) Sales.Store
SET SalesPersonID=276
```

```
WHERE SalesPersonID=275;
GO
```

任务 4.3 删除数据

对于不再需要的数据，应当及时从表中删除。删除数据有多种方法，既可以使用 SSMS 图形界面从表中删除数据，也可以使用 DELETE 语句从表中删除满足指定条件的若干行数据，还可以使用 TOP 语句限制删除的行数，或者使用 TRUNCATE TABLE 语句从表中快速删除所有行。通过本任务将学习和掌握从表删除数据的各种方法。

任务目标

- 掌握使用 SSMS 图形界面删除数据的方法
- 掌握使用 DELETE 语句删除数据的方法
- 掌握使用 TOP 限制删除行数的方法
- 掌握使用 TRUNCATE TABLE 删除所有行的方法

4.3.1 使用 SSMS 图形界面删除数据

使用 SSMS 图形界面从表中删除数据的操作方法如下。

（1）在对象资源管理器中，连接到数据库引擎实例，然后展开该实例。

（2）在"对象资源管理器"窗格中，展开"数据库"节点，展开要删除数据的表所在的数据库，在目标数据库下方展开"表"节点，右键单击包含待删除数据的表，然后从弹出的快捷菜单中选择"编辑前 200 行"命令。

（3）在"结果"窗格中，通过单击待删除行的选择器选中该行。若要选择多行，可按住 Ctrl 键依次单击各行的选择器；若要选择所有行，可单击标题行的选择器。

（4）右键单击所选中的行，然后从弹出的快捷菜单中选择"删除"命令，如图 4.13 所示。

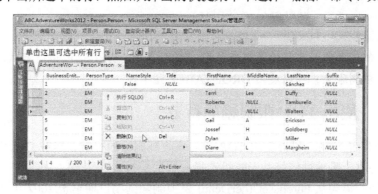

图 4.13　从弹出的快捷菜单中选择删除数据行的命令

（5）在要求确认的消息框中单击"是"按钮，如图 4.14 所示。

注意：用这种方式删除的行将从数据库中永久移除并且不能恢复。如果所选行中有任意行无法从数据库中删除，则这些行都不会删除，并且系统将显示消息，提示无法删除哪些行。

图 4.14　确认删除行的操作

4.3.2　使用 DELETE 语句删除数据

在 Transact-SQL 中，可以使用 DELETE 语句从表中删除一行或多行，语法格式如下：

```
DELETE [FROM]
    目标表
    [FROM <表源>[, ...]]
    [WHERE <搜索条件>];
```

其中，FROM 是可选的关键字，可以用在 DELETE 关键字与目标表之间。

目标表指定要从其中删除行的表的名称。

FROM <表源>给出附加的 FROM 子句。这个 FROM 子句指定可以由 WHERE 子句搜索条件中的谓词使用的其他表或视图及连接条件，以限定要从目标表中删除的行。DELETE 只从第一个 FROM 子句内的目标表中删除行，而不会从第二个 FROM 子句指定的表中删除行。

WHERE 指定用于限制删除行数的条件。<搜索条件>指定删除行的限定条件。如果没有提供 WHERE 子句，则 DELETE 删除表中的所有行。

例如，下面的语句从 Score 表中删除学生李逍遥所有课程的成绩记录。

```
USE EduAdmin;
DELETE FROM Score
FROM Student
WHERE Student.StudentName='李逍遥'
    AND Student.StudentID=Score.StudentID;
```

注意：任何已删除所有行的表仍会保留在数据库中。DELETE 语句只从表中删除行，若要从数据库中删除表，可以使用 DROP TABLE 语句。

4.3.3　使用 TOP 限制删除行数

在 DELETE 语句中，可以使用 TOP 子句来限制删除的行数。当在 DELETE 语句中使用 TOP (n)子句时，删除操作将基于随机选择 n 行而执行。

例如，下面的语句从 PurchaseOrderDetail 表中删除到期日期早于 2002 年 7 月 1 日的 20 个随机行。

```
USE AdventureWorks 2012;
GO
DELETE TOP (20)
FROM Purchasing.PurchaseOrderDetail
```

```
WHERE DueDate<'20020701';
GO
```

4.3.4   使用 TRUNCATE TABLE 删除所有行

使用 TRUNCATE TABLE 语句可以从表中删除所有行，而不记录单个行删除操作。该语句在功能上与没有 WHERE 子句的 DELETE 语句相同；但是，TRUNCATE TABLE 速度更快，使用的系统资源和事务日志资源更少。TRUNCATE TABLE 的语法格式如下：

```
TRUNCATE TABLE
    [{数据库名称.[架构名称].|架构名称.}]
    表名称
[;]
```

其中，数据库名称指定表所在数据库的名称；架构名称指定表所属的架构；表名称指定要删除其全部行的表。

例如，下面的语句用于删除 JobCandidate 表中的所有数据。

```
USE AdventureWorks 2012;
GO
TRUNCATE TABLE HumanResources.JobCandidate;
GO
```

任务 4.4   导入和导出数据

在 SQL Server 2012 中，可以使用导入和导出向导在支持的数据源和目标之间复制和转换数据。既可以在相同或不同 SQL Server 服务器的数据库之间导入或导出数据，也可以在 SQL Server 数据库与其他数据库或数据格式之间转换数据。例如，利用此向导工具可以将 Access 或 FoxPro 等桌面数据库或 Excel 电子表格中的数据导入到 SQL Server 数据库，也可以将 SQL Server 数据库中的数据导出到其他数据库文件。通过本任务将学习和掌握导入和掌握数据的操作方法和步骤。

任务目标

- 掌握导入数据的方法
- 掌握导出数据的方法

4.4.1   导入数据

导入数据是指将外部数据源中的数据复制到 SQL Server 数据库中。导入数据的整个过程可以在向导的提示下完成，包括选择提供数据的数据源和接受数据的 SQL Server 目标数据库、指定表复制或查询选项、选择源表和源视图及设置是否保存 SSIS 包等。下面结合例子说明如何将 Access 数据库中的数据导入到 SQL Server 数据库。

例 4.8 在 SQL Server 2012 中创建一个名为"罗斯文"的数据库，然后将 Access 示例数据库文件 Northwind.mdb 中的数据导入到"罗斯文"数据库中。

导入数据的操作步骤如下。

（1）在对象资源管理器中，连接到数据库引擎实例，然后展开该实例。

（2）在"对象资源管理器"窗格中，右键单击"数据库"节点，在弹出的快捷菜单中选择"新建数据库"命令，创建一个新的数据库并命名为"罗斯文"，如图4.15所示。

（3）在"对象资源管理器"窗格中右键单击"罗斯文"数据库，然后选择"任务"→"导入数据"命令，如图4.16所示。

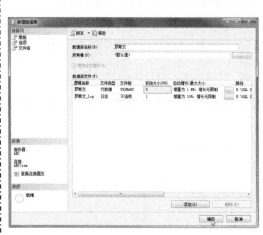

图4.15　创建"罗斯文"数据库

图4.16　选择"导入数据"菜单命令

（4）在SQL Server导入和导出向导欢迎对话框中，单击"下一步"按钮，如图4.17所示。

（5）在如图4.18所示的"选择数据源"对话框中设置要导入的数据源。从"数据源"下拉列表框中选择与源的数据存储格式相匹配的数据访问接口，常用的选项包括：Microsoft OLE DB Provider for SQL Server，SQL Native Client，Microsoft Excel，Microsoft Access（Microsoft Jet Database Engine）。在本例中选择 Microsoft Access（Microsoft Jet Database Engine），并通过单击"浏览"按钮来定位和选择要导入的Access数据库文件，然后单击"下一步"按钮。

图4.17　"SQL Server导入和导出向导"欢迎页

图4.18　"选择数据源"对话框

（6）在如图 4.19 所示的"选择目标"对话框中，从"目标"列表框中选择 Microsoft OLE DB Provider for SQL Server，从"服务器名称"中选择接受数据的 SQL Server 服务器，在"身份验证"区域选择"使用 Windows 身份验证"选项，从"数据库"下拉式列表框中选择步骤（2）中创建的"罗斯文"数据库，然后单击"下一步"按钮。

（7）在如图 4.20 所示的"指定表复制或查询"对话框中，选择"复制一个或多个表或视图的数据"选项，然后单击"下一步"按钮。

图 4.19　设置要将数据复制到何处

图 4.20　指定表复制或查询

（8）在如图 4.21 所示的"选择源表和源视图"对话框中，在"表和视图"列表中选择 Access 数据库中的所有表和查询对象，然后单击"下一步"按钮。

（9）在如图 4.22 所示的"保存并运行包"对话框中，勾选"立即运行"和"保存 SSIS 包"复选框，选择"SQL Server"选项，将"包保护级别"选项设置为"不保存敏感数据"，然后单击"下一步"按钮。

图 4.21　选择要复制的源表和查询

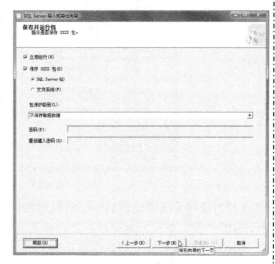

图 4.22　设置 SSIS 包保存和运行选项

（10）在如图 4.23 所示的"保存 SSIS 包"对话框中，指定 SSIS 包的名称和说明信息，选择 SQL Server 服务器和身份验证模式，然后单击"下一步"按钮。

（11）在如图 4.24 所示的"完成该向导"对话框中，查看将要执行的数据导入操作内容，然后单击"下一步"按钮。

图 4.23　保存 SSIS 包　　　　　　　图 4.24　查看将要执行的数据导入操作内容

（12）在如图 4.25 所示的"执行成功"对话框中，单击"关闭"按钮，完成数据导入。

图 4.25　完成数据导入

（13）在对象资源管理器中刷新显示数据库，然后展开"罗斯文"数据库，展开该数据库下方的"表"节点，此时可以看到导入的数据表，如图 4.26 所示。

（14）在对象资源管理器中连接到 Integration Services，然后展开该实例。

（15）展开"已存储的包"节点，展开 MSDB 节点，此时可看到导入数据过程中创建的 SSIS 包。若要运行该 SSIS 包，可右键单击该包并在弹出的快捷菜单中选择"运行包"命令，如图 4.27 所示。

图 4.26 查看导入的数据表

图 4.27 运行 SSIS 包

4.4.2 导出数据

导出数据是指将存储在 SQL Server 数据库中的数据复制到其他数据库、电子表格或文本文件中。导出数据的整个操作过程可以在向导提示下完成，主要步骤包括选择提供数据的数据源和接受数据的目标数据库或文件、指定表复制或查询选项、选择源表和源视图及设置是否保存 SSIS 包等。下面结合例子说明如何将 SQL Server 数据库中的数据导出到 Access 数据库中。

例 4.9 创建一个 Access 格式数据库并命名为 EduAdmin.mdb，然后将 SQL Server 数据库 EduAdmin 中的数据导入到这个 Access 数据库文件中。

导入数据的操作步骤如下。

（1）创建一个 Access 数据库，将其命名为 EduAdmin.mdb 并保存。

注意：导出数据之前，用来接受数据的 Access 数据库必须已经存在，但不必在该数据库中创建表或其他数据库对象。在导出数据的过程中，会将源数据库中的表或数据一起复制到目标数据库中。

（2）启动 SSMS，在"对象资源管理器"窗格中，连接到数据库引擎实例，然后展开该实例。

（3）在"对象资源管理器"窗格中，展开"数据库"节点，右键单击 EduAdmin 数据库，在弹出的快捷菜单中选择"任务"→"导出数据"命令，如图 4.28 所示。

提示：也可以使用"开始"菜单来运行 SQL Server 导入和导出向导。具体操作方法是：单击"开始"按钮，选择"所有程序"→"Microsoft SQL Server 2012"→"SQL Server 2012 导入和导出数据"命令。

（4）在如图 4.29 所示的 SQL Server 导入和导出向导欢迎对话框中，单击"下一步"按钮，进入向导的下一页。

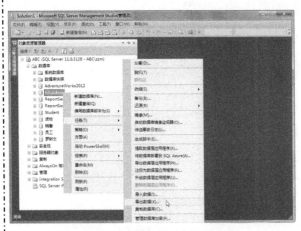 

图 4.28　选择导出数据的菜单命令　　　　图 4.29　导入和导出向导欢迎对话框

（5）在如图 4.30 所示的"选择数据源"对话框中指定要从中复制数据的 SQL Server 数据库。从"数据源"列表框中选择 Microsoft OLE DB Provider for SQL Server，在"服务器名称"列表框中选择包含相应数据库的服务器的名称，在"身份验证"区域选择"使用 Windows 身份验证"选项，从"数据库"列表框中选择当前选定的 EduAdmin 数据库。完成上述设置后，单击"下一步"按钮。

（6）在如图 4.31 所示的"选择目标"对话框中，从"目标"下拉列表框中选择 Microsoft Access（Microsoft Jet Database Engine）作为与目标数据存储格式相匹配的数据访问接口，并在"文件名"框中输入 Access 数据库所在路径和文件名，或者通过单击"浏览"按钮来查找和选择这个目标数据库，然后单击"下一步"按钮。

图 4.30　为导出数据选择数据源　　　　图 4.31　选择接受数据的目标数据库

（7）在如图 4.32 示的"指定表复制或查询"对话框中指定如何复制数据。在本例中选择"复制一个或多个表或视图的数据"选项，然后单击"下一步"按钮。

（8）在如图 4.33 示的"选择源表和源视图"对话框中，勾选 EduAdmin 数据库中包含的 6 个表（包括 Class、Course、Schedule、Score、Student 及 Teacher），然后单击"下一步"按钮。

图 4.32 指定表复制或查询

图 4.33 选择源表和源视图

（9）在如图 4.34 示的"查看数据类型映射"对话框，检查源表中的数据类型映射到目标表中的数据类型及其处理转换问题的方式，然后单击"下一步"按钮。

（10）在如图 4.35 示的"保存并运行包"对话框中，勾选"立即运行"和"保存 SSIS包"复选框，选择"SQL Server"选项，将"包保护级别"选项设置为"不保存敏感数据"，然后单击"下一步"按钮。

图 4.34 查看数据类型映射

图 4.35 设置 SSIS 包保存和运行选项

（11）在如图 4.36 所示的"保存 SSIS 包"对话框中，指定 SSIS 包的名称和说明信息，选择 SQL Server 服务器和身份验证模式，然后单击"下一步"按钮。

（12）在如图 4.37 所示的"完成该向导"对话框中，查看导出数据过程中将执行的操作和要创建的各个目标表，然后单击"完成"按钮，开始向目标数据库中复制数据。

（13）在如图 4.38 所示的"执行成功"对话框中，列出向各个目标表中复制的数据行数，单击"关闭"按钮，完成数据导出。

（14）打开 Access 数据库文件 EduAdmin.mdb，查看通过导出数据创建的各个表和表中包含的数据，如图 4.39 所示。

图 4.36　保存 SSIS 包

图 4.37　完成数据导出

图 4.38　数据导出执行成功

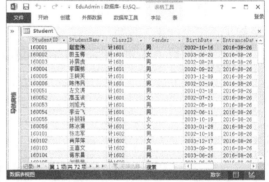

图 4.39　通过导出数据生成的 Access 数据库表

项目思考

一、选择题

1. 使用 INSERT 语句时，如果列满足条件（　　　）则对其使用下一个增量标识值。

    A. 指定有默认值　　　　　　　　B. 具有 IDENTITY 属性

    C. 具有 timestamp 数据类型　　　D. 可为空值

2. 使用 BULK INSERT 语句时，默认的字段终止符是（　　　）。

    A. 空格　　　　　　　　　　　　B. 逗号

    C. 制表符　　　　　　　　　　　D. 反斜线

3. 要限制 UPDATE 语句更新的行数，可使用（　　　）子句。

    A. TOP　　　　　　　　　　　　B. SET

C. FROM   D. WHERE

二、判断题

1.（   ）使用 INSERT 语句只能将一行数据添加到表中。

2.（   ）当向标识列中插入显式值时，必须在 INSERT 语句中使用列名列表和 VALUES 列表，并且必须将表的 SET IDENTITY_INSERT 选项设置为 ON。

3.（   ）使用 BULK INSERT 语句可以按用户指定的格式将数据文件导入到数据库表中。

4.（   ）使用 INSERT...SELECT 语句时，SELECT 选择列表不必与 INSERT 语句的列名列表匹配。

5.（   ）使用 UPDATE 语句时，如果没有指定 WHERE 子句，则将更新表中的所有行。

三、简答题

1. 向表中插入数据有哪些方法？

2. 在"结果"窗格中可以执行哪些操作？

3. 在什么情况下，可以在 INSERT 语句中省略列表？

4. 更新表中的数据有哪些方法？

5. 如何使用查询分析器的"结果"窗格修改超过 200 行的数据？

6. 在 UPDATE 语句中，使用 FROM 子句有什么作用？

7. 如何在"结果"窗格中删除数据？

8. 使用导入和导出向导复制和转换数据时，主要有哪些步骤？

项目实训

1. 根据实际情况，向 EduAdmin 数据库的各个表中输入一些数据。

2. 在 SQL Server 2012 创建一个数据库并命名为"罗斯文"，然后将 Access 示例数据库文件 Northiwind.mdb 中的数据表导入到"罗斯文"数据库中，要求在导入数据的过程中创建一个 SSIS 包。

3. 从"罗斯文"数据库中删除所有用户表，然后连接到 Integration Services，并通过运行 SSIS 包再次导入各个数据表。

4. 使用向导将 EduAdmin 数据库中的数据导出到一个 Access 数据库文件 EduAdmin.mdb 中，要求在 SQL Server 中保存 SSIS 包。

5. 从 Access 数据库文件 EduAdmin.mdb 中删除所有表，然后连接到 Integration Services，并通过运行 SSIS 包再次导出数据。

检索数据库数据

对于存储在数据库中的数据可以使用 SELECT 查询语句进行检索，并且以一个或多个结果集的形式将其返回给用户。与数据库表相同，查询结果集也是由行和列组成的，但该结果集是对来自 SELECT 语句返回的数据的表格排列。通过本项目将学习和掌握使用 SELECT 语句从 SQL Server 数据库中检索数据的方法。

项目目标

- 掌握常用查询工具的用法
- 理解 SELECT 语句的语法格式
- 掌握使用 SELECT 语句检索数据的方法
- 掌握操作结果集的方法
- 掌握创建和使用子查询的方法

任务 5.1 理解 SELECT 语句

通过使用 SSMS 或 sqlcmd 实用工具执行 SELECT 语句，可以对存储在 SQL Server 数据库中的数据发出选择查询，即从表或视图中检索所需要的数据。选择查询可以包含要返回的列、要选择的行、放置行的顺序及如何对信息进行分组的规范。通过本任务将学习和理解 SELECT 语句的组成并掌握常用查询工具的用法。

任务目标

- 理解 SELECT 语句的基本组成
- 掌握查询编辑器的使用方法
- 掌握 sqlcmd 实用工具的使用方法

5.1.1 SELECT 语句的基本组成

SELECT 语句用于从数据库中检索行，并允许从一个或多个表中选择一个或多个行或列。SELECT 语句的完整语法比较复杂，但是可以将其主要子句归纳如下：

```
SELECT <选择列表>
[INTO 新表]
```

```
FROM <表源>
[WHERE <搜索条件>]
[GROUP BY <分组表达式>]
[HAVING <搜索条件>]
[ORDER BY <排序表达式> [ASC|DESC]]
```

其中，<选择列表>指定要为结果集选择的列。选择列表是用逗号分隔的一系列表达式。可以在选择列表中指定的最大表达式数为 4096。通常选择列表中的每个表达式都是对数据所在的源表或视图中的列的引用，但也可能是对任何其他表达式（如常量或函数）的引用。

INTO 子句指定在默认文件组中创建一个新表，并将查询中生成的行插入到其中。新表指定将要创建的新表的名称。

FROM 子句指定从中检索结果集数据的表的一个列表。这些来源可以是运行 SQL Server 本地服务器中的基础表，也可以是本地 SQL Server 实例中的视图，还可以是链接表（OLE DB 数据源中的表）。FROM 子句还可以包含连接规范，这些连接规范定义了 SQL Server 从一个表导航到另一个表时使用的特定路径。<表源>指定要在 SELECT 语句中使用的表、视图、表变量或派生表源。最多可以在语句中使用 256 个表源。FROM 关键字后的表源的顺序不会影响返回的结果集。当重复名称出现在 FROM 子句中时，SQL Server 返回错误。

WHERE 子句指定查询返回的行的搜索条件，<搜索条件>定义要返回的数据行应满足的条件。只有符合条件的行才向结果集提供数据；不符合条件的行将不被采用。

GROUP BY 子句将查询结果分成几行，通常是为了在每个组上执行一个或多个聚合函数，SELECT 语句针对每个组返回一行。<分组表达式>指定分组依据，可以是一个或多个列名或列表达式。

HAVING 子句指定行组或聚合的搜索条件。HAVING 只能与 SELECT 语句一起使用，它通常与 GROUP BY 子句一起使用。当不使用 GROUP BY 子句时，HAVING 的行为就像一个 WHERE 子句。HAVING 后面的<搜索条件>指定组或聚合符合的搜索条件。

ORDER BY 子句对查询返回的数据进行排序，<排序表达式>指定组成排序列表的结果集列，关键字 ASC 和 DESC 用于指定排序行的排列顺序是升序还是降序。如果结果集行的顺序对于 SELECT 语句来说很重要，就应当在该语句中使用 ORDER BY 子句。

SELECT 语句中的上述子句必须以适当顺序指定。

5.1.2 常用查询工具

在 SQL Server 2012 中，可以使用 SSMS 集成环境提供的 SQL 编辑器和 sqlcmd 实用工具来访问和更改数据库中的数据。

1. SQL 编辑器

使用 SSMS 可以同时连接到 SQL Server 的多个实例，并对这些实例进行管理。在 SSMS 环境中，可以使用 SQL 编辑器创建和运行 Transact-SQL 语句，以交互方式访问和更改数据库中的数据。

SQL 编辑器具有以下功能。

（1）在 SQL 编辑器中输入 Transact-SQL 语句，这种语句可以保存到扩展名为.sql 的文本文件（.sql）中，这种文件称为脚本文件。

（2）若要执行脚本文件中的 Transact-SQL 语句，可以按 F5 键，或者在"SQL 编辑器"

工具栏上单击 ! 执行(X) 按钮，或者从"查询"菜单中选择"执行"命令。如果选择了一部分代码，则仅执行这一部分代码。如果没有选择任何代码，则执行查询编辑器的全部内容。

（3）若要对输入的 SQL 语句进行语法检查（不执行），可在"SQL 编辑器"工具栏上单击"分析"按钮 ✓，或者按 Ctrl+F5 组合键。

（4）若要获取有关 Transact-SQL 语法的帮助，可在 SQL 编辑器选择关键字并按 F1 键。

在标准工具栏上单击 新建查询(N) 按钮时，将使用当前的连接信息打开一个新的查询编辑器窗口，此时会显示如图 5.1 所示的 SQL 查询工具栏，其中包含以下按钮。

图 5.1 "SQL 编辑器"工具栏

（1）连接：打开"连接到服务器"对话框，与服务器建立连接。

（2）更改连接：打开"连接到服务器"对话框，与其他服务器建立连接。

（3）可用数据库：将连接更改到同一服务器上的其他数据库。

（4）执行：执行所选的脚本，如果未选择任何脚本，则执行 SQL 编辑器中的全部脚本。

（5）调试：对脚本进行调试。进入调试模式后，将出现"调试"工具栏，可以逐语句、逐过程运行脚本，也可以在脚本中设置断点。

（6）取消执行查询：向服务器发送取消请求。有些查询不能立即取消，而必须等待适当的取消条件。如果进行取消，在回滚事务时可能发生延迟。

（7）分析：检查所选脚本的语法。如果没有选择任何脚本，则检查整个 SQL 编辑器窗口中所有脚本的语法。

（8）显示估计的执行计划：从查询处理器中请求查询执行计划而不实际执行查询，并在"执行计划"窗口中显示该计划。此计划使用索引统计值作为查询执行的各个部分预期返回的行数估计值。如果返回的行数与估计值有明显差距，并且查询处理器更改了执行计划以提高效率，则使用的实际查询计划会与估计的执行计划不同。

（9）查询选项：打开"查询选项"对话框，可以对如何执行查询语句和显示查询结果集的相关选项进行设置。

（10）启用智能感知：智能感知（IntelliSense）是 Microsoft 提供的一种技术，可以在编辑脚本时自动插入代码。

（11）包含实际的执行计划：执行查询，返回查询结果，并且在"执行计划"窗口中以图形查询计划形式返回用于该查询的执行计划。

（12）包括客户端统计信息：显示一个"客户端统计信息"窗口，其中包含有关查询、网络数据包及查询占用时间的统计信息。

（13）以文本格式显示结果：执行查询语句时以文本格式显示查询返回的结果集。

（14）以网格格式显示结果：执行查询语句时以网格格式显示查询返回的结果集。

（15）将结果保存到文件中：执行查询语句时将查询返回的结果集保存到报表文件中。

（16）注释选中行：将选中的脚本变成注释，即在每行前面添加"--"。

（17）取消对选中行的注释：移除选中行前面的"--"。

（18）减少缩进：减少选中行的缩进量。

（19）增加缩进：增加选中行的缩进量。

（20）指定模板参数的值：打开"指定模板参数的值"对话框，可以使用与当前实现相关的值来替换各个参数。若要使用此对话框，必须将脚本中的参数放置在尖括号(<>)中，例如<parameter_name, data_type ,default_value>。

2. sqlcmd 实用工具

sqlcmd 实用工具是一个命令提示实用工具，可以用于交互式执行 Transact-SQL 语句和脚本。若要使用 sqlcmd，必须首先对 Transact-SQL 编程语言有所了解。sqlcmd 使用 SQL Native Client OLE DB 访问接口 API。这代替了基于 ODBC API 的 osql 命令提示实用工具。

sqlcmd 实用工具一次仅允许与一个 SQL Server 实例连接。

使用 sqlcmd 实用工具可以在命令提示符处输入 Transact-SQL 语句、系统过程和脚本文件。sqlcmd 实用工具的命令行语法格式如下：

```
sqlcmd [{{-U login_id [-P password]}|-E}]
[-i input_file[, input_file2...]][-o output_file]
```

其中，-U login_id 指定用户登录 ID，登录 ID 区分大小写。-P password 指定用户的密码，密码是区分大小写的。-E 指定使用可信连接而不是用户名和密码登录 SQL Server；默认情况下，sqlcmd 将使用可信连接选项。

-i input_file[,input_file2...]标识包含一批 SQL 语句或存储过程的文件。

-o output_file 标识从 sqlcmd 接收输出的文件。

启动 sqlcmd 实用工具后，除了使用 Transact-SQL 语句，还可使用以下命令。

GO：在批处理和执行任何缓存 Transact-SQL 语句结尾时会发出信号。

[:]!!<command>：执行操作系统命令。若要执行操作系统命令，可用两个感叹号（!!）开始一行，后面输入操作系统命令。

[:] QUIT：退出 sqlcmd 实用工具。

3. bcp 实用工具

bcp 实用工具可以用于将大量的行插入 SQL Server 表中。该实用工具不需要用户具有 Transact-SQL 知识；但是，用户必须清楚要向其中复制新行的表的结构及表中的行可以使用的数据类型。关于 bcp 实用工具的使用方法，请参阅 SQL Server 2012 联机丛书。

> **例 5.1** 使用 sqlcmd 实用工具执行 SELECT 语句，以显示 EduAdmin 数据库的 Class 表中的班级数据。
>
> 若要使用可信连接登录到当前服务器中 SQL Server 的默认实例，在命令提示行下输入 sqlcmd 即可；在 sqlcmd 中可以使用 SQL 语句来选择数据库并从表中选择数据；最后通过输入 QUIT 命令退出 sqlcmd 实用工具。具体操作如下：
>
> 单击"开始"按钮，选择"所有程序"→"附件"→"命令提示符"命令；在命令提示符下输入 sqlcmd，然后输入要执行的 SQL 语句，最后输入 QUIT 命令，如图 5.2 所示。

图 5.2 使用 sqlcmd 实用工具执行查询语句

任务 5.2 使用 SELECT 定义选择列表

SELECT 子句定义为查询结果集选择的列。选择列表是一些以逗号分隔的表达式，每个表达式定义结果集中的一列。结果集中列的排列顺序与选择列表中表达式的排列顺序相同。在选择列表中可以使用各种项目，例如表或视图中的列或者使用简单表达式来引用函数、局部变量、常量等。通过本任务将学习和掌握使用 SELECT 定义选择列表的方法。

任务目标

- 掌握从表中选择所有列、部分列和特殊列的方法
- 掌握设置结果集列名称的方法
- 掌握在列表中进行计算的方法
- 掌握从结果集中消除重复行的方法
- 掌握限制结果集行数的方法

5.2.1 从表中选择所有列

在 SELECT 语句中，在选择列表中使用星号（*）可以选择源表或视图中的所有列。如果没有使用限定符，则星号将被解析为对 FROM 子句中指定的所有表或视图中的所有列的引用。如果使用表或视图名称进行限定，则星号将被解析为对指定表或视图中的所有列的引用。

当在 SELECT 语句中使用星号时，结果集中的列的顺序与创建表或视图时所指定的列顺序相同。由于 SELECT * 将查找表中当前存在的所有列，因此每次执行 SELECT * 语句时，表结构的更改（通过添加、删除或重命名列）都会自动反映出来。

> **例 5.2** 在 EduAdmin 数据库中，使用 SELECT 语句检索 Course 表中的全部课程数据。
> 在 SQL 编辑器中编写并执行以下 Transact-SQL 语句：
>
> ```
> USE EduAdmin;
> GO
> SELECT * FROM Course;
> GO
> ```
>
> 上述语句的执行结果如图 5.3 所示。
>
>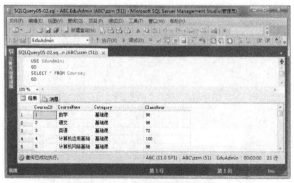
>
> 图 5.3 从表中选择所有列

5.2.2 从表中选择部分列

如果要选择表中的部分列作为 SELECT 查询的输出列，则应当在选择列表中明确地列出每一列，各列之间用逗号分隔。假如创建表时在表名或列名中使用了空格（不符合标识符命名规则），则编写 SELECT 语句时需要使用方括号将表名或列名括起来，否则会出现错误信息。

如果在 FROM 子句中指定了多个表，而这些表中又有同名的列，则在使用这些列时需要在列名前面冠以表名，以指明该列属于哪个表。例如，在 Student 和 Score 表都有一个名称为 StudentID 的列。若要引用 Student 表中的 StudentID 列，应在选择列表中写上 Student.StudentID；若要引用 Score 表中的 StudentID 列，则应在选择列表中写上 Score.StudentID。

检索数据库数据

例 5.3 在 EduAdmin 数据库中，使用 SELECT 语句从 Student 表中检索学生数据，要求结果集中包括学号、姓名、性别和班级编号信息。

在 SQL 编辑器中编写并执行以下 Transact-SQL 语句：

```
USE EduAdmin;
GO
SELECT StudentID, StudentName, Gender, ClassID
FROM Student;
GO
```

上述语句的执行结果如图 5.4 所示。

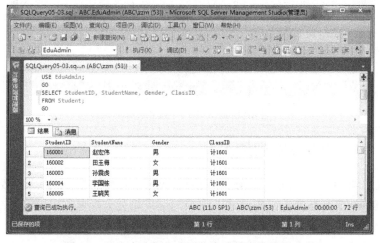

图 5.4 从表中选择部分列作为选择查询的输出列

5.2.3 从表中选择特殊列

通常情况下是使用列名来指定查询的输出列的。但对于以下两种列也可以使用专门的关键字来引用。

- 对于表中的标识符列，可使用$IDENTITY 关键字来引用。
- 对于具有 ROWGUIDCOL 属性的列，可使用$ROWGUID 关键字来引用。

当选取多个表作为查询的数据来源时，需要在$IDENTITY 和$ROWGUID 关键字前面冠以表名，以指示这些列属于哪个表。例如，Table1.$IDENTITY 和 Table1.$ROWGUID。

例 5.4 在 EduAdmin 数据库中，使用 SELECT 语句从 Teacher 表中检索教师数据，要求在结果集包含教师编号、姓名、性别和参加工作时间信息。

在 SQL 编辑器中编写并执行以下 Transact-SQL 语句：

```
USE EduAdmin;
GO
SELECT $IDENTITY, TeacherName, Gender, EntryDate
FROM Teacher;
GO
```

上述语句中使用$IDENTITY 来引用 Teacher 表中的标识符列，该列也可以直接使用其名称 TeacherID 来引用。语句执行结果如图 5.5 所示。

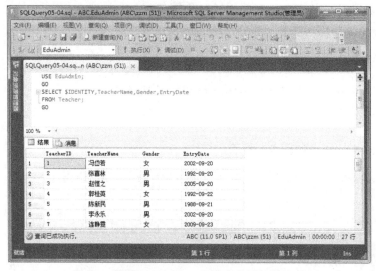

图 5.5　使用$IDENTITY 关键字表示标识符列

5.2.4　设置结果集列的名称

在 SELECT 语句中，可以使用 AS 子句来更改结果集列的名称或为派生列分配名称。AS 子句是在 SQL-92 标准中定义的语法，用来为结果集列分配名称。下面是在 SQL Server 中使用的首选语法。

列名称 AS 列别名

另一种形式为：

派生列表达式 AS 派生列名称

为了与 SQL Server 的早期版本兼容，Transact-SQL 还支持以下语法：

列别名=列名称

另一种形式为：

派生列名称=派生列表达式

如果结果集的列是通过对表或视图中某一列的引用所定义的，则该结果集列的名称与所引用列的名称相同。AS 子句可以用来为结果集的列分配不同的名称或别名，以增加可读性。在选择列表中，有些列进行了具体指定，而不是指定为对列的简单引用，这些列便是派生列。派生列没有名称，但可以使用 AS 子句为派生列指定名称。

例 5.5 在 Student 数据库中，使用 SELECT 语句从 Class 表中检索班级数据，要求使用中文表示结果集的列名。

在 SQL 编辑器中编写并执行以下 Transact-SQL 语句：

```
USE EduAdmin;
GO
SELECT ClassID AS 班级编号, Major AS 专业, Department AS 系部
FROM Class;
GO
```

上述语句中为选择列表中的每个列指定了中文别名。语句执行结果如图 5.6 所示。

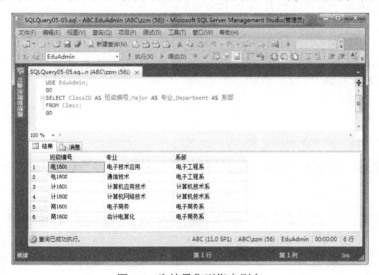

图 5.6　为结果集列指定别名

5.2.5　在选择列表中进行计算

在选择列表中，可以包含通过对一个或多个简单表达式应用运算符而生成的表达式。这使结果集中得以包含基础表中不存在，但是根据基础表中存储的值计算得到的值，这些结果集列被称为派生列。在派生列中，可以对数值列或常量使用算术运算符或函数进行的计算和运算，也可以进行数据类型转换，还可以使用子查询。

通过在带有算术运算符、函数、转换或嵌套查询的选择列表中使用数值列或数值常量，可以对数据进行计算和运算。在 Transact-SQL 中，支持下列算术运算符：+（加）、-（减）、*（乘）、/（除）、%（模，即取余数）。使用算术运算符可以对数值数据进行加、减、乘、除运算。使用算术运算符可以执行涉及一个或多个列的计算。

进行加、减、乘、除运算的算术运算符可以在任何数值列或表达式中使用，数值类型

包括 int、smallint、tinyint、decimal、numeric、float、real、money 及 smallmoney。模运算符只能在 int、smallint 或 tinyint 列或表达式中使用。也可以使用日期函数或常规加或减算术运算符对 date、datetime 和 smalldatetime 列进行算术运算。

例 5.6 在 EduAdmin 数据库中，使用 SELECT 语句从 Student 表中检索学生信息，包括学号、姓名和年龄，要求使用中文表示结果集的列名。

Student 表中包含 BirthDate 列，表示学生的出生日期。若要计算学生的年龄，需要用到两个函数：使用 GETDATE 函数返回当前系统日期和时间；使用 DATEDIFF 函数返回跨两个指定日期的年数。DATEDIFF 函数的语法格式如下：

```
DATEDIFF(datepart, startdate, enddate)
```

其中，datepart 指定应在日期的哪一部分计算差额的参数，若要计算两个日期相差的年数，应将其设置为 yy。startdate 和 enddate 分别指定计算的开始日期和结束日期。

根据以上分析，要在查询中计算学生的年龄，可在选择列表定义一个计算列，其值为当前年份与出生年份之间的差值；另外还需要对该计算列指定一个名称。

在 SQL 编辑器中编写并执行以下 Transact-SQL 语句：

```
USE EduAdmin;
GO
SELECT StudentID AS 学号, StudentName AS 姓名,
    DATEDIFF(yy, BirthDate, GETDATE()) AS 年龄
FROM Student;
GO
```

上述语句的执行结果如图 5.7 所示。

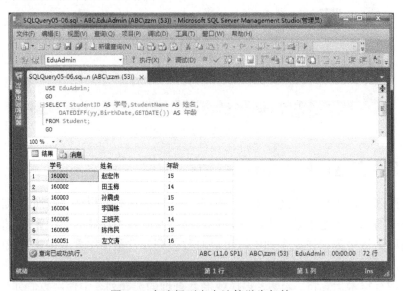

图 5.7　在选择列表中计算学生年龄

5.2.6　从结果集中消除重复行

在 SELECT 选择列表中，可以使用以下两个关键字。

- ALL：指定重复的行可以显示在结果集中。ALL 是默认值。
- DISTINCT：指定只有唯一的行可以出现在结果集中。对于 DISTINCT 关键字而言，空值被认为是相等的。使用 DISTINCT 时，不论遇到多少个空值，结果中只返回一个 NULL。

在 SELECT 选择列表中使用 DISTINCT 关键字，可以从 SELECT 语句的结果集中消除重复的行。

例 5.7 在 EduAdmin 数据库中，使用 SELECT 语句从 Score 表中检索所有课程编号，然后使用 SELECT 语句从 Score 表中检索所有不重复的课程编号。

在 SQL 编辑器中编写并执行以下 Transact-SQL 语句：

```
USE EduAdmin;
GO
SELECT CourseID AS 课程编号
FROM Score;
GO
SELECT DISTINCT CourseID AS 课程编号
FROM Score;
GO
```

上述脚本中，第一个 SELECT 语句未使用 DISTINCT，默认使用 ALL，检查所有行，重复的行也包含在结果集中；第二个 SELECT 语句使用了 DISTINCT，将从结果集中删除重复的行。语句执行结果如图 5.8 和图 5.9 所示。

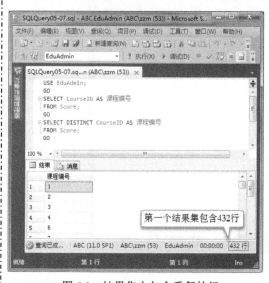

图 5.8　结果集中包含重复的行　　　　图 5.9　从结果集中删除重复的行

5.2.7　使用 TOP 限制结果集行数

在 SELECT 语句中，可以使用 TOP 子句限制结果集中返回的行数。语法格式如下：

```
TOP(表达式)[PERCENT] [WITH TIES]
```

其中，表达式用于指定返回的行数。如果指定了 PERCENT，则是指返回的结果集行的百分比（由表达式指定）。

例如：

```
TOP (120)                    /* 返回结果集的前面 120 行 */
TOP (15) PERCENT             /* 返回结果集前面的 15% */
```

如果在 SELECT 语句中同时使用了 TOP 和 ORDER BY 子句，则返回的行将会从排序后的结果集中选择。整个结果集按照指定的顺序建立，并且返回排序后的结果集中的前 n 行。如果还指定了 WITH TIES，则返回包含 ORDER BY 子句返回的最后一个值的所有行，即便这样将超过表达式指定的数量。

例 5.8 在 EduAdmin 数据库中，从 Student 表中检索前 10 名学生的信息。

在 SQL 编辑器中编写并执行以下 Transact-SQL 语句：

```
USE EduAdmin;
GO
SELECT TOP (10)
StudentID AS 学号, StudentName AS 姓名, Gender AS 性别
FROM Student;
GO
```

上述语句中使用 TOP (10) 限制查询结果集的行数为 10。语句执行结果如图 5.10 所示。

图 5.10　使用 TOP 子句限制结果集的行数

5.2.8　没有 FROM 子句的 SELECT 语句

在 SELECT 语句中，只要 SELECT 子句是必选的，其他子句均为可选项。如果要使用 SELECT 语句从表或视图中检索数据，则必须使用 FROM 子句。但是，如果 SELECT 选择列表仅包含常量，变量和算术表达式，而不包含从任何表或视图中选择的列，则可以使用没有 FROM 子句的 SELECT 语句。

例 5.9 使用 SELECT 语句显示以下信息：一条欢迎信息、当前系统日期和时间、SQL Server 服务器名称及 SQL Server 版本号。

在 SQL 编辑器中编写并执行以下 Transact-SQL 语句：

```
SELECT '欢迎您使用 SQL Server 2012' AS 欢迎信息,
    GETDATE() AS '现在时间',
    @@SERVERNAME AS 'SQL Server 服务器名称',
    @@VERSION AS [SQL Server 版本号];
GO
```

上述语句中选择列表由四项组成：第一项是一个字符串常量；第二项是 Transact-SQL 函数 GETDATE()，用于获取当前系统的日期和时间；第三项和第四项是两个系统变量，分别用于获取返回运行 SQL Server 的本地服务器的名称和当前安装的版本信息。

语句执行结果如图 5.11 所示。

图 5.11 使用没有 FROM 子句的 SELECT 语句

任务 5.3 使用 FROM 指定表源

在 SELECT 语句中，FROM 子句用于指定选择查询的数据来源。如果在 SELECT 语句中不需要访问表中的列，则不必使用 FROM 子句。如果要使用 SELCET 语句从表或视图中检索数据，就必须使用 FROM 子句。FROM 子句指定一个用逗号分隔的表名称、视图名称和 JOIN 子句的列表，使用它可以列出选择列表和 WHERE 子句中所引用的列所在的表和视图，也可以使用 AS 子句为表和视图的名称指定别名。使用 FROM 子句可以指定一个或多个表或视图，并且可以在两个或多个表或视图之间创建各种类型的连接。通过本任务将学习和掌握如何使用 FROM 子句为查询指定表源。

任务目标

- 掌握使用内部连接的方法
- 掌握使用外部连接的方法
- 掌握使用交叉连接的方法

5.3.1 使用内部连接

在实际应用中，经常需要使用 SELECT 语句从多个表或视图中检索数据，这可以通过在 FROM 子句中使用各种连接运算符来实现。连接指明 SQL Server 应当如何使用一个表中的数据来选择另一个表中的行，通过连接可根据表之间的逻辑关系从两个或多个表中检索数据。

内部连接是一种最常用的连接类型，它使用比较运算符对要连接列中的值进行比较。若两个来源表的相关列满足连接条件，则内部连接从这两个表中提取数据并组成新的行，并从两个表中丢弃不匹配的行。

内部连接通常通过在 FROM 子句中使用 INNER JOIN 运算符来实现，语法格式如下：

```
FROM 表 1 [[AS] 表别名 1]
    [INNER] JOIN 表 2 [[AS] 表别名 2]
    ON  <搜索条件>
```

其中表 1 和表 2 是要从其中组合行的表的名称。别名 1 和别名 2 是来源表的别名，别名用于在连接中引用表的特定列。INNER JOIN 指定返回所有匹配的行对，而放弃两个表中不匹配的行。ON 子句指定连接条件，<搜索条件>指定连接两个表所基于的条件表达式，该表达式由两个表中的列名和比较运算符组成，比较运算符可以是=（等于）、<（小于）、>（大于）、<=（小于等于）、>=（大于等于）及<>（不等于）。关键字 INNER 可以省略。

虽然每个连接规范只连接两个表，但 FROM 子句可以包含多个连接规范。这样，通过一个查询就可以从多个表中检索数据。

例 5.10 在 EduAdmin 数据库中，用 SELECT 语句从 Student 表、Course 表和 Score 表中检索学生的课程成绩，要求在结果集中包含学号、姓名、课程名称及成绩信息。

在 SQL 编辑器中编写并执行以下 Transact-SQL 语句：

```
USE EduAdmin;
GO
SELECT sc.StudentID AS 学号, StudentName AS 姓名,
    CourseName AS 课程名称, Grade AS 成绩
FROM Score AS sc INNER JOIN Student AS st ON sc.StudentID=st.StudentID
    INNER JOIN Course AS co ON sc.CourseID=co.CourseID;
GO
```

由于学生姓名、课程名称和成绩分别包含在 Student 表、Course 表和 Score 表中，检索数据时需要在 SELECT 语句的 FROM 子句中使用 INNER JOIN 运算符将这些相关表连接起来，Score 表与 Student 表通过 StudentID 列连接起来，Score 表与 Course 表通过 CourseID 列连接起来。上述语句执行结果如图 5.12 所示。

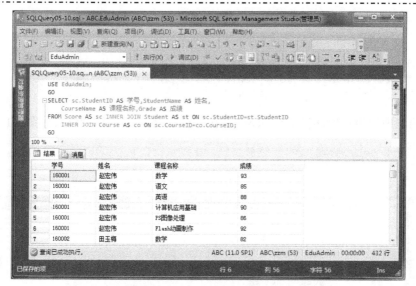

图 5.12 使用内部连接从三个表中检索学生课程成绩

5.3.2 使用外部连接

使用外部连接将返回 FROM 子句指定的至少一个表或视图中的所有行，只要这些行符合任何 WHERE 或 HAVING 搜索条件。外部连接分为左外部连接、右外部连接和完全外部连接：

```
FROM 表1 [[AS] 表别名]
    {LEFT|RIGHT|FULL} [OUTER] JOIN 表2 [[AS] 表别名2]
    ON 搜索条件
```

当使用 LEFT [OUTER] JOIN 时，使用左外部连接指定在结果集中包括左表中所有不满足连接条件的行，并在由内部连接返回所有的行之外将右表的输出列设为 NULL。若要在结果集中包括左表中的所有行，而不考虑右表中是否存在匹配的行，可使用左外部连接。

当使用 RIGHT [OUTER] JOIN，使用右外部连接指定在结果集中包括右表中所有不满足连接条件的行，并在由内部连接返回的所有行之外将与左表对应的输出列设为 NULL。若要在结果集中包括右表中的所有行，而不考虑左表中是否存在匹配的行，可使用右外部连接。

当使用 FULL [OUTER] JOIN 时，使用完全外部连接指定在结果集中包括左表或右表中不满足连接条件的行，并将对应于另一个表的输出列设为 NULL，这是对通常由 INNER JOIN 返回的所有行的补充。若要通过在连接的结果中包括不匹配的行来保留不匹配信息，可使用完全外部连接。

例 5.11 在 EduAdmin 数据库中，从 Score 表和 Course 表中检索数据，要求列出 Course 表的所有行。

在 SQL 编辑器中编写并执行以下 Transact-SQL 语句：

```
USE EduAdmin;
GO
SELECT StudentID AS 学号, CourseName AS 课程名称, Grade AS 成绩
FROM Score AS s RIGHT JOIN Course AS c ON s.CourseID=c.CourseID
GO
```

上述语句中使用右外连接组合 Score 表和 Course 表，语句执行结果如图 5.13 所示。

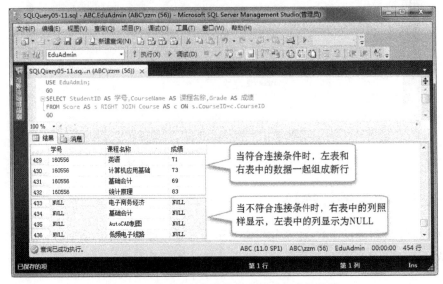

图 5.13　使用右外部连接组合两个表中的数据

5.3.3　使用交叉连接

使用 CROSS JOIN 运算符可实现两个来源表之间的交叉连接，语法格式如下：

```
FROM 表 1 CROSS JOIN 表 2
```

如果没有在 SELECT 语句中使用 WHERE 子句，则交叉连接将产生连接所涉及的表的笛卡尔积。笛卡尔积结果集的大小等于第一个表的行数乘以第二个表的行数。

如果在 SELECT 语句中添加一个 WHERE 子句，则交叉连接的作用与内连接相同。

例 5.12 在 EduAdmin 数据库中，通过交叉连接从 Student 表和 Course 表中检索数据。在 SQL 编辑器中编写并执行以下 Transact-SQL 语句：

```
USE EduAdmin;
GO
SELECT c.CourseName AS 课程, s.StudentName AS 姓名
FROM Student AS s CROSS JOIN Course AS c;
GO
```

由于 Student 表中有 72 行，Course 表中有 33 行，上述语句中使用交叉连接对这两个表中的数据进行组合，由此生成的笛卡尔积结果集的行数等于 72×33=2376。语句的执行结果如图 5.14 所示。

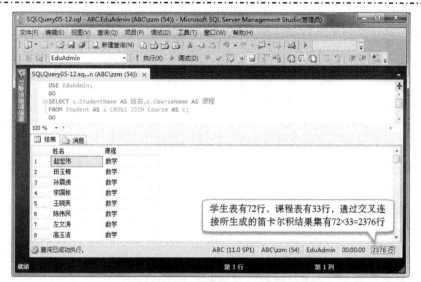

图 5.14　通过交叉连接组合两个表中的数据

任务 5.4　使用 WHERE 筛选数据

在实际应用中，数据库中往往存储着大量的数据，在某个特定的用途中并非总是要使用表中的全部数据，更常见的是使用满足给定条件的部分行，这就需要对查询返回的行进行筛选和限制。通过在 SELECT 语句中使用 WHERE 子句可以设置对行的筛选条件，从而保证查询集中仅仅包含所需要的行，而将不需要的行排除在结果集之外。通过本任务将学习和掌握使用 WHERE 子句筛选数据的方法。

任务目标

- 理解 WHERE 子句的语法格式
- 掌握比较搜索条件的使用方法
- 掌握范围搜索条件的使用方法
- 掌握列表搜索条件的方法
- 掌握搜索条件的模式匹配方法
- 掌握逻辑运算符的使用方法

5.4.1　WHERE 子句的语法格式

在 SELECT 语句中 WHERE 子句是一个可选项，使用时应将其放在 FROM 子句的后面，语法格式如下：

```
WHERE <搜索条件>
```

其中，<搜索条件>定义要返回的行应满足的条件，该条件是用运算符连接列名、常量、变量、函数等而得到的表达式，其取值为 TRUE、FALSE 或 UNKNOWN。

通过 WHERE 子句可以指定一系列搜索条件,只有那些满足搜索条件的行才用于生成结果集,此时称满足搜索条件的行包含在结果集内。

5.4.2 使用比较搜索条件

在 SQL Server 中可以使用下列比较运算符:=(等于)、>(大于)、<(小于)、>=(大于或等于)、<=(小于或等于)、<>(不等于,SQL-92 兼容)、!>(不大于)、!<(不小于)、!=(不等于)。这些运算符是在两个表达式之间进行比较的。

当比较字符串数据时,字符的逻辑顺序由字符数据的排序规则来定义。比较运算符(如 < 和 >)的结果由排序规则所定义的字符顺序控制。针对 Unicode 数据和非 Unicode 数据,同一 SQL 排序规则可能会有不同排序方式。对非 Unicode 数据进行比较时,将忽略尾随空格。

例 5.13 在 EduAdmin 数据库中,从 Teacher 表中检索学历为研究生的教师信息,要求在结果集包含教师编号、姓名、性别、学历和参加工作时间。

在 SQL 编辑器中编写并执行以下 Transact-SQL 语句:

```
USE EduAdmin;
GO
SELECT TeacherID AS 教师编号, TeacherName AS 姓名,
    Gender AS 性别, Education AS 学历, EntryDate AS 参加工作时间
FROM Teacher
WHERE Education='研究生'
GO
```

在 Teacher 表中,教师的学历信息存储 Education 列中。为了从 Teacher 表中筛选具有研究生学历的教师,在上述 SELECT 语句中添加了一个 WHERE 子句,并且将查询的搜索条件设置为 Education='研究生'。

上述语句的执行结果如图 5.15 所示。

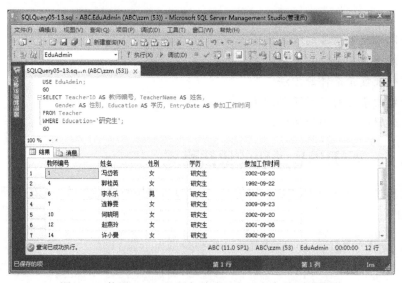

图 5.15 使用 WHERE 子句筛选具有研究生学历的教师

5.4.3 使用范围搜索条件

范围搜索返回介于两个指定值之间的所有值，包括范围返回与两个指定值匹配的所有值，排他范围不返回与两个指定值匹配的任何值。

在 WHERE 子句中，可以使用 BETWEEN 运算符来指定要搜索的包括范围，也可以使用 NOT BETWEEN 来查找指定范围之外的所有行，语法格式如下：

测试表达式 [NOT] BETWEEN 起始值 AND 终止值

其中，参数测试表达式指定要在由终止值和起始值定义的范围内进行测试的表达式。起始值和终止值是任何有效的表达式。

测试表达式、起始值和终止值这 3 个表达式的值必须具有相同的数据类型。

NOT 指定对谓词的结果取反。

AND 用作一个占位符，指示测试表达式应该处于由起始值和终止值指定的范围内。

BETWEEN 运算符返回结果为布尔类型。如果测试表达式的值大于或等于起始值，并且小于或等于终止值，则 BETWEEN 返回 TRUE，NOT BETWEEN 返回 FALSE。

如果测试表达式的值小于表达式起始的值或者大于终止值，则 BETWEEN 返回 FALSE，NOT BETWEEN 返回 TRUE。

如果任何 BETWEEN 或 NOT BETWEEN 谓词的输入为 NULL，则结果为 UNKNOWN。

若要指定排他性范围，则应使用大于和小于运算符（> 和 <）。

例 5.14 从 EduAdmin 数据库中检索成绩在 80~90 之间的学生课程成绩，要求在结果集包含学号、姓名、课程名称和成绩信息。

在 SQL 编辑器中编写并执行以下 Transact-SQL 语句：

```
USE EduAdmin;
GO
SELECT sc.StudentID AS 学号, st.StudentName AS 姓名,
    co.CourseName AS 课程名称, sc.Grade AS 成绩
FROM Score AS sc
    INNER JOIN Student AS st ON st.StudentID=sc.StudentID
    INNER JOIN Course AS co ON co.CourseID=sc.CourseID
WHERE sc.Grade BETWEEN 80 AND 90;
GO
```

由于学号、姓名、课程名称和成绩分别存储在 Student 表、Course 表和 Score 表中，因此构建 SELECT 语句时需要通过在 FROM 子句中使用内部连接（INNER JOIN）来组合这 3 个表中的数据。筛选条件"成绩在 86~93 之间"可以使用 BETWEEN 运算符来表示，并且测试表达式应当指定为 Score 表中的 Grade 列。上述语句的执行结果如图 5.16 所示。

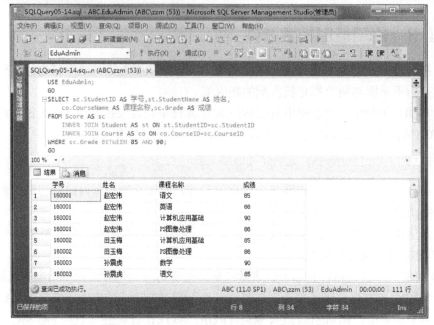

图 5.16　在 WHERE 子句中使用范围搜索条件

5.4.4　使用列表搜索条件

在 WHERE 子句中使用 IN 运算符可以选择与列表中的任意值匹配的行。IN 运算符用于确定指定的值是否与子查询或列表中的值相匹配，语法格式如下：

测试表达式 [NOT] IN(子查询|表达式[, ...])

其中，测试表达式为任何有效的表达式。

子查询为包含某列结果集的子查询，该列必须与测试表达式具有相同的数据类型。表达式[,...] 是一个表达式列表，用来测试是否匹配，所有的表达式必须与测试表达式具有相同的数据类型。

IN 运算符的返回结果为布尔类型。如果测试表达式的值与子查询所返回的任何值相等，或者与逗号分隔的列表中的某个表达式的值相等，则结果值为 TRUE；否则结果值为 FALSE。使用 NOT IN 可以对返回值求反。

例 5.15 从 Student 表中检索张王李赵这 4 个姓氏的学生记录，要求在结果集包含学号、姓名、性别、出生日期及班级信息。

姓氏通常是姓名开头的一个汉字。要根据姓氏对学生记录进行筛选，关键是从姓名列中取出第一个汉字，这可以使用 SUBSTRING 函数来实现。该函数用于返回字符表达式的一部分，语法格式如下：

SUBSTRING(表达式, 起始位置, 长度)

其中表达式是字符串、二进制字符串、文本、图像、列或包含列的表达式。

起始位置是一个整数，用于指定子字符串开始位置。

长度是一个整数，指定要返回的表达式的字符数或字节数。从姓名中取出姓氏可以使用 SUBSTRING(StudentName, 1, 1)，然后再使用 IN 运算符取出的姓氏进行测试。因此，在 WHERE 子句中所使用的搜索条件应该是：

```
SUBSTRING(StudentName, 1, 1) IN ('张', '王', '李', '赵')
```

在 SQL 编辑器中编写并执行以下 Transact-SQL 语句：

```
USE EduAdmin;
GO
SELECT StudentID AS 学号, StudentName AS 姓名,
    Gender AS 性别, BirthDate AS 出生日期, ClassID AS 班级
FROM Student
WHERE SUBSTRING(StudentName, 1, 1) IN ('张', '王', '李', '赵');
GO
```

上述语句的执行结果如图 5.17 所示。

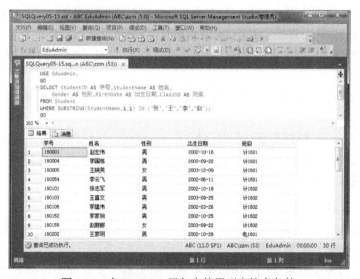

图 5.17　在 WHERE 子句中使用列表搜索条件

5.4.5　搜索条件中的模式匹配

在 WHERE 子句中，可以使用 LIKE 运算符来搜索与指定模式匹配的字符串、日期或时间值。LIKE 运算符用于确定特定字符串是否与指定模式相匹配，语法格式如下：

```
匹配表达式 [NOT] LIKE 模式 [ESCAPE 转义字符]
```

其中，匹配表达式是任何有效的字符数据类型的表达式。

模式参数指定要在匹配表达式中搜索并且可以包括有效通配符的特定字符串，其最大长度可达 8 000 字节。模式参数可以包含常规字符和下列 4 种通配符的任意组合。

- %：包含零个或多个字符的任意字符串。
- _：任何单个字符。
- [ ]：指定一个范围内的任何单个字符。例如，[a-f] 或 [abcdef] 表示 a~f 范围内的任何一个字母。

- [^]：不在指定范围内的任何单个字符。例如，[^a-f] 或 [^abcdef] 表示不在 a～f 范围内的任何一个字母。

转义字符参数放在通配符之前，用于指示通配符应当解释为常规字符而不是通配符的字符。转义字符是一个没有默认值的字符表达式，其值必须是一个字符。

LIKE 运算符的结果类型为布尔型。如果匹配表达式与指定的模式相匹配，则 LIKE 返回 TRUE，否则返回 FALSE。

使用 NOT LIKE 可以对返回值求反。

在 WHERE 子句中，可以将通配符和字符串用单引号引起来。下面给出一些示例。

LIKE 'Mc%' 将搜索以字母 Mc 开头的所有字符串，例如 McBadden。

LIKE '%inger' 将搜索以字母 inger 结尾的所有字符串，例如 Ringer 和 Stringer。

LIKE '%en%' 将搜索任意位置包含字母 en 的所有字符串，例如 Bennet、Green 及 McBadden。

LIKE '_heryl' 将搜索以字母 heryl 结尾的所有 6 个字母的名称，例如 Cheryl 和 Sheryl。

LIKE '[CK]ars[eo]n' 将搜索 Carsen、Karsen、Carson 和 Karson。

LIKE '[M-Z]inger' 将搜索以字母 inger 结尾、以 M 到 Z 中的任何单个字母开头的所有名称，例如 Ringer。

LIKE 'M[^c]%' 将搜索以字母 M 开头且第二个字母不是 c 的所有名称，例如 MacFeather。

在某些情况下，可能要搜索通配符字符本身。此时，可以使用 ESCAPE 关键字来定义转义符。在模式中，当转义符置于通配符之前时，该通配符就解释为普通字符。例如，要搜索在任意位置包含字符串 10%的字符串，可以使用：

```
WHERE ColumnA LIKE '%10/%%' ESCAPE '/'
```

在上述 WHERE 子句中，前导和结尾百分号（%）解释为通配符，而斜杠（/）之后的百分号解释为字符%。

此外，也可以在方括号（[ ]）中只包含通配符本身。若要搜索破折号（-）而不是用它指定搜索范围，可将破折号指定为方括号内的第一个字符。例如，要搜索字符串"9-5"，可以使用：

```
WHERE ColumnA LIKE '9[-]5'
```

注意： 如果使用 LIKE 执行字符串比较，则模式串中的所有字符（包括每个前导空格和尾随空格）都有意义。如果要求比较返回带有字符串 LIKE 'abc '（abc 后跟一个空格）的所有行，将不会返回列值为 abc（abc 后没有空格）的行。但是反过来，情况并非如此。换言之，可以忽略模式所要匹配的表达式中的尾随空格。如果要求比较返回带有字符串 LIKE 'abc'（abc 后没有空格）的所有行，将返回以 abc 开头且具有零个或多个尾随空格的所有行。

例 5.16 从 Student 表中检索赵钱孙李这 4 个姓氏的学生记录，要求使用 LIKE 运算符实现查询，并且在结果集包含学号、姓名、性别、出生日期及班级信息。

姓名由姓氏和名字组成。姓氏为赵钱孙李之一可以用 '[张王李赵]' 来表示，名字部分则可以用 '%' 表示，因此在 WHERE 子句中所使用的筛选条件应当是：StudentName LIKE '[赵钱孙李]%'。所以，可以在 SQL 编辑器中编写并执行以下 Transact-SQL 语句：

```
USE EduAdmin;
GO
SELECT StudentID AS 学号, StudentName AS 姓名,
    Gender AS 性别, BirthDate AS 出生日期, ClassID AS 班级
FROM Student
WHERE StudentName LIKE '[赵钱孙李]%';
GO
```

上述语句的执行结果如图 5.18 所示。

图 5.18　在搜索条件中使用模式匹配

5.4.6　使用逻辑运算符

在 SQL Server 中，逻辑运算符包括 AND、OR 和 NOT。AND 和 OR 用于连接 WHERE 子句中的搜索条件。NOT 用于反转搜索条件的结果。

AND 运算符连接两个条件，只有当两个条件都符合时才返回 TRUE。只要有任何一个条件为 FALSE，则结果也为 FALSE。

OR 运算符也用于连接两个条件，但只要有一个条件符合便返回 TRUE。只有当两个条件均为 FALSE 时，结果才是 FALSE。

NOT 是单目运算符，用于对条件进行反转。若条件为 TRUE，则变成 FALSE；若条件为 FALSE，则变成 TRUE。

当一个语句中使用了多个逻辑运算符时，计算顺序依次为 NOT、AND 和 OR。算术运算符优先于逻辑运算符处理。

因为运算符存在优先级，所以使用括号（即使不要求）不仅可以强制改变运算符的计算顺序，还可以提高查询的可读性，并减少出现细微错误的可能性。

例 5.17 从 Teacher 表中检索计算机技术系和电子工程系的女教师记录。

在 WHERE 子句中，搜索条件由两部分组成：一部分是对性别进行筛选，条件可以表示为：Gender='女'；另一部分是对系部进行筛选，而且系部包括两种可能，这两种可能的

条件可使用 OR 运算符来连接，条件可以表示为：Department='计算机技术系' OR Department='电子工程系'；性别与系部之间则使用 AND 运算符来连接。所以，可以在 SQL 编辑器中编写并执行以下 Transact-SQL 语句：

```
USE EduAdmin;
GO
SELECT TeacherID AS 教师编号, TeacherName AS 姓名,
    Gender AS 性别, Education AS 学历, Department AS 系部
FROM Teacher
WHERE Gender='女' AND (Department='计算机技术系' OR Department='电子工程系');
GO
```

上述语句执行结果如图 5.19 所示。

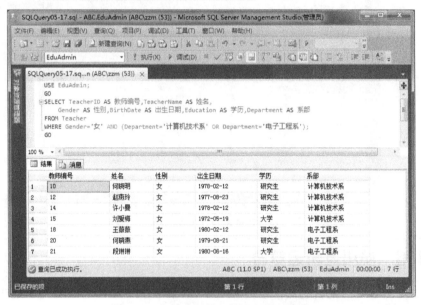

图 5.19　在搜索条件中使用逻辑运算符

任务 5.5　使用 ORDER BY 对数据排序

ORDER BY 子句用于设置查询结果集的排列顺序。通过在 SELECT 语句中添加 ORDER BY 子句，可以使结果集中的行按照一个或多个列的值进行排列，排序方向可以是升序（即从小到大）或降序（即从大到小）。除非指定了 ORDER BY 子句，否则结果集中的行返回顺序是不能保证的。通过本任务将学习和掌握使用 ORDER BY 对数据排序的方法。

任务目标

- 掌握使用 ORDER BY 对数据排序的方法
- 掌握使用 TOP...WITH TIES 返回附加行的方法

5.5.1 使用 ORDER BY 实现数据排序

在 SELECT 语句中，可以通过 ORDER BY 子句来指定返回的列中所使用的排序顺序。
语法格式如下：

```
ORDER BY 排序表达式
    [COLLATE 排序名称]
    [ASC|DESC]
    [, ...]
```

其中，排序表达式参数指定要排序的列。既可以将排序列指定为列名或列别名，也可
以指定一个表示该名称或别名在选择列表中所处位置的序号（非负整数）。列名和别名可以
由表名或视图名加以限定。如果排序表达式未限定，则它必须在 SELECT 语句中列出的所
有列中是唯一的。

在 ORDER BY 子句中可以指定多个排序列，这些排序列以逗号分隔。排序列的顺序定
义了排序结果集的结构，即首先按照前面的列值进行排序，如果在两个行中该列的值相同，
则按照后面的列值进行排序。排序列可以不包含在由 SELECT 子句指定的选择列表中，
计算列也可以作为排序列，但 ntext、text 或 image 数据类型的列是不能用在 ORDER BY
子句中。除非同时指定了 TOP，否则 ORDER BY 子句在视图、内联函数、派生表和子查询
中无效。

COLLATE 子句指定根据排序名称参数中指定的排序规则执行 ORDER BY 操作，而不
是表或视图中所定义的列的排序规则执行。排序名称可以是 Windows 排序规则名称，也可
以是 SQL 排序规则名称。

ASC 指定按升序，从最低值到最高值对指定列中的值进行排序，这是默认排序顺序，
因此 ASC 关键字可以省略。DESC 指定按降序，从最高值到最低值对指定列中的值进行排
序。在排序操作中，空值被视为最低的可能值。

> **例 5.18** 从 EduAdmin 数据库中检索学生的 PS 图像处理课程成绩，要求对结果集中的
> 行按成绩降序排序，如果成绩相同，则按姓名升序排序。
>
> 排序列列表中包含两个列：Score 表中的 Grade 列和 Student 表中的 StudentName 列；
> 对前者应用 DESC，对后者应用默认的 ASC，可以省略 ASC 关键字。
>
> ```
> USE EduAdmin;
> GO
> SELECT st.StudentID AS 学号, st.StudentName AS 姓名,
>     co.CourseName AS 课程名称, sc.Grade AS 成绩
> FROM Score AS sc
>     INNER JOIN Student AS st ON st.StudentID=sc.StudentID
>     INNER JOIN Course AS co ON co.CourseID=sc.CourseID
> WHERE co.CourseName='PS 图像处理'
> ORDER BY sc.Grade DESC, st.StudentName;
> GO
> ```
>
> 上述语句的执行结果如图 5.20 所示。

图 5.20　按照成绩和姓名列对结果集排序

5.5.2　使用 TOP…WITH TIES 返回附加行

在 SELECT 子句中使用选择谓词 TOP 可以从表中检索前面的若干行，这可以分成以下两种情况：如果没有使用 ORDER BY 子句，则按照表中主键列值返回前面的若干行；如果使用了 ORDER BY 子句，则按照排序之后的顺序返回前面的若干行，当排在 TOP n (PERCENT)行最后的两行或多行中排序列的值具有相同的值时，结果集只包含其中的一行。

当 TOP 与 ORDER BY 一起使用时，如果要使排序列值相等的那些行一并显示出来，可以在 SELECT 子句中添加 WITH TIES 选项。WITH TIES 选项指定从基本结果集中返回附加的行，这些行包含与出现在 TOP n (PERCENT) 行最后的 ORDER BY 列中的值相同的值。

WITH TIES 选项必须与 TOP 一起使用，而且 TOP…WITH TIES 只能与 ORDER BY 子句一起使用。

例 5.19 从 EduAdmin 数据库中检索数据，按降序显示语文课程成绩排在前三名的记录；然后修改查询语句，使并列第三名的记录也包含在结果集内。

在 SQL 编辑器中编写并执行以下 Transact-SQL 语句：

```
USE EduAdmin;
GO
SELECT TOP 3 st.StudentID AS 学号, st.StudentName AS 姓名,
    co.CourseName AS 课程名称, sc.Grade AS 成绩
FROM Score AS sc
    INNER JOIN Student AS st ON st.StudentID=sc.StudentID
    INNER JOIN Course AS co ON co.CourseID=sc.CourseID
WHERE co.CourseName='语文'
ORDER BY sc.Grade DESC;
GO
```

上述语句的执行结果如图 5.21 所示，查询仅返回计算机应用课程成绩排在前三名的记录。为了使并列第三名也显示出来，在 TOP 3 后面添加 WITH TIES，语句执行结果如图 5.22 所示。

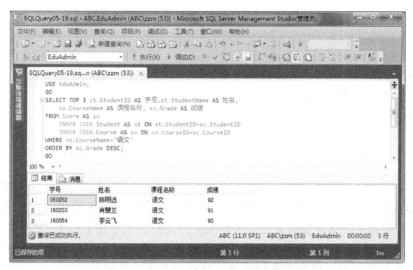

图 5.21　将 TOP 与 ORDER BY 联用

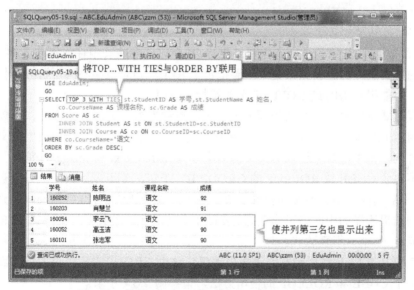

图 5.22　将 TOP…WITH TIES 与 ORDER BY 联用

任务 5.6　使用 GROUP BY 对数据分组

在 SELECT 语句中使用 GROUP BY 子句可以将查询结果分成几组，通常是为了在每个组上执行一个或多个聚合函数，SELECT 语句针对每个组返回一行。GROUP BY 子句指定将结果集中的行分成若干个组来输出，每个组中的行在指定的列中具有相同的值。在一个查询语句中，可以使用多个列对结果集内的行进行分组，选择列表中的每个输出列必须在 GROUP BY 子句中出现或者用在某个聚合函数中。当使用 GROUP BY 子句时，还可以使用 WHERE 子句在分组操作之前对数据进行筛选，或者使用 HAVING 在分组操作之后对数据进行筛选。通过本任务将学习和掌握使用 GROUP BY 子句对结果集进行分组处理。

任务目标

- 理解 GROUP BY 子句的组成
- 掌握在分组操作中应用搜索条件的方法
- 掌握使用聚合函数汇总数据的方法
- 掌握使用 CUBE 和 ROLLUP 汇总数据的方法

5.6.1　使用 GROUP BY 子句对查询结果分组

在 SELECT 语句中可使用 GROUP BY 子句来指定用来放置输出行的组。若 SELECT 子句的选择列表中包含聚合函数，则 GROUP BY 将计算每组的汇总值。使用 GROUP BY 子句时，选择列表中任意非聚合表达式内的所有列都应当包含在 GROUP BY 列表中，或者 GROUP BY 表达式必须与选择列表表达式完全匹配。GROUP BY 子句的语法格式分为 ISO 标准和非 ISO 标准两种，这里仅介绍非 ISO 标准，其语法格式如下：

```
GROUP BY [ALL] 分组表达式[, ...]
    [WITH {CUBE|ROLLUP}]]
```

其中，参数 ALL 指定包含所有组和结果集，甚至包含那些其中任何行都不满足 WHERE 子句指定的搜索条件的组和结果集。如果指定了 ALL，则对组中不满足搜索条件的汇总列返回空值。不能用 CUBE 或 ROLLUP 运算符指定 ALL。

分组表达式指定进行分组所依据的表达式，也称为组合列。分组表达式可以是列，也可以是引用由 FROM 子句返回的列的非聚合表达式。不能使用在选择列表中定义的列别名来指定组合列，也不能在分组表达式中使用类型为 text、ntext 和 image 的列。

对于不包含 CUBE 或 ROLLUP 的 GROUP BY 子句，分组表达式的项数受查询所涉及的 GROUP BY 列的大小、聚合列和聚合值的限制，该限制从 8 060 字节的限制开始，对保存中间查询结果所需的中间级工作表有 8 060 字节的限制。若指定了 CUBE 或 ROLLUP，则最多只能有 10 个分组表达式。

CUBE 和 ROLLUP 都指定在结果集内不仅包含由 GROUP BY 提供的行，而且还包含汇总行。关于 CUBE 和 ROLLUP 的使用方法，请参阅 5.6.4 小节。

例 5.20 在 EduAdmin 数据库中，从 Student 表中检索各班的人数。

若要统计各班的人数，有以下两个要点：一是在 GROUP BY 子句中以 ClassID 作为分组表达式，二是在 SELECT 子句中对 StudentID 列应用聚合函数 COUNT。COUNT 函数用于返回组中的项目数，其返回值的数据类型为 int。

在 SQL 编辑器中编写以下 Transact-SQL 语句：

```
USE EduAdmin;
GO
SELECT ClassID AS 班级编号,
    COUNT(StudentID) AS 班级人数
```

```
FROM Student
GROUP BY ClassID;
GO
```

上述语句的执行结果如图 5.23 所示。

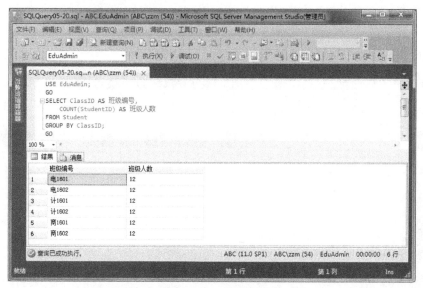

图 5.23　使用 GROUP BY 子句分组统计各班人数

5.6.2　在分组操作应用搜索条件

在包含 GROUP BY 子句的查询中使用 WHERE 子句，可以在完成任何分组操作之前将消除不符合 WHERE 子句中的条件的行。与 WHERE 和 SELECT 的交互方式类似，也可以使用 HAVING 子句对 GROUP BY 子句设置搜索条件。HAVING 语法与 WHERE 语法类似，两者的区别在于：WHERE 搜索条件在进行分组之前应用，而 HAVING 搜索条件在进行分组之后应用，而且 HAVING 可以包含聚合函数，也可以引用选择列表中显示的任意项。

例 5.21　从 EduAdmin 数据库中查询平均分高于 85 的男生记录，要求按平均分对结果集中的行序降序排序。

要计算平均分，可以将 AVG 聚合函数应用于 Score 表的 Grade 列。性别为男可以使用 WHERE 子句在分组操作之前进行筛选，平均分高于 85 可以使用 HAVING 子句在分组操作之后进行筛选，而且在 HAVING 和 ORDER BY 子句中都可以使用聚合函数 AVG。另外，要在查询结果中包含学号和姓名，虽然未对 StudentID 和 StudentName 列应用聚合函数，但也必须将它们包含在选择列表中。

在 SQL 编辑器中编写并执行以下 Transact-SQL 语句：

```
USE EduAdmin;
GO
SELECT sc.StudentID AS 学号,
    st.StudentName AS 姓名,
    AVG(sc.Grade) AS 平均分
FROM Score AS sc
```

```
        INNER JOIN Student AS st ON st.StudentID=sc.StudentID
        INNER JOIN Course AS co ON co.CourseID=sc.CourseID
WHERE st.Gender='男'
GROUP BY sc.StudentID, st.StudentName
HAVING AVG(sc.Grade)>85
ORDER BY AVG(sc.Grade) DESC
GO
```

上述语句的执行结果如图 5.24 所示。

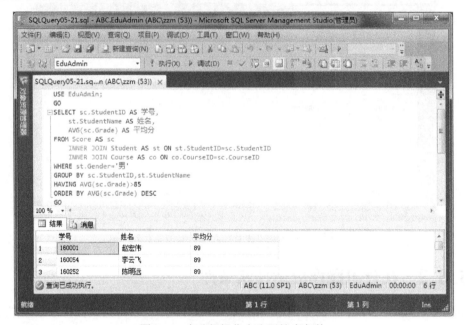

图 5.24   在分组操作中应用搜索条件

5.6.3   使用聚合函数汇总数据

在前面介绍分组操作时，分别使用了聚合函数 COUNT 和 AVG。实际上，在 SQL Server 中还有更多的聚合函数。聚合函数对一组值执行计算并返回单个值。除了 COUNT 函数，其他聚合函数都会忽略空值。所有聚合函数均为确定性函数。也就是说，只要使用一组特定输入值调用聚合函数，它总是返回相同的值。

聚合函数可以用在 SELECT 子句、ORDER BY 子句及 HAVING 子句中。

在 Transact-SQL 中，常用的聚合函数如下。

（1）AVG 函数：用于返回组中各值的平均值。空值将被忽略。语法格式如下。

```
AVG([ALL|DISTINCT] 表达式)
```

其中，ALL 表示对所有的值进行聚合函数运算，ALL 是默认值。DISTINCT 指定 AVG 只在每个值的唯一实例上执行，而不管该值出现了多少次。表达式是精确数值或近似数值数据类别（bit 数据类型除外）的表达式，不允许使用聚合函数和子查询。

AVG 函数的返回类型由表达式参数的计算结果类型确定。

（2）COUNT 函数：用于返回组中的项数。语法格式如下。

```
COUNT({[[ALL|DISTINCT] 表达式]|*})
```

其中，ALL 指定对所有的值进行聚合函数运算，ALL 是默认值。DISTINCT 指定 COUNT 返回唯一非空值的数量。表达式是除 text、image 或 ntext 以外任何数据类型的表达式，不允许使用聚合函数和子查询。星号（*）指定应该计算所有行以返回表中行的总数。

COUNT 函数的返回类型为 int。

（3）GROUPING 函数：当行由 CUBE 或 ROLLUP 运算符添加时，该函数将导致附加列的输出值为 1；当行不由 CUBE 或 ROLLUP 运算符添加时，该函数将导致附加列的输出值为 0。语法格式如下。

```
GROUPING(列名称)
```

其中，列名称指定 GROUP BY 子句中的列，用于测试 CUBE 或 ROLLUP 空值。

GROUPING 函数的返回类型为 int。

（4）MAX 函数：用于返回表达式的最大值。语法格式如下。

```
MAX([ALL|DISTINCT] 表达式)
```

其中，ALL 指定对所有的值应用此聚合函数，ALL 是默认值。DISTINCT 指定考虑每个唯一值，DISTINCT 对于 MAX 无意义，使用它仅仅是为了符合 SQL-92。表达式表示常量、列名、函数及算术运算符、位运算符和字符串运算符的任意组合。MAX 可以用于数字列、字符列和 datetime 列，但不能用于 bit 列。不允许使用聚合函数和子查询。MAX 忽略任何空值。对于字符列，MAX 查找按排序序列排列的最大值。

MAX 函数的返回类型返回与表达式参数的类型相同。

（5）MIN 函数：用于返回表达式中的最小值。语法格式如下。

```
MIN([ALL|DISTINCT] 表达式)
```

其中，ALL 指定对所有的值应用此聚合函数，ALL 是默认值。DISTINCT 指定考虑每个唯一值，DISTINCT 对于 MIN 无意义，使用它仅仅是为了符合 SQL-92。表达式表示常量、列名、函数及算术运算符、位运算符和字符串运算符的任意组合。MIN 可以用于数字列、字符列和 datetime 列，但不能用于 bit 列。不允许使用聚合函数和子查询。MIN 忽略任何空值。对于字符列，MIN 查找按排序序列排列的最小值。

MIN 函数的返回类型返回与表达式参数的类型相同。

（6）SUM 函数：用于返回表达式中所有值的和或仅非重复值的和。SUM 函数只能用于数字列。空值将被忽略。语法格式如下。

```
SUM([ALL|DISTINCT] 表达式)
```

其中，ALL 指定对所有的值应用此聚合函数，这是默认值。DISTINCT 指定 SUM 返回唯一值的和。表达式为常量、列或函数与算术、位和字符串运算符的任意组合。表达式是精确数字或近似数字数据类型类别（bit 数据类型除外）的表达式，不允许使用聚合函数和子查询。

SUM 函数以最精确的表达式参数的数据类型返回所有表达式值的和。

例 5.22 在 EduAdmin 数据库中，统计每个班学生的总人数、平均分、最高分及最低分，并且按照平均分降序排序。

相关数据汇总可以使用聚合函数来实现。总人数用 COUNT(DISTINCT StudentID) 来计算，平均分用 AVG(Grade) 来计算，最高分用 MAX(Grade) 来计算，最低分用 MIN(Grade) 来计算。此外，要在结果集中包含班级，需要在成绩表和学生表之间使用内部连接。

在 SQL 编辑器中编写并执行以下 Transact-SQL 语句：

```
USE EduAdmin;
GO
SELECT st.ClassID AS 班级,
    COUNT(DISTINCT sc.StudentID) AS 总人数,
    AVG(sc.Grade) AS 平均分,
    MAX(sc.Grade) AS 最高分,
    MIN(sc.Grade) AS 最低分
FROM Score AS sc INNER JOIN Student AS st
    ON st.StudentID=sc.StudentID
GROUP BY st.ClassID
ORDER BY AVG(sc.Grade);
GO
```

上述语句的执行结果如图 5.25 所示。

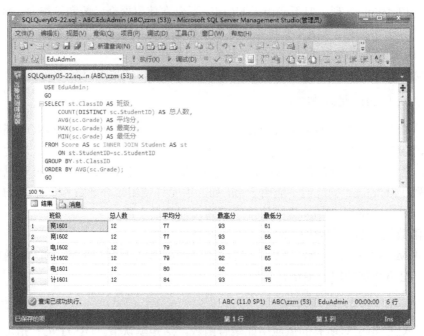

图 5.25 使用聚合函数统计学生成绩

5.6.4 使用 CUBE 和 ROLLUP 汇总数据

当使用 GROUP BY 子句对结果集进行分组处理时，每个组在结果集中都有一行，结果集被分成几个组就会返回几行。若要对所有组进行汇总计算，则可以使用 WITH CUBE 或 WITH ROLLUP 子句来生成一些附加的汇总行。CUBE 和 ROLLUP 无法计算非重复聚合，因此，一旦在 GROUP BY 子句中使用 WITH CUBE 或 WITH ROLLUP，便不能在 SELECT 语句的选择列表中使用包含 DISTINCT 的聚合函数。

1. 使用 WITH CUBE 汇总数据

由 CUBE 运算符生成的结果集是多维数据集。多维数据集是事实数据（即记录个别事件的数据）的扩展，扩展是基于用户要分析的列建立的，这些列称为维度。多维数据集也是结果集，其中包含各维度的所有可能组合的交叉表格。

CUBE 运算符在 SELECT 语句的 GROUP BY 子句中指定，该语句的选择列表包含维度列和聚合函数表达式。GROUP BY 指定了维度列和关键字 WITH CUBE。结果集包含维度列中各值的所有可能组合，及与这些维度值组合相匹配的基础行中的聚合值。

WITH CUBE 指定在结果集内不仅包含由 GROUP BY 提供的行，还包含汇总行。GROUP BY 汇总行针对每个可能的组和子组组合在结果集内返回。GROUP BY 汇总行在结果中显示为 NULL，但用来表示所有值。结果集内的汇总行数取决于 GROUP BY 子句内包含的列数。GROUP BY 子句中的每个操作数（列）绑定在分组 NULL 下，并且分组适用于所有其他操作数（列）。由于 CUBE 返回每个可能的组和子组组合，因此不论在列分组时指定使用什么顺序，行数都相同。

GROUP BY ... WITH CUBE 为列的所有可能组合创建组。对于 GROUP BY col1, col2 WITH CUBE，结果具有(col1, col2)、(NULL, col2)、(col1, NULL)和(NULL, NULL)的唯一值的组。

例 5.23 在 EduAdmin 数据库中，统计每个学生、每个班级的平均分及所有学生的总平均分。

为了完成所指定的查询，应当在 SELECT 语句的选择列表中包含班级和学号这两个维度列，还要包含一个用于计算平均分的聚合函数表达式。在 GROUP BY 子句中，也要包含这两个维度列，并且要指定 WITH CUBE。

在 SQL 编辑器中编写并执行以下 Transact-SQL 语句：

```
USE EduAdmin;
GO
SELECT st.ClassID AS 班级,
    st.StudentID AS 学号,
    AVG(sc.Grade) AS 平均分
FROM Score AS sc
    INNER JOIN Student AS st ON st.StudentID=sc.StudentID
GROUP BY st.ClassID, st.StudentID WITH CUBE;
GO
```

上述语句的执行结果如图 5.26 所示。

2. 使用 WITH ROLLUP 汇总数据

ROLLUP 指定在结果集内不仅包含由 GROUP BY 提供的行，还包含汇总行。按层次结构顺序，从组内的最低级别到最高级别汇总组。组的层次结构取决于列分组时指定使用的顺序。更改列分组的顺序会影响在结果集内生成的行数。在生成包含小计和合计的报表时，ROLLUP 运算符很有用。

GROUP BY ... WITH ROLLUP 为列表达式的每个组合创建一个组，而且它将查询结果

数据库应用基础 (SQL Server 2012)

总结为小计和总计。为此，它从右到左移动减少所创建组和聚合的列表达式的数量。

图 5.26 使用 WITH CUBE 进行汇总计算

CUBE 与 ROLLUP 之间的区别在于：CUBE 生成的结果集显示了所选列中值的所有组合的聚合；ROLLUP 生成的结果集显示了所选列中值的某一层次结构的聚合。

例 5.24 在 EduAdmin 数据库中，统计每个学生、每个班级的平均分及所有班级的总平均分，并且从组内的最低级别到最高级别进行汇总。

为了完成所指定的查询，应当在 SELECT 语句的选择列表中包含班级和学号这两个维度列，还要包含一个用于计算平均分的聚合函数表达式。在 GROUP BY 子句中，也要包含这两个维度列；为了从组内的最低级别到最高级别进行汇总，在 GROUP BY 子句中还必须指定 WITH ROLLUP。

在 SQL 编辑器中编写并执行以下 Transact-SQL 语句：

```
USE EduAdmin;
GO
SELECT st.ClassID AS 班级,
    st.StudentID AS 学号,
    AVG(sc.Grade) AS 平均分
FROM Score AS sc
    INNER JOIN Student AS st ON st.StudentID=sc.StudentID
GROUP BY st.ClassID, st.StudentID WITH ROLLUP;
GO
```

上述语句的执行结果如图 5.27 所示。

图 5.27　使用 WITH ROLLUP 汇总数据

任务 5.7　操作查询结果集

在 SQL Server 中,可以对 SELECT 语句返回的结果集进行多种操作。例如,使用 UNION 将两个结果集组合在一起,通过公用表表达式来使用临时结果集,使用 PIVOT 对表值表达式进行操作以获得另一个表及将结果集保存到表中等。通过本任务将学习和掌握对查询结果集进行各种操作的方法。

任务目标

- 掌握使用 UNION 组合结果集的方法
- 掌握公用表表达式的使用方法
- 掌握 PIVOT 运算符的使用方法
- 掌握使用表保存结果集的方法

5.7.1　使用 UNION 组合结果集

UNION 运算符用于将两个或多个 SELECT 语句的结果组合成一个结果集。使用 UNION 运算符组合的结果集都必须具有相同的结构。而且它们的列数必须相同,并且相应的结果集列的数据类型必须兼容。UNION 的语法格式如下:

```
SELECT 语句 UNION [ALL] SELECT 语句
```

UNION 指定合并多个结果集并将其作为单个结果集返回。ALL 指定将全部行并入结果集中,其中包括重复行。如果未指定 ALL,则删除重复行。

UNION 的结果集列名与 UNION 运算符中第一个 SELECT 语句的结果集中的列名相同，另一个 SELECT 语句的结果集列名将被忽略。

使用 UNION 运算符时应遵循下列准则。

- 在使用 UNION 运算符组合的语句中，所有选择列表中的表达式（如列名称、算术表达式、聚合函数等）数目必须相同。
- 使用 UNION 组合的结果集中的对应列或各个查询中所使用的任何部分列都必须具有相同的数据类型，并且可以在两种数据类型之间进行隐式数据转换，或者可以提供显式转换。
- 使用 UNION 运算符组合的各语句中对应结果集列的顺序必须相同，因为 UNION 运算符按照各个查询中给定的顺序一对一地比较各列。

例 5.25 从 EduAdmin 数据库中检索电子商务系的教师和学生信息。

教师信息存储在 Teacher 表中，学生信息存储在 Student 表中。分别从这两个表中检索教师信息和学生信息，然后使用 UNION 运算符将两个结果集组合起来。在 Student 表中没有系别列，需要通过 ClassID 列以内部连接方式将 Student 表和 Class 表连接起来，然后在 WHERE 子句中对系部列的值进行筛选。另外，可在选择列表中加入一个字符型常量来表示角色。

在 SQL 编辑器中编写并执行以下 Transact-SQL 语句：

```
USE EduAdmin;
GO
SELECT '教师' AS 角色, TeacherName AS 姓名, Gender AS 性别, Department AS 系部
FROM Teacher
WHERE Department='电子商务系'
UNION
SELECT '学生', StudentName, Gender, Department
FROM Student AS s INNER JOIN Class AS c ON s.ClassID=c.ClassID
WHERE Department='电子商务系';
GO
```

上述语句的执行结果如图 5.28 所示。

图 5.28　使用 UNION 组合两个结果集

5.7.2　使用公用表表达式

公用表表达式可以视为临时结果集，该结果集在 SELECT、INSERT、UPDATE、DELETE 或 CREATE VIEW 语句的执行范围内进行定义。公用表表达式不在数据库中存储为对象，并且只在查询期间有效，它可以自引用，还可以在同一查询中引用多次。

公用表表达式由表达式名称、可选列列表和查询定义组成。定义公用表表达式后，便可以在 SELECT、INSERT、UPDATE 或 DELETE 语句中对其进行引用，就像引用表或视图一样。公用表表达式也可以用于 CREATE VIEW 语句，作为定义 SELECT 语句的一部分。

创建公用表表达式的基本语法结构如下：

```
WITH 表达式名称[(列名称[, ...])]
AS
(查询定义)
```

其中，表达式名称指定公用表表达式的有效标识符，它必须与在同一个 WITH 公用表表达式子句中定义的任何其他公用表表达式的名称不同，但可以与基础表或基视图的名称相同。在查询中对表达式名称的任何引用都会使用公用表表达式，而不使用基对象。

列名称指定在公用表表达式中使用的列。在一个公用表表达式定义中不允许出现重复的名称。指定的列名称数量必须与查询定义结果集中的列数相等。只有在查询定义中为所有结果列都提供了不同的名称时，列名称列表才是可选的。

查询定义指定一个其结果集填充公用表表达式的 SELECT 语句，其中，不能定义另一个公用表表达式，也不能使用某些子句，例如 ORDER BY（除非指定 TOP 子句）或 INTO 等。

公用表表达式的定义可以作为一个子句放在 SELECT 语句的开头，而且可以在这个 SELECT 语句的 FROM 子句中引用所定义的公用表表达式。

例 5.26 从 EduAdmin 数据库中查询学生课程成绩，要求在结果集中列出任课教师姓名、班级、学生姓名、课程名称和成绩信息。

为了实现这个查询，可以首先通过定义公用表表达式来创建一个临时结果集，用于获取教师、班级、课程和成绩信息，然后在 SELECT 查询语句中引用所定义的公用表表达式，通过内部连接将教师姓名列与公用表表达式结果集中的列合并成新行。

在 SQL 编辑器中编写并执行以下 Transact-SQL 语句：

```
USE EduAdmin;
GO
--创建公用表表达式
WITH Result_CTE(Tid, Cid, Sname, Cname, Result)
AS(
    SELECT  sd.TeacherID,  st.ClassID,  st.StudentName,  co.CourseName, sc.Grade
    FROM Score sc
        INNER JOIN Student st ON st.StudentID=sc.StudentID
        INNER JOIN Course co ON co.CourseID=sc.CourseID
        INNER JOIN Schedule ON sd.CourseID=sc.CourseID AND sd.ClassID=st.ClassID
    )
```

```
--在查询语句中引用公用表表达式
SELECT t.TeacherName AS 教师姓名, r.Cid AS 班级, r.Sname AS 学生姓名,
    r.Cname AS 课程名称, r.Result AS 成绩
FROM Result_CTE r INNER JOIN Teacher t ON t.TeacherID=r.Tid
ORDER BY r.Tid, r.Result DESC;
GO
```

上述语句的执行结果如图 5.29 所示。

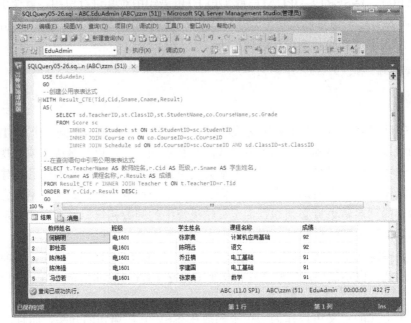

图 5.29　在查询中使用公用表表达式

5.7.3　使用 PIVOT 运算符

在 SELECT 语句中使用 PIVOT 关系运算符可以对表值表达式进行操作,以获得另一个表。PIVOT 运算符通过将表达式某一列中的唯一值转换为输出中的多个列来转换表值表达式,并且在必要时对最终输出中其他列值执行聚合。

通过在 SELECT 语句中使用 PIVOT 运算符可以生成交叉表查询,语法格式如下:

```
[WITH <公用表表达式>]
SELECT *
FROM 表源
PIVOT
(
    聚合函数(值列)
        FOR 透视列
        IN(<列值列表>)
) 表别名
```

其中,WITH <公用表表达式>用于定义公用表表达式。

表源指定从其中查询数据的表。PIVOT 指定基于表源对数据透视列进行透视。输出是包含表源中透视列和值列之外的所有列的表。表源中透视列和值列之外的列被称为透视运

算符的组合列。

PIVOT 对输入表执行组合列的分组操作，并为每个组返回一行。输入表的透视列中显示的<列名列表>指定的每个值，在输出中都对应一列。

聚合函数不允许使用 COUNT(*)。值列指定 PIVOT 运算符处理的值列的名称。

FOR 指定 PIVOT 运算符的透视列，其中，透视列必须属于可隐式或显式转换为 nvarchar() 的数据类型。

IN (列值列表) 在 PIVOT 子句中列出透视列中将成为输出表的列名的值，这个列表不能指定被透视的输入表源中已存在的任何列名。

表别名指定输出表的别名。

PIVOT 通过以下过程获得输出结果集：对分组列的输入表执行 GROUP BY，为每个组生成一个输出行，输出行中的分组列获得输入表中该组的对应列值；通过执行以下操作为每个输出行生成列值列表中的列的值。

- 针对透视列 pivot_column，对在 GROUP BY 中生成的行进行分组。
- 对于列值列表中的每个输出列，选择满足以下条件的子组：

透视列=CONVERT(<透视列的数据类型>, '输出列数据类型')

其中，CONVERT 是一个 Transact-SQL 函数，其功能是将一种数据类型的表达式显式转换为另一种数据类型的表达式。

针对此子组上的聚合函数对值列进行计算，其结果作为相应的输出列的值返回。如果这个子组为空，则 SQL Server 将为该输出列生成空值。如果聚合函数是 COUNT，并且子组为空，则返回零。

如果想要生成交叉表报表来汇总数据，PIVOT 运算符是很有用的。

例 5.27 从 EduAdmin 数据库中查询计 1701 班学生的课程成绩，要求以学生姓名和课程名称作为结果集中的列生成交叉表查询。

要创建交叉表查询，可以先定义一个包含学号、姓名、课程和成绩列的公用表表达式，以获取计算机技术系学生的课程成绩，然后在 SELECT 语句中引用该公用表表达式并使用 PIVOT 运算符来生成交叉表查询。使用 PIVOT 运算符时，选择课程作为透视列，选择成绩作为 PIVOT 运算符的值列并对其应用 SUM 聚合函数，并以三个课程名称作为输出表列名的值。

在 SQL 编辑器中编写并执行以下 Transact-SQL 语句：

```
USE EduAdmin;
GO
WITH cte(学号, 姓名, 课程, 成绩)
AS (
    SELECT st.StudentID, st.StudentName, co.CourseName, sc.Grade
    FROM Score sc INNER JOIN Student st ON st.StudentID=sc.StudentID
        INNER JOIN Course co ON co.CourseID=sc.CourseID
        INNER JOIN Class cl ON cl.ClassID=st.ClassID
    WHERE cl.Department='计算机技术系'
)
SELECT * FROM cte
PIVOT(
```

```
    SUM(成绩)
    FOR 课程 IN([计算机应用基础], [PS 图像处理], [Flash 动画制作])
)pvt;
```

上述语句的执行结果如图 5.30 所示。

图 5.30　使用 PIVOT 运算符创建交叉表查询

5.7.4　将结果集保存到表中

通过在 SELECT 语句中使用 INTO 子句，可以创建一个新表并将结果集中的行添加到这个新表中，语法格式如下：

```
INTO 新表
```

其中，新表指定要创建的表的名称，新表中包含的列由 SELECT 子句中选择列表的内容来决定。用 INTO 子句创建的新表既可以是临时表，也可以是永久表。

当在执行一个带有 INTO 子句的 SELECT 语句时，用户必须拥有在目标数据库上创建表的权限。

例 5.28 从 EduAdmin 数据库中查询电子商务系的学生信息，并且将查询结果集保存到一个名为 DepartmentOfElectronicCommerce 的新表中，然后列出这个新表中的数据。

在 SQL 编辑器中编写并执行以下 Transact-SQL 语句：

```
USE EduAdmin;
GO
SELECT s.* INTO DepartmentOfElectronicCommerce
FROM Student s INNER JOIN Class c ON s.ClassID=c.ClassID
WHERE c.Department='电子商务系';
GO
```

```
SELECT * FROM DepartmentOfElectronicCommerce;
GO
```

上述语句的执行结果如图 5.31 所示。

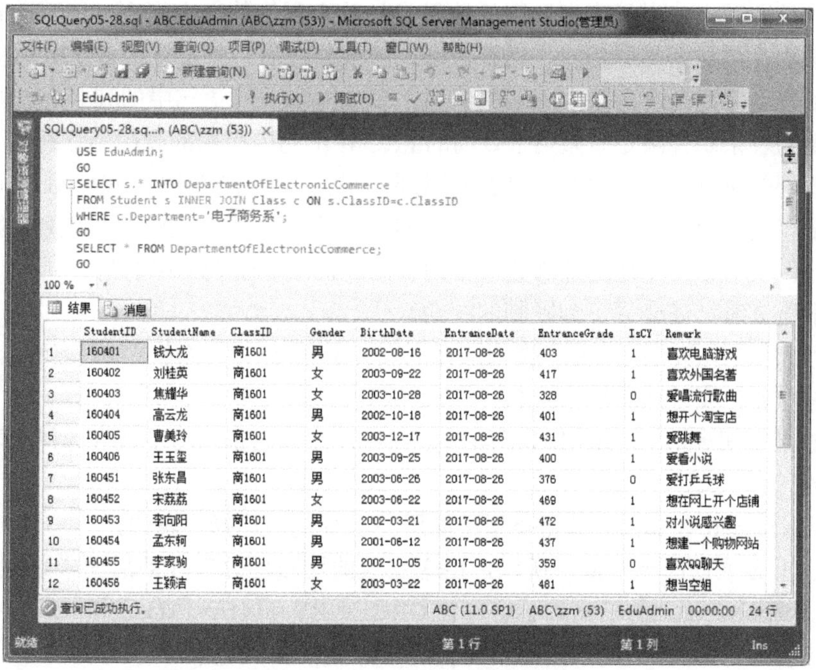

图 5.31 将查询结果保存到新表中

任务 5.8 使用子查询

子查询是一个嵌套在 SELECT、INSERT、UPDATE 或 DELETE 语句或其他子查询中的查询。子查询称为内部查询或内部选择，包含子查询的语句称为外部查询或外部选择。任何允许使用表达式的地方都可以使用子查询，一个子查询也可以嵌套在另外一个子查询中。为了与外层查询有所区别，总是把子查询写在一对圆括号中。通过本任务将学习和掌握创建和应用子查询的方法。

任务目标

- 掌握使用子查询进行集成员测试的方法
- 掌握使用子查询进行比较测试的方法
- 掌握使用子查询进行存在性测试的方法
- 掌握使用子查询替代表达式的方法

5.8.1 使用子查询进行集成员测试

子查询可以通过 IN 或 NOT IN 引入，其结果集是包含零个值或多个值的列表。通过使用 IN 运算符引入子查询可以进行集成员测试，也就是将一个表达式的值与子查询返回的一列值进行比较，如果该表达式的值与此列中的任何一个值相等，则集成员测试返回 TRUE；如果该表达式的值与此列中的所有值都不相等，则集成员测试返回 FALSE。使用 NOT IN 可以对集成员测试的结果取反。

在集成员测试中，由子查询返回的结果集是单个列值的一个列表，该列的数据类型必须与测试表达式的数据类型相同。当子查询返回结果之后，外层查询将使用这些结果。

使用子查询时需要注意限定列名的问题。一般的规则是，语句中的列名通过同级 FROM 子句中引用的表来隐性限定。如果子查询的 FROM 子句中引用的表中不存在某列，则该列是由外部查询的 FROM 子句中引用的表隐性限定的。如果子查询的 FROM 子句引用的表中不存在子查询中引用的列，而外部查询的 FROM 子句引用的表中存在该列，则该查询可以正确执行。SQL Server 使用外部查询中的表名隐性限定子查询中的列。

使用子查询时，还会受下列限制的制约。

（1）通过比较运算符引入的子查询选择列表只能包括一个表达式或列名称（对 SELECT * 执行的 EXISTS 或对列表执行的 IN 子查询除外）。

（2）如果外部查询的 WHERE 子句包括列名称，则它必须与子查询选择列表中的列是连接兼容的。

（3）ntext、text 和 image 数据类型不能用在子查询的选择列表中。

（4）由于必须返回单个值，所以，由未修改的比较运算符（即后面未跟关键字 ANY 或 ALL 的运算符）引入的子查询不能包含 GROUP BY 和 HAVING 子句。

（5）包含 GROUP BY 的子查询不能使用 DISTINCT 关键字。

（6）不能指定 COMPUTE 和 INTO 子句。

（7）只有指定了 TOP 时才能指定 ORDER BY。

（8）不能更新使用子查询创建的视图。

（9）按照惯例，由 EXISTS 引入的子查询的选择列表有一个星号（*），而不是单个列名。

例 5.29 从 EduAdmin 数据库中查询平均分高于 80 的学生记录，要求在结果集中包含学号、姓名、性别和班级信息。

外层查询可以使用学生表作为数据来源，在其 WHERE 子句中使用 IN 运算符进行集成员测试。通过 IN 运算符引入的子查询以成绩表作为数据来源，使用 HAVING 子句对子查询的结果集进行筛选，并且在搜索条件中使用聚合函数 AVG 来计算平均分。

在 SQL 编辑器中编写并执行以下 Transact-SQL 语句：

```
USE EduAdmin;
GO
SELECT StudentID AS 学号, StudentName AS 姓名,
    Gender AS 性别, ClassID AS 班级
FROM Student
WHERE StudentID IN(SELECT StudentID FROM Score
    GROUP BY StudentID HAVING AVG(Grade)>85)
GO
```

上述语句的执行结果如图 5.32 所示。

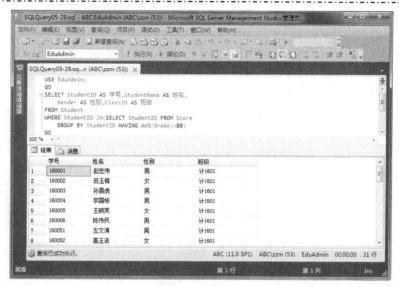

图 5.32　使用子查询进行集成员测试

5.8.2　使用子查询进行比较测试

子查询可以由比较运算符 =、<>、>、>=、<、!>、!< 或 <= 引入。这些比较运算符的用法可分为两种类型。如果比较运算符后面不接 ANY 或 ALL，则称为未修改的比较运算符；如果比较运算符后接 ANY 或 ALL，则称为修改的比较运算符。

1．使用未修改的比较运算符

由未修改的比较运算符引入的子查询必须返回单个值而不是值列表。如果这样的子查询返回多个值，SQL Server 将显示一条错误信息。因此，要使用由未修改的比较运算符引入的子查询，必须对数据和问题的本质非常熟悉，以了解该子查询实际是否只返回一个值。

通过未修改的比较运算符引入子查询可以进行比较测试，也就是将一个表达式的值与子查询返回的单值进行比较。如果比较运算的结果为 TRUE，则比较测试也返回 TRUE。

例 5.30 从 EduAdmin 数据库中查询 Flash 动画制作课程成绩高于这门课程平均分的前三名学生，要求在结果集中包含学号、姓名、课程和成绩信息并按成绩降序排序。

由于要查询的数据涉及到学生表、课程表和成绩表，查询语句比较复杂，可以考虑先定义一个公用表表达式，然后在 SELECT 语句中引用这个公用表表达式，并且使用小于较运算符对指定课程成绩与子查询返回的平均分进行比较。

在 SQL 编辑器中编写并执行以下语句：

```
USE EduAdmin;
GO
WITH cte(学号, 姓名, 课程, 成绩) AS (
    SELECT st.StudentID, st.StudentName, co.CourseName, sc.Grade
    FROM Score sc INNER JOIN Student st ON st.StudentID=sc.StudentID
        INNER JOIN Course co ON co.CourseID=sc.CourseID
)
SELECT TOP 3 * FROM cte
```

```
WHERE 课程=' Flash 动画制作' AND
    成绩>(SELECT AVG(成绩) FROM cte WHERE 课程='Flash 动画制作')
ORDER BY 成绩 DESC;
GO
```

上述语句的执行结果如图 5.33 所示。

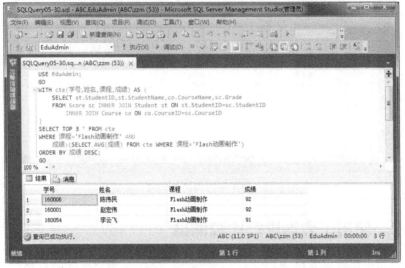

图 5.33　使用未修改的比较运算符进行筛选

2. 使用修改的比较运算符

通过使用 ANY、SOME 和 ALL 对比较运算符进行修改，可以引入子查询并进行批量比较测试。SOME 是与 ANY 等效的 SQL-92 标准。

使用 ANY 修改比较运算符时，将通过比较运算符对一个表达式的值与子查询返回的一列值中的每一个进行比较。如果在某次比较中运算结果为 TRUE，则返回 TRUE。ANY 运算符的语法格式如下：

<比较运算符> ANY (子查询)

例如，> ANY (子查询) 表示至少大于子查询所返回的一个值，也就是大于最小值。例如，> ANY (1, 2, 3) 表示大于 1。= ANY 则与 IN 等效。

使用 ALL 修改比较运算符时，将通过比较运算符对一个表达式的值与子查询返回的一列值中的每一个进行比较。如果在每次比较中运算结果均为 TRUE，则返回 TRUE。只要有一次比较的结果为 FALSE，则 ALL 测试返回 FALSE。ALL 运算符的语法格式如下：

<比较运算符> ALL (子查询)

例如，> ALL(子查询) 表示大于子查询所返回的每一个值，也就是大于最大值。例如，> ALL (1, 2, 3) 表示大于 3。<> ALL 与 NOT IN 作用相同。

例 5.31 从 EduAdmin 数据库中查询电 1602 班电工基础课程成绩高于电 1601 班相同课程最低成绩的学生记录，要求在结果集中包含班级、学号、姓名、课程和成绩信息。

若要查询"高于……最低"之类的行，可在 WHERE 子句中使用> ANY (子查询)。因此，可以在 SQL 编辑器中编写并执行以下 Transact-SQL 语句：

```
USE EduAdmin;
GO
WITH cte(班级, 学号, 姓名, 课程, 成绩) AS (
    SELECT  st.ClassID,  st.StudentID,  st.StudentName,  co.CourseName,
sc.Grade
    FROM Score sc INNER JOIN Student st ON st.StudentID=sc.StudentID
        INNER JOIN Course co ON co.CourseID=sc.CourseID
)
SELECT * FROM cte
WHERE 课程='电工基础' AND 班级='电1602'
    AND 成绩>ANY(SELECT 成绩 FROM cte WHERE 课程='电工基础' AND 班级='电1601')
GO
```

上述语句的执行结果如图 5.34 所示。

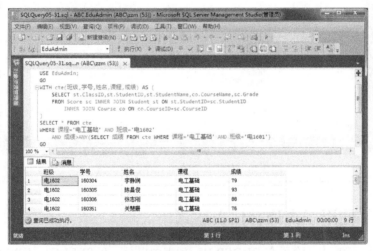

图 5.34　使用修改的比较运算符进行筛选

5.8.3　使用子查询进行存在性测试

当使用 EXISTS 运算符引入一个子查询时，就相当于进行一次存在性测试。外部查询的 WHERE 子句测试子查询返回的行是否存在。子查询实际上不产生任何数据，它只返回TRUE 或 FALSE 值。使用 EXISTS 引入的子查询的语法如下：

```
WHERE [NOT] EXISTS(子查询)
```

如果在 EXISTS 前面加上 NOT 时，将对存在性测试结果取反。

例 5.32 从 EduAdmin 数据库中查询包含在课程表但目前尚未包含在授课表中的那些课程的编号和名称。

要检索未包含在课程安排表中的行，可以在 WHERE 子句中通过 NOT EXISTS 引入一个子查询，并在该子查询中测试课程表与授课表中的课程编号是否相等。

在 SQL 编辑器中编写并执行以下 Transact-SQL 语句：

```
USE EduAdmin;
GO
```

```
SELECT c.CourseID AS 课程编号, c.CourseName AS 课程名称
FROM Course AS c
WHERE NOT EXISTS(SELECT * FROM Schedule AS s
    WHERE c.CourseID=s.CourseID);
GO
```

上述语句的执行结果如图 5.35 所示。

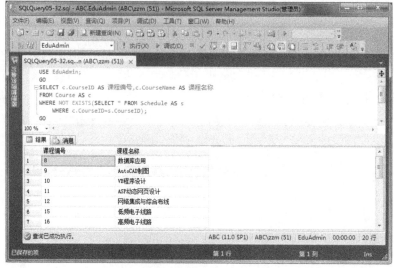

图 5.35 使用子查询进行存在性测试

5.8.4 使用子查询替代表达式

在 Transact-SQL 中，除了在 ORDER BY 列表中以外，在 SELECT、UPDATE、INSERT 和 DELETE 语句中任何能够使用表达式的地方都可以用子查询替代。

例 5.33 从 EduAdmin 数据库中查询每个学生的平均分并按平均分降序排序，若平均分相同则按姓名升序排序。

要计算平均分，可以在 SELECT 语句的选择列表中包含一个子查询并为其指定一个别名，通过该子查询计算平均分。

在 SQL 编辑器中编写并执行以下 Transact-SQL 语句：

```
USE EduAdmin;
GO
SELECT st.StudentID AS 学号, st.StudentName AS 姓名,
    (SELECT AVG(sc.Grade) FROM Score AS sc
        WHERE st.StudentID=sc.StudentID) AS 平均分
FROM Student AS st
ORDER BY 平均分 DESC, 姓名
GO
```

上述语句的执行结果如图 5.36 所示。

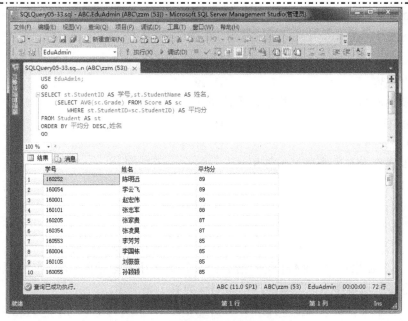

图 5.36　使用子查询替代表达式

项目思考

一、选择题

1. 使用 sqlcmd 实用工具时，若要指定输出文件，可使用（　　）选项。

  A. -U 　　　　　　　　　　　　 B. -E

  C. -i 　　　　　　　　　　　　　 D. -o

2. 在 SELECT 语句的选择列表中，最多可以指定（　　）个表达式。

  A. 512 　　　　　　　　　　　　 B. 1024

  C. 2048 　　　　　　　　　　　　 D. 4096

3. 在 SELECT 语句的选择列表中，使用（　　）可选择标识符列。

  A. $IDENTITY 　　　　　　　　 B. $ROWGUID

  C. * 　　　　　　　　　　　　　 D. #

4. 要选择表中的所有列，可在选择列表中使用（　　）。

  A. @ 　　　　　　　　　　　　　 B. #

  C. % 　　　　　　　　　　　　　 D. *

5. 若 A 表有 20 行，B 表有 50 行，则使用交叉连接组合 A 表和 B 表时结果集包含
（　　）行。

  A. 20 　　　　　　　　　　　　　 B. 50

  C. 70 　　　　　　　　　　　　　 D. 1000

6. 在 WHERE 子句的搜索条件中，使用通配符（　　）可以表示零个或多个字符的任
意字符串。

  A. % 　　　　　　　　　　　　　 B. *

  C. # 　　　　　　　　　　　　　 D. _

7. 使用 WHERE ColumnA LIKE '%19/%%' ESCAPE '/' 子句可以搜索在任意位置包含（　　）的字符串。

    A. %19%%　　　　　　　　B. 19%

    C. 19%%　　　　　　　　　D. 19

8. 若要返回组中各值的平均值，可使用（　　）函数。

    A. AVG　　　　　　　　　B. SUM

    C. MAX　　　　　　　　　D. MIN

9. 若要进行存在性测试，可使用（　　）引入子查询。

    A. IN　　　　　　　　　　B. ALL

    C. ANY　　　　　　　　　D. EXISTS

二、判断题

1. （　　）sqlcmd 实用工具一次仅允许与一个 SQL Server 实例连接。

2. （　　）如果在 FROM 子句中指定了多个表，而这些表中又有同名的列，则在使用这些列时需要在列名前面冠以表名，以指明该列属于哪个表。

3. （　　）在 SELECT 选择列表中，可以使用 ALL 和 DISTINCT 两个关键字，DISTINCT 是默认值。

4. （　　）使用 INNER JOIN 运算符时，关键字 INNER 不可以省略。

5. （　　）使用交叉连接返回的笛卡尔积结果集的大小等于第一个表的行数加上第二个表的行数。

6. （　　）使用 BETWEEN 运算符来指定的搜索范围不包括起始值和终止值。

7. （　　）当 TOP 与 ORDER BY 一起使用时，如果要使排序列值相等的那些行一并显示出来，可以在 SELECT 子句中添加 WITH TIES 选项。

三、简答题

1. SQL Server 2012 提供了哪些查询工具？

2. SELECT 语句有哪些主要子句？

3. 在什么情况下可以使用没有 FROM 子句的 SELECT 语句？

4. 内部连接有什么特点？

5. 外部连接有哪些类型？

6. CUBE 与 ROLLUP 之间的区别是什么？

7. 什么是子查询？

项目实训

1. 使用 sqlcmd 实用工具从 EduAdmin 数据库中查询 Student 表中的所有数据。

2. 编写 SQL 脚本文件，从 Teacher 表中查询所有数据。

3. 编写 SQL 脚本文件，从 Student 表中查询学生的学号、姓名、性别、出生日期和班级。

4. 编写 SQL 脚本文件，从 Student 表中查询学生信息，要求用中文表示列名。

5. 编写 SQL 脚本文件，从 Student 表中查询学生信息，要求根据学生的出生日期计算其年龄。

6. 编写 SQL 脚本文件，从 Score 表中检索所有学号，要求消除所有重复的行。

7. 编写 SQL 脚本文件，从 Student 表中检索前 10 名学生的记录。

8. 编写 SQL 脚本文件，使用 SELECT 语句获取当前系统日期和时间及 SQL Server 的版本号。

9. 编写 SQL 脚本文件，从 EduAdmin 数据库中检索学生课程成绩，要求在结果集中包含学号、姓名、课程名称和成绩。

10. 编写 SQL 脚本文件，从 EduAdmin 数据库所有课程（即使没有考试）和所有学生课程成绩记录。

11. 编写 SQL 脚本文件，从 Teacher 表中检索所有政治面貌为党员的男教师记录。

12. 编写 SQL 脚本文件，从 EduAdmin 数据库检索计算应用基础成绩在 80～90 之间的学生课程成绩。

13. 编写 SQL 脚本文件，从 Student 表中检索赵钱孙李四个姓氏的学生记录。

14. 编写 SQL 脚本文件，从 Teacher 表中检索姓名中包含"强"字的男教师记录。

15. 编写 SQL 脚本文件，从 EduAdmin 数据库中检索计算机应用基础课程成绩，要求按成绩降序排序，若成绩相同，则按姓名升序排序。

16. 编写 SQL 脚本文件，在 EduAdmin 数据库中统计每个学生、每个班级的平均分及所有班级的总平均分，并且从组内的最低级别到最高级别进行汇总。

17. 编写 SQL 脚本文件，从 EduAdmin 数据库中检索指定班级每个学生的计算机应用基础课程成绩，并求出该班这门课程的平均分、最高分和最低分。

18. 编写 SQL 脚本文件，从 EduAdmin 数据库中检索每个学生的 Visual Basic 程序设计课程成绩，并求出每个班级这门课程的平均分、最高分和最低分。

19. 编写 SQL 脚本文件，从 EduAdmin 数据库中查询计算机技术系的教师和学生信息。

20. 从 EduAdmin 数据库中检索所有学生某门课程的成绩，要求使用公用表表达式实现。

21. 从 Student 表检索所有男同学的记录并保存到一个表中。

22. 从 EduAdmin 数据库中查询平均分高于 85 的学生记录，要求在结果集中包含学号、姓名、性别和班级信息。

23. 编写 SQL 脚本文件，从 EduAdmin 数据库中查询包含在课程表但目前尚未包含在授课表中的那些课程的编号和名称。

24. 编写 SQL 脚本文件，从 EduAdmin 数据库中查询每个学生的平均分并按平均分降序排序，若平均分相同则按姓名升序排序。

项目 6

创建索引和视图

通过上一个项目学习和掌握了使用 SELECT 语句的用法，利用该语句可以从数据库中查询数据，可以根据需要对结果集进行筛选、排序、分组及合并等。为了加快和简化数据访问，通常还需要在数据库中创建另外两个对象，即索引和视图。索引基于键值提供对表的行中数据的快速访问，还可以在表的行上强制唯一性；视图则提供查看和存取数据的另外一种途径，使用视图不仅可以简化数据操作，还可以提高数据库的安全性。通过本项目将学习和掌握创建、应用索引和视图的方法。

项目目标

- 理解索引的概念和类型
- 掌握设计索引的方法
- 掌握创建索引的方法
- 理解视图的概念、用途和限制
- 掌握创建视图的方法
- 掌握管理和应用视图的方法

任务 6.1 理解索引

索引是一种特殊类型的数据库对象，使用它可以提高表中数据的访问速度，并且能够强制实施某些数据完整性。通过本任务将学习和理解索引的基本概念和索引的类型。

任务目标

- 理解索引的概念
- 理解索引的类型

6.1.1 索引的基本概念

在 SQL Server 数据库中，数据存储的基本单位是页，页的大小为 8KB。为数据库中的数据文件（.mdf 或 .ndf）分配的磁盘空间可以从逻辑上划分成页（从 0 到 n 连续编号）。磁盘 I/O 操作是在页级执行的，换言之，SQL Server 读取或写入所有数据页。当向表中添加行时，数据存储在数据页中，数据行不按特定的顺序存放，数据页也没有特定的顺序。

当一个数据页放满数据行时，数据将存放到另一个数据页上，这些数据页的集合称为堆。

索引是与表或视图关联的磁盘上的结构，可以加快从表或视图中检索行的速度。索引包含由表或视图中的一列或多列生成的键，这些键存储在一种称为 B 树的结构中，使 SQL Server 可以快速有效地查找与键值关联的行。

SQL Server 使用以下两种方式访问数据：扫描表和使用索引。SQL Server 首先确定表中是否存在索引，然后查询优化器根据分布的统计信息来生成查询的优化执行规划，以提高数据访问效率为目标，确定使用表扫描还是使用索引来访问数据。

如果不存在索引，则使用表扫描方式访问数据库中的数据。在扫描表的过程中，查询优化器读取表中的所有行，并提取满足查询条件的行。扫描表会有许多磁盘 I/O 操作，并占用大量资源。不过，如果查询结果集中的行占表中的百分比较高的话，扫描表也会是最为有效的方法。

如果表中存在索引，则查询优化器使用索引，通过搜索索引键列来查找到查询所需行的存储位置，然后从该位置提取匹配行。通常情况下，搜索索引比搜索表要快很多，因为索引与表不同，一般每行包含的列非常少，并且行遵循排序顺序。

当在一个列上创建索引时，该列称为索引列或索引键；索引列中的值称为键值。索引键可以是表中的单个列，也可以由多个列组合而成。一个索引就是一组键值的列表，这些值来自表中的各个行。键值可以是唯一的，例如选择表中的主键作为索引键时就属于这种情况，但索引键也可以具有重复的值。

数据库使用索引的方式与使用书的目录很相似。如果在一本书后面加上一个索引，查阅资料时不必逐页翻阅也能够快速地找到所需要的主题。借助于索引，执行查询时不必扫描整个表就能够快速地找到所需要的数据。索引提供指针以指向存储在表中指定列的数据值，然后根据指定的排序次序来排列这些指针。通过搜索索引找到特定的值，然后跟随指针到达包含该值的行。书中的一个索引就是一个列表，其中，列出一些单词和包含每个单词的页码。表中的一个索引也是一个列表，其中，列出一些值和包含这些值的行在表中的实际存储位置，这些索引信息放在索引页中，表中的数据则放在数据页中。

SQL Server 使用索引指向数据页上特定信息的位置，而不必扫描一个表的全部数据页。使用索引时，应考虑以下要点：索引通常加速连接表和执行排序或组合操作的查询；若创建索引时定义唯一性，则索引强制数据行的唯一性；索引按照上升排序顺序创建和维护；最好在具有唯一性的列或列组合上创建索引。

索引是有用的，但索引要占用磁盘空间，并增加系统开销和维护成本。当修改一个索引列中的数据时，SQL Server 将更新相关的索引；维护索引需要时间和资源，因此不要创建不经常使用的索引；小表上的索引没有多少好处。

6.1.2　索引的类型

在 SQL Server 2012 中，索引主要分为聚集索引和非聚集索引两种类型，此外还有其他一些索引类型。

1. 聚集索引

聚集索引根据数据行的键值在表或视图中排序和存储这些数据行。索引定义中包含聚集索引列。每个表只能有一个聚集索引，因为数据行本身只能按一个顺序排序。只有当表包含聚集索引时，表中的数据行才按排序顺序存储。如果表具有聚集索引，则该表称为聚集表。如果表没有聚集索引，则其数据行存储在一个称为堆的无序结构中。

2. 非聚集索引

非聚集索引具有独立于数据行的结构。非聚集索引包含非聚集索引键值，并且每个键值项都有指向包含该键值的数据行的指针。如果表没有聚集索引，则其数据行存储在一个称为堆的无序结构中。从非聚集索引中的索引行指向数据行的指针称为行定位器。行定位器的结构取决于数据页是存储在堆中还是聚集表中。对于堆，行定位器是指向行的指针。对于聚集表，行定位器是聚集索引键。

聚集索引和非聚集索引都可以是唯一的。这意味着任何两行都不能有相同的索引键值。另外，索引也可以不是唯一的，即多行可以共享同一键值。每当修改了表数据后，都会自动维护表或视图的索引。

3. 其他索引类型

除了聚集索引和非聚集索引之外，还有以下索引类型。

- 唯一索引。唯一索引可以确保索引键不包含重复的值，因此，表或视图中的每一行在某种程度上是唯一的。
- 包含性列索引。这是一种非聚集索引，它扩展后不仅包含键列，还包含非键列。
- 索引视图。视图的索引将具体化（执行）视图，并将结果集永久存储在唯一的聚集索引中，而且其存储方法与带聚集索引的表的存储方法相同。创建聚集索引后，可以为视图添加非聚集索引。
- 全文索引。这是一种特殊类型的基于标记的功能性索引，由 Microsoft SQL Server 全文引擎（MSFTESQL）服务创建和维护，用于帮助在字符串数据中搜索复杂的词。
- XML 索引。这是 xml 数据类型列中 XML 二进制大型对象的已拆分持久表示形式。

任务 6.2 设计索引

索引设计包括确定要使用的列、选择索引类型及选择适当的索引选项等。索引设计是一项关键任务。通过创建设计良好的索引以支持查询，可以显著提高数据库查询和应用程序的性能。索引可以减少为返回查询结果集而必须读取的数据量，还可以强制表中的行具有唯一性，从而确保表数据的数据完整性。通过本任务将学习和掌握设计索引的准则和方法。

任务目标

- 理解索引设计准则
- 掌握设计聚集索引的方法
- 掌握设计非聚集索引的方法
- 掌握设计唯一索引的方法

6.2.1 索引设计准则

设计索引时需要对数据库、查询和数据列的特征有所了解，这将有助于设计出最佳索引。

1. 设计索引的数据库准则

设计索引时，应考虑以下数据库准则。

（1）如果在一个表中创建大量的索引，将会影响 INSERT、UPDATE 和 DELETE 语句的性能，因为在更改表中的数据时，所有索引都要进行适当的调整。应避免对经常更新的表进行过多的索引，并且索引应保持较窄，就是说，列要尽可能少。

（2）使用多个索引可以提高更新少而数据量大的查询的性能。大量索引可以提高不修改数据的查询（如 SELECT 语句）的性能，因为查询优化器有更多的索引可供选择，从而可以确定最快的访问方法。

（3）对小表进行索引可能不会产生优化效果，因为查询优化器在遍历用于搜索数据的索引时，花费的时间可能比执行简单的表扫描还长。因此，小表的索引可能从来不用，但仍必须在表中的数据更改时进行维护。

（4）视图包含聚合、表连接或聚合和连接的组合时，视图的索引可以显著地提升性能。若要使查询优化器使用视图，并不一定非要在查询中显式引用该视图。

（5）使用数据库引擎优化顾问来分析数据库并生成索引建议。

2. 设计索引的查询准则

设计索引时，应考虑以下查询准则。

（1）为经常用于查询中的谓词和连接条件的所有列创建非聚集索引。

（2）涵盖索引可以提高查询性能，因为符合查询要求的全部数据都存在于索引本身。也就是说，只需要索引页就可以检索所需数据，因此，减少了总体磁盘 I/O。

（3）将插入或修改尽可能多的行的查询写入单个语句内，而不要使用多个查询更新相同的行。仅使用一个语句，就可以利用优化的索引维护。

（4）评估查询类型及如何在查询中使用列。例如，在完全匹配查询类型中使用的列就适合用于非聚集索引或聚集索引。

3. 设计索引的列准则

设计索引时，应考虑下面的列准则。

（1）对于聚集索引，应保持较短的索引键长度。另外，对唯一列或非空列创建聚集索引可以使聚集索引获益。

（2）不能将 ntext、text、image、varchar(max)、nvarchar(max) 和 varbinary(max) 数据类型的列指定为索引键列。不过，varchar(max)、nvarchar(max)、varbinary(max) 和 xml 数据类型的列可以作为非键索引列参与非聚集索引。

（3）xml 数据类型的列只能在 XML 索引中用作键列。

（4）检查列的唯一性。在同一个列组合的唯一索引而不是非唯一索引提供了有关使索引更有用的查询优化器的附加信息。

（5）在列中检查数据分布。通常情况下，如果为包含很少唯一值的列创建索引或在这样的列上执行连接，则会导致长时间运行的查询。这是数据和查询的基本问题，通常不识别这种情况就无法解决这类问题。

（6）如果索引包含多个列，则应考虑列的顺序。用于等于（=）、大于（>）、小于（<）或 BETWEEN 搜索条件的 WHERE 子句或者参与连接的列应该放在最前面，其他列应该基于其非重复级别进行排序，换言之，从重复少的列到重复多的列。

（7）考虑对计算列进行索引。在确定某一索引适合某一查询之后，可以选择最适合具体情况的索引类型。应考虑索引的以下特性：聚集还是非聚集；唯一还是非唯一；单列还是多列；索引中的列是升序排序还是降序排序。也可以通过设置选项自定义索引的初始存储特征以优化其性能或维护，或者通过使用文件组或分区方案确定索引存储位置来优化性能。

6.2.2　设计聚集索引

聚集索引基于数据行的键值在表内排序和存储这些数据行。每个表只能有一个聚集索引，因为数据行本身只能按一个顺序存储。每个表几乎都对列定义聚集索引来实现下列功能：可用于经常使用的查询；提供高度唯一性；可用于范围查询。

注意： 创建 PRIMARY KEY 约束时，将在列上自动创建唯一索引。默认情况下，此索引是聚集索引，但是在创建约束时，可以指定创建非聚集索引。

如果没有使用 UNIQUE 属性创建聚集索引，则数据库引擎将向表自动添加一个 4 字节的 uniqueifier 列，必要时数据库引擎还将向行自动添加一个 uniqueifier 值，使每个键唯一。此列和列值供内部使用，用户不能查看或访问。

对于具有以下特点的查询，可以考虑使用聚集索引。

（1）使用运算符（如 BETWEEN、>、>=、< 和 <=）返回一系列值。使用聚集索引找到包含第一个值的行后，便可以确保包含后续索引值的行物理相邻。

（2）返回大型结果集。

（3）使用 JOIN 子句。一般情况下，使用该子句的是外键列。

（4）使用 ORDER BY 或 GROUP BY 子句。在 ORDER BY 或 GROUP BY 子句中指定的列的索引，可以使数据库引擎而不必对数据进行排序（因为行已排序），以提高查询性能。

一般来说，定义聚集索引键时使用的列越少越好。对于具有下列一个或多个属性的列可以考虑定义聚集索引。

（1）唯一或包含许多不重复的值。例如，学号唯一地标识学生。StudentID 列的聚集索引或 PRIMARY KEY 约束将改善基于学号搜索学生信息的查询的性能。

（2）按顺序访问。例如，产品 ID 唯一地标识 AdventureWorks 数据库的 Production.Product 表中的产品。在其中指定顺序搜索的查询（如 WHERE ProductID BETWEEN 980 AND 999）将从 ProductID 的聚集索引受益。这是因为行将按该键列的排序顺序存储。

（3）由于保证了列在表中是唯一的，所以定义为 IDENTITY。

（4）经常用于对表中检索到的数据进行排序。按该列对表进行聚集（物理排序）是一个好方法，它可以在每次查询该列时节省排序操作的成本。

聚集索引不适用于具有下列属性的列。

（1）频繁更改的列。这将导致整行移动，因为数据库引擎必须按物理顺序保留行中的数据值。这一点要特别注意，因为在大容量事务处理系统中数据通常是可变的。

（2）宽键。宽键是若干列或若干大型列的组合。所有非聚集索引将聚集索引中的键值用作查找键。为同一表定义的任何非聚集索引都将增大许多，这是因为非聚集索引项包含聚集键，同时也包含为此非聚集索引定义的键列。

创建聚集索引时可以指定若干索引选项。聚集索引通常都很大，应特别注意下列选项：SORT_IN_TEMPDB 系统数据库，DROP_EXISTING，FILLFACTOR，ONLINE。

6.2.3 设计非聚集索引

非聚集索引包含索引键值和指向表数据存储位置的行定位器。通常情况下，设计非聚集索引是为了改善经常使用的、没有建立聚集索引的查询的性能。可以对表或索引视图创建多个非聚集索引。

与使用书中索引的方式相似，查询优化器在搜索数据值时，先搜索非聚集索引以找到数据值在表中的位置，然后直接从该位置检索数据。这使非聚集索引成为完全匹配查询的最佳选择，因为索引包含说明查询所搜索的数据值在表中的精确位置的项。每个索引项都指向表或聚集索引中准确的页和行，其中可以找到相应的数据。查询优化器在索引中找到所有项之后，它可以直接转到准确的页和行进行数据检索。

设计非聚集索引时，应注意数据库的特征。

（1）更新要求较低但包含大量数据的数据库或表，可以从许多非聚集索引中获益从而改善查询性能。决策支持系统应用程序和主要包含只读数据的数据库可以从许多非聚集索引中获益。查询优化器具有更多可供选择的索引用来确定最快的访问方法，并且数据库的低更新特征意味着索引维护不会降低性能。

（2）联机事务处理应用程序和包含大量更新表的数据库应避免使用过多的索引。此外，索引应该是窄的，即列越少越好。一个表如果建有大量索引会影响 INSERT、UPDATE 和 DELETE 语句的性能，因为所有索引都必须随表中数据的更改进行相应的调整。

在创建非聚集索引之前，应先了解访问数据的方式。对具有以下属性的查询可以考虑使用非聚集索引。

（1）使用 JOIN 或 GROUP BY 子句。应为连接和分组操作中所涉及的列创建多个非聚集索引，为任何外键列创建一个聚集索引。

（2）不返回大型结果集的查询。

（3）包含经常包含在查询的搜索条件（如返回完全匹配的 WHERE 子句）中的列。

在创建非聚集索引时，还应当考虑具有以下一个或多个属性的列。

（1）覆盖查询。当索引包含查询中的所有列时，性能可以提升。查询优化器可以找到索引内的所有列值，而不会访问表或聚集索引数据，从而减少了磁盘 I/O 操作。使用具有包含列的索引来添加覆盖列，而不是创建宽索引键。如果表有聚集索引，则该聚集索引中定义的列将自动追加到表上每个非聚集索引的末端，这将生成覆盖查询，而不用在非聚集索引定义中指定聚集索引列。例如，如果一个表在 C 列上有聚集索引，则 B 和 A 列的非聚集索引将具有其键值列 B、A 和 C。

（2）大量非重复值。如果只有很少的非重复值，例如仅有 1 和 0 或男和女，则大多数查询将不使用索引，因为此时表扫描通常更有效。

在创建非聚集索引时可指定若干索引选项，尤其要注意 FILLFACTOR 和 ONLINE 选项。

6.2.4　设计唯一索引

唯一索引能够保证索引键中不包含重复的值，从而使表中的每一行从某种方式上具有唯一性。只有当唯一性是数据本身的特征时，指定唯一索引才有意义。使用多列唯一索引，索引能够保证索引键中值的每个组合都是唯一的。例如，若为 Score 表中的 StudentID 和 CourseID 列的组合创建了唯一索引，则表中的任意两行都不会有这些列值的相同组合。唯一索引具有以下优点：能够确保定义的列的数据完整性；提供了对查询优化器有用的附加信息。

聚集索引和非聚集索引都可以是唯一的。只要列中的数据是唯一的，就可以为同一个表创建一个唯一聚集索引和多个唯一非聚集索引。

创建 PRIMARY KEY 或 UNIQUE 约束会自动为指定的列创建唯一索引。创建 UNIQUE 约束和创建独立于约束的唯一索引没有明显的区别。数据验证的方式是相同的，而且查询优化器不会区分唯一索引是由约束创建的还是手动创建的。但是，如果要实现数据完整性，则应为列创建 UNIQUE 或 PRIMARY KEY 约束，这样做才能使索引的目标明确。

如果数据是唯一的并且希望强制实现唯一性，则为相同的列组合创建唯一索引可以为查询优化器提供附加信息，从而生成更有效的执行计划。在这种情况下，建议创建唯一索引（最好通过创建 UNIQUE 约束来创建）。唯一非聚集索引可以包括包含性非键列。

创建唯一索引时可指定若干索引选项。特别要注意 ONLINE 和 IGNORE_DUP_KEY 选项。

任务 6.3　创建索引

当使用 CREATE TABLE 或 ALTER TABLE 对列定义 PRIMARY KEY 或 UNIQUE 约束时，数据库引擎将自动创建唯一索引，以强制 PRIMARY KEY 或 UNIQUE 约束的唯一性要求。也可以使用 SSMS 图形界面或 Transact-SQL 语句来创建独立于约束的索引。通过本任务将学习和掌握创建索引、查看索引信息及删除索引的方法。

任务目标

- 掌握使用 SSMS 图形创建索引的方法
- 掌握使用 Transact-SQL 语句创建索引的方法
- 掌握查看索引信息的方法
- 掌握删除索引的方法

6.3.1　使用 SSMS 图形界面创建索引

使用 SSMS 图形界面创建索引的操作方法如下。

（1）在对象资源管理器中，连接到数据库引擎实例，然后展开该实例。

（2）在"对象资源管理器"窗格中，展开要在其中创建索引的表，右键单击"索引"，在弹出的快捷菜单中选择"新建索引"命令，在弹出的快捷菜单中选择"聚集索引"或"非聚集索引"命令，如图 6.1 所示。

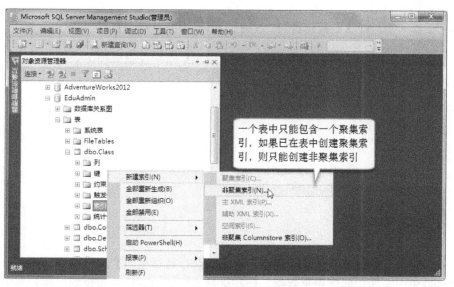

图 6.1　选择创建索引的菜单命令

（3）在"新建索引"对话框的"常规"页中，指定索引名称，选择索引类型，指定索引是否具有唯一性，单击"添加"按钮，在"添加列"对话框中选择要添加到索引的列并设置其排序顺序，如图 6.2 所示。

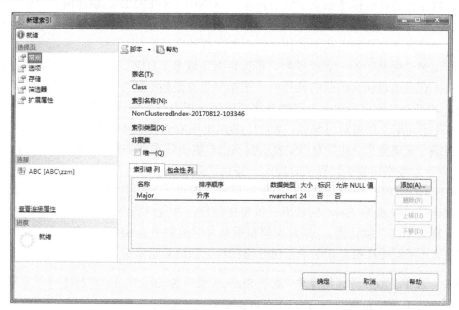

图 6.2　"新建索引"对话框

（4）若要设置索引的选项，可以选择"选项"页并对相关选项进行设置。

（5）单击"确定"按钮，完成索引的创建。

此时可以在"索引"节点下方看到新建的索引。通过右键单击该索引并从弹出的快捷菜单中选择相关命令，可以对该索引进行修改、重命名、重新生成或重新组织等操作。

6.3.2 使用 Transact-SQL 语句创建索引

在 Transact-SQL 中，可以使用 CREATE INDEX 语句在表或视图上创建索引，基本语法格式如下：

```
CREATE [UNIQUE] [CLUSTERED|NONCLUSTERED] 索引名称
    ON 表或视图名称
    (列 [ASC|DESC])
    WITH (
        IGNORE_DUP_KEY={ON|OFF}
        |DROP_EXISTING={ON|OFF}
    )
    WHERE <筛选谓词>
    . . .
```

其中，UNIQUE 指定创建唯一索引，不允许两行具有相同的索引键值。

CLUSTERED 指定创建聚集索引，即在创建索引时由键值的逻辑顺序决定表中对应行的物理顺序。在创建任何非聚集索引之前创建聚集索引，创建聚集索引时会重新生成表中现有的非聚集索引。

NONCLUSTERED 指定创建非聚集索引，即创建指定表的逻辑排序的索引。对于非聚集索引，数据行的物理排序独立于索引排序。NONCLUSTERED 是默认值。

索引名称在表或视图中必须唯一，但在数据库中不必唯一。索引名称必须符合标识符的规则。表或视图名称指定要为其建立索引的表或视图的名称。

列指定索引所基于的一列或多列。可指定两个或多个列名，可为指定列的组合值创建组合索引。在表或视图名称后的括号中，按排序优先级列出组合索引中要包括的列。

ASC 和 DESC 确定特定索引列的升序或降序排序方向。默认设置为 ASC。

WITH 子句用于指定索引选项。WITH (DROP_EXISTING=ON)指定删除已存在的同名聚集索引或非聚集索引，设置为 ON 表示删除已有索引并重新生成索引；若设置为 OFF（默认值），则表示当指定索引已存在时显示一条错误信息。

WITH (IGNORE_DUP_KEY=ON)指定对唯一索引列执行多行插入操作时出现重复键值的错误响应，设置为 ON，则发出一条警告信息，并且只有违反了唯一索引的行才会失败。若设置为 OFF（默认值），则发出错误消息并回滚整个 INSERT 事务。默认值为 OFF。

WHERE 子句通过指定索引中要包含哪些行来创建筛选索引。

例 6.1 在 EduAdmin 数据库中，基于 Student 表的 StudentName 列创建一个非聚集索引并将其命名为 ix_stu_name，如果已存在同名索引则删除之。

在"SQL 编辑器"窗口中输入并执行以下 Transact-SQL 语句：

```
USE EduAdmin;
GO
CREATE NONCLUSTERED INDEX ix_stu_name
ON Student(StudentName)
WITH(DROP_EXISTING=ON);
GO
```

上述语句的执行结果如图 6.3 所示。

图 6.3　使用 CREATE INDEX 语句创建索引

6.3.3　查看索引信息

在表上创建索引、PRIMARY KEY 约束或 UNIQUE 约束后，往往需要查找有关索引的信息。例如，可能需要查明索引类型，及哪些是某个表的索引的列，或者某个索引使用的数据库空间总量等。可以通过调用相关的系统存储过程或函数来完成这些任务。

1. 使用 sp_helpindex 查看索引信息

sp_helpindex 是一个系统存储过程，用于报告有关表或视图中索引的信息，语法如下：

```
sp_helpindex '表或视图名称'
```

其中，表或视图名称指定用户定义的表或视图的限定或非限定名称。仅当指定限定的表或视图名称时，才需要使用引号。如果提供了完全限定名称，如数据库名称，则该数据库名称必须是当前数据库的名称。

sp_helpindex 返回的结果集包括以下三个列：index_name（索引名称）、index_description（索引说明）及 index_keys（对其生成索引的表或视图列）。

2. 使用 sp_spaceused 查看索引使用的空间

sp_spaceused 是一个系统存储过程，用于显示行数、保留的磁盘空间及当前数据库中的表所使用的磁盘空间，或显示由整个数据库保留和使用的磁盘空间，语法如下：

```
sp_spaceused ['对象名称'][, '更新使用']
```

其中，对象名称指定请求其空间使用信息的表或索引视图的限定或非限定名称。仅当指定限定对象名称时，才需要使用引号。如果提供完全限定对象名称，如包括数据库名称，则数据库名称必须是当前数据库的名称。如果未指定对象名称，则返回整个数据库的结果。

更新使用指示应运行 DBCC UPDATEUSAGE 以更新空间使用信息。当未指定对象名称时，将对整个数据库运行该语句，否则将对指定对象运行该语句。该参数的值可以是 true 或 false，默认值为 false。

如果省略对象名称，则 sp_spaceused 将会返回两个结果集。第一个结果集包含三个列：database_name（当前数据库的名称），database_size（当前数据库的大小），unallocated_space（未分配的数据库空间）。第二个结果集包含四个列：reserved（由数据库中对象分配的空间总量），data（数据使用的空间总量），index_size（索引使用的空间总量），unused（为数据库中的对象保留但尚未使用的空间总量）。

如果指定对象名称，则为指定对象返回的结果集包含以下六个列：name（请求其空间使用信息的对象的名称），rows（表中现有的行数），reserved（为 objname 保留的空间总量），data（objname 中的数据所使用的空间总量），index_size（objname 中的索引所使用的空间总量），unused（为 objname 保留但尚未使用的空间总量）。

例 6.2 在 EduAdmin 数据库中，查看 Student 表中的索引名称、索引说明、索引键列，及索引所使用的空间总量。

要执行系统存储过程，可以使用 EXECUTE 语句来实现，对于关键字 EXECUTE 通常也可以写成 EXEC。

在 SQL 编辑器中编写并执行以下 Transact-SQL 语句：

```
USE EduAdmin;
GO
EXEC sp_helpindex Student;
GO
EXEC sp_spaceused Student;
GO
```

上述语句的执行结果如图 6.4 所示。

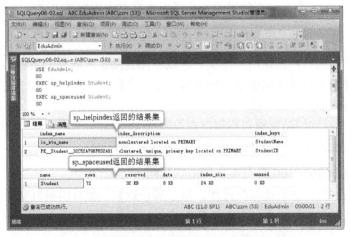

图 6.4　通过系统存储过程查看表中的索引信息

6.3.4　删除索引

通过创建有效的索引可以提高检索的效率，但也不是表中的每个列都需要创建索引。在表中创建的索引越多，修改或删除行时服务器用于维护索引所花费的时间就越长，这样反而会使数据库的性能下降。当不再需要某些索引时，就应及时从表中删除掉。从表中删除索引可以使用 SSMS 图形界面或 Transact-SQL 语句来实现。

1. 使用 SSMS 图形界面删除索引

使用 SSMS 图形界面删除索引的操作步骤如下。

（1）在对象资源管理器中，连接到数据库引擎实例，然后展开该实例。

（2）展开待删除索引所在的表，展开该表下方的"索引"节点。

（3）右键单击要删除的索引，在弹出的快捷菜单中选择"删除"命令。

（4）在"删除对象"对话框中单击"确定"按钮。

2. 使用 Transact-SQL 语句删除索引

在 Transact-SQL 中，可以使用 DROP INDEX 语句从当前数据库中删除一个或多个索引，语法格式如下：

```
DROP INDEX 表名称.索引名称[, ...]
```

其中，表名称指定索引所在表的名称。索引名称指定要从表中删除的索引。

执行 DROP INDEX 语句后，将重新获得以前由索引占用的所有空间。这些空间随后可以用于任何数据库对象。

例如，下面的语句分别从 sample 数据库的 table1 和 table2 表中删除一个索引：

```
USE sample;
GO
DROP INDEX table1.index1, table2.index1;
GO
```

注意：DROP INDEX 语句不能用于删除在表中定义主键约束或唯一性约束时自动创建的那些索引。如果确实需要删除这一类索引，则可以使用带有 DROP CONSTRAINT 子句的 ALTER TABLE 语句来解除加在该列上的主键约束或唯一性约束。这些约束一旦被解除，相关的索引将随之被删除，此时不再需要执行 DROP INDEX 语句。

任务 6.4　理解视图

与索引一样，视图也是关系数据库中包含的一种对象。视图可视为虚拟表或存储查询。除非是索引视图，否则视图的数据不会作为对象存储在数据库中。数据库中存储的是 SELECT 语句，SELECT 语句的结果集构成了视图所返回的虚拟表，可以通过在查询语句中引用视图名称来使用此虚拟表。通过本任务将学习和理解视图的基本概念、用途和限制。

任务目标

- 理解视图的基本概念
- 理解视图的用途和限制

6.4.1　视图的基本概念

视图是一个虚拟表，其内容由选择查询定义。与真实的表一样，视图也包含一系列带有名称的列和行数据，但这些列和行数据来自由定义视图的查询所引用的表，并且是在引用视图时动态生成的，而不是以数据值存储集形式存在于数据库中（索引视图除外）。

视图中引用的表称为基础表。对基础表而言，视图的作用类似于筛选。定义视图的筛选可以来自当前或其他数据库的一个或多个表，也可以来自其他视图。分布式查询也可以用于定义使用多个异类源数据的视图。例如，如果有多台不同的服务器分别存储企业在不同地区的数据，而需要将这些服务器上结构相似的数据组合起来，使用这种方式就很方便。

通过视图进行查询没有任何限制，通过它们进行数据修改时的限制也很少。

在 SQL Server 中，视图分为以下 3 种类型。

（1）标准视图。标准视图组合了一个或多个表中的数据，可以获得使用视图的大多数好处，包括将重点放在特定数据上及简化数据操作。

（2）索引视图。索引视图是被具体化了的视图，即它已经过计算并存储。对于视图可以创建索引，即对视图创建一个唯一的聚集索引。索引视图可以显著提高某些类型查询的性能。索引视图尤其适用于聚合许多行的查询，但它们不太适用于经常更新的基本数据集。

（3）分区视图。分区视图在一台或多台服务器间水平连接一组成员表中的分区数据。这样，数据看上去如同来自一个表。如果视图连接同一个 SQL Server 实例中的成员表，则称为本地分区视图。如果视图在不同服务器间连接表中的数据，则称为分布式分区视图，它用于实现数据库服务器联合。

6.4.2　视图的用途和限制

视图可以用来集中、简化和自定义每个用户对数据库的不同访问，也可以用作安全机制。视图通常用在以下 3 种场合。

（1）简化数据操作。使用选择查询检索数据时，如果查询中的数据分散在两个或多个表中，或者所用搜索条件比较复杂，往往要多次使用 JOIN 运算符来编写很长的 SELECT 语句。如果需要多次执行相同的数据检索任务，则可以考虑在这些常用查询的基础上创建视图，然后在 SELECT 语句的 FROM 子句中引用这些视图，而不必每次都输入相同的查询语句。

（2）自定义数据。视图允许用户以不同方式查看数据，即使在他们同时使用相同的数据时也是如此。这在具有许多不同目的和技术水平的用户共用同一数据库时尤其有用。例如，可以创建一个视图以仅检索由客户经理处理的客户数据，该视图可以根据使用它的客户经理的登录 ID 来决定检索哪些数据。

（3）提高数据库的安全性。通常的办法是让用户通过视图来访问表中的特定列和行，而不对他们授予直接访问基础表的权限。此外，可以针对不同的用户定义不同的视图，在用户视图上不包括那些机密数据列，从而提供对机密数据的保护。

若要在一个数据库中创建视图，必须具有 CREATE VIEW 权限，并对视图中要引用的基础表或视图具有适当的权限。创建视图时应注意以下几点。

- 创建视图时必须遵循标识符命名规则，在数据库范围内视图名称要具有唯一性。
- 一个视图最多可以引用 1 024 个列，这些列可以来自一个或多个表或视图。
- 定义视图的查询不能包含 INTO 关键字。
- 定义视图的查询不能包含 ORDER BY，除非在 SELECT 选择列表中使用 TOP 子句。
- 视图可以在其他视图上创建，SQL Server 允许视图最多嵌套 32 层。
- 即使删除了一个视图所依赖的表或视图，这个视图的定义仍然保留在数据库中。
- 可以在视图上定义索引。索引视图是一种在数据库中存储视图结果集的方法，可以减少动态生成结果集的开销，还能自动反映出创建索引后对基础表数据所做的修改。

- 不能在视图上绑定规则、默认值和触发器。
- 不能创建临时视图，也不能在一个临时表上创建视图。
- 只能在当前数据库中创建视图。但是视图所引用的表或视图可以是其他数据库中的，甚至可以是其他服务器上的。

任务 6.5　创建视图

如果想使用视图来简化数据操作或提高数据库的安全性，首先要按照需要在数据库中创建视图，这个任务可以使用 SSMS 图形界面或 Transact-SQL 语句来实现。通过本任务将学习和掌握创建视图的两种方法。

任务目标

- 掌握使用 SSMS 图形创建视图的方法
- 掌握使用 Transact-SQL 语句创建视图的方法

6.5.1　使用 SSMS 图形界面创建视图

使用 SSMS 图形界面创建视图的操作方法如下。

（1）在对象资源管理器中，连接到数据库引擎实例，然后展开该实例。

（2）展开要在其中创建视图的数据库，右键单击"视图"节点，在弹出的快捷菜单中选择"新建视图"命令。

（3）在如图 6.5 所示的"添加表"对话框中，选择要引用的一个或多个基础表，然后单击"添加"按钮。若要在视图中引用已有的视图，可选择"视图"选项卡。选择并添加表或视图后，单击"关闭"按钮。

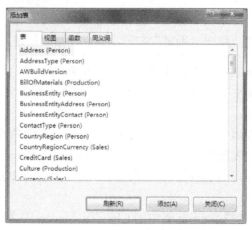

图 6.5　"添加表"对话框

（4）在如图 6.6 所示的视图设计器中，通过定义选择列表、设置筛选条件及指定排序顺序等，生成用于定义视图的 SELECT 语句。视图设计器窗口由以下 4 个窗格组成。

- 关系图窗格：显示正在查询的表和其他表值对象。每个矩形代表一个表或表值对象，并显示可用的数据列。连接用矩形之间的连线来表示。

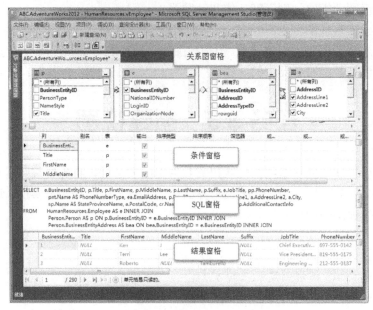

图 6.6　视图设计器

- 条件窗格：包含一个类似于电子表格的网格，在该网格中可以指定相应的选项，例如要显示的数据列、要选择的行，以及行的分组方式等。
- SQL 窗格：显示查询或视图的 SQL 语句。在该窗格中可以对由设计器创建的 SQL 语句进行编辑，也可以输入 SQL 语句。对于输入不能用"关系图"窗格和"网格"窗格创建的 SQL 语句（如联合查询），此窗格尤其有用。
- 结果窗格：显示一个网格，用来包含视图检索到的数据。在视图设计器中，该窗格显示最近执行的 SELECT 查询的结果。通过编辑网格单元格中的值可以修改数据库，并可以添加或删除行。

（5）完成视图定义后，单击"标准"工具栏上的"保存"按钮，然后在"选择名称"对话框中输入视图的名称，单击"确定"按钮，完成视图的创建。

例 6.3 在 EduAdmin 数据库中创建一个视图，从 Student 表、Score 表和 Course 表中获取学生成绩，然后在查询中引用该视图来检索商 1601 班所有学生的电子商务概论成绩。

操作步骤如下。

（1）在对象资源管理器中，展开 EduAdmin 数据库，右键单击"视图"节点，在弹出的快捷菜单中选择"新建视图"命令，然后添加 Student 表、Score 表和 Course 表。由于这些表之间存在关系，因此打开视图设计器后在 SELECT 语句的 FROM 子句中包含着 INNER JOIN 运算符。

（2）在条件窗格中，选择 Student 表中的 ClassID、StudentID 和 StudentName 列、Course 表中的 CourseName 列及 Score 表中的 Grade 列，然后在条件窗格中为这些列设置别名，此时 SQL 窗格显示出用于定义视图的 SQL 语句。

（3）单击"视图设计器"工具栏上的"执行 SQL"按钮 ! 以运行视图，此时将在结果窗格中显示出所返回的结果集，如图 6.7 所示。

（4）单击"标准"工具栏上的"保存"按钮，将该视图命名为 vStudentScore 加以保存。

（5）在 SQL 编辑器中编写并执行以下 Transact-SQL 语句：

```
USE EduAdmin;
GO
SELECT * FROM vStudentScore
WHERE 班级='商1601' AND 课程='电子商务概论'
ORDER BY 成绩 DESC;
GO
```

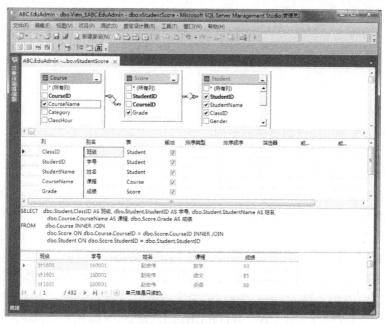

图 6.7 返回的结果集显示为结果窗格中

上述语句的执行结果如图 6.8 所示。

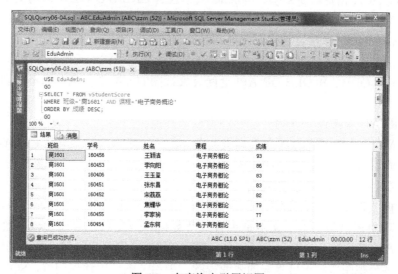

图 6.8 在查询中引用视图

6.5.2 使用 Transact-SQL 语句创建视图

在 Transact-SQL 中，可以使用 CREATE VIEW 语句在当前数据库中创建一个视图，该视图作为一个虚拟表并以一种备用方式提供一个或多个表中的数据。语法格式如下：

```
CREATE VIEW [架构名称.]视图名称[(列[, ...])]
[WITH <视图属性>[, ...]]
AS SELECT 语句
[WITH CHECK OPTION][;]

<视图属性>::=
{
    [ENCRYPTION]
    [SCHEMABINDING]
    [VIEW_METADATA]
}
```

其中，构架名称指定视图所属的架构。

视图名称指定要创建的视图的名称，该名称必须符合有关标识符的规则。可以选择是否指定视图所有者名称。

列参数指定视图中的列使用的名称。仅在下列情况下需要列名：列是从算术表达式、函数或常量派生的；两个或更多的列可能会具有相同的名称（通常是由于连接的原因）；视图中的某个列的指定名称不同于其派生来源列的名称。也可以在 SELECT 语句中分配列名。如果未指定列，则视图列将获得与 SELECT 语句中的列相同的名称。

AS 指定视图要执行的 SELECT 语句，该语句可以使用多个表和其他视图。

CHECK OPTION 强制针对视图执行的所有数据修改语句都必须符合在 SELECT 语句中设置的条件。通过视图修改行时，WITH CHECK OPTION 确保提交修改后仍然可以通过视图看到数据。如果在 SELECT 语句中使用 TOP，则不能指定 CHECK OPTION。

ENCRYPTION 指定对 sys.syscomments 表中包含 CREATE VIEW 语句文本的条目进行加密。使用 WITH ENCRYPTION 可以防止在 SQL Server 复制过程中发布视图。

SCHEMABINDING 指定将视图绑定到基础表的架构。

VIEW_METADATA 指定为引用视图的查询请求浏览模式的元数据时，SQL Server 将向 DB-Library、ODBC 和 OLE DB API 返回有关视图的元数据信息，而不返回基础表的元数据信息。

使用 CREATE VIEW 语句时，应当注意以下几点。

- CREATE VIEW 语句必须是查询批处理中的第一条语句。如果在 CREATE VIEW 语句前面用 USE 语句选择所用的数据库，则必须在这两个语句之间添加一条 GO 命令。
- 只能在当前数据库中创建视图。
- 通过视图查询数据时，SQL Server 将检查语句中引用的所有数据库对象是否都存在，这些对象在语句的上下文中是否有效及数据修改语句是否违反任何数据完整性规则。若检查失败，则返回错误信息。若检查成功，则将操作转换成对基础表的操作。
- 如果某个视图依赖于已除去的表或视图，则当试图使用该视图时，SQL Server 将产生错误信息。若创建了新表或视图（该表的结构与原来的基础表相同）以替换除去的表或视图,则视图将再次可用。若新表或视图的结构发生了变化,则必须除去并重新创建该视图。

例 6.4 在 EduAdmin 数据库中创建一个视图,用于检索学生的学号、姓名、性别、入学时间、班级及系部信息,要求使用中文列名来代替基础表中的英文列名;然后在 SELECT 语句中引用该视图,以查询电子工程系所有男同学的记录。

在 SQL 编辑器中编写并执行以下 Transact-SQL 语句:

```
USE EduAdmin;
GO
CREATE VIEW vStudent(学号, 姓名, 性别, 入学时间, 班级, 系部) AS
    SELECT s.StudentID, s.StudentName, s.Gender, s.EntranceDate, s.ClassID,
c.Department
    FROM Student AS s INNER JOIN Class AS c ON s.ClassID=c.ClassID;
GO
SELECT * FROM vStudent
WHERE 性别='男' AND 系部='电子工程系';
GO
```

上述语句的执行结果如图 6.9 所示。

图 6.9　创建并应用视图

任务 6.6　管理和应用视图

在数据库中创建视图后,根据需要可以对其定义进行修改或者重命名,也可以查看视图的相关信息。创建一个视图后,不仅可以在 SELECT 语句中引用它,也可以通过它对基础表中的数据进行修改。对于不再需要的视图则应及时从数据库中删除。通过本任务将学习和掌握管理和应用视图的方法。

任务目标

- 掌握修改视图的方法
- 掌握重命名视图的方法

● 掌握查看视图相关信息的方法
● 掌握通过视图修改数据的方法
● 掌握删除视图的方法

6.6.1 修改视图

视图的内容是由 SELECT 语句来定义的。对于数据库中的现有视图，可以使用 SSMS 图形界面或 Transact-SQL 语句对其定义进行修改。

1. 使用对象资源管理器修改视图

使用 SSMS 图形界面修改视图的操作方法如下。

（1）在对象资源管理器中，连接到数据库引擎实例，然后展开该实例。

（2）在视图所属数据库中展开"视图"节点，右键单击要修改的视图，在弹出的快捷菜单中选择"设计"命令。

（3）在视图设计器中，对定义视图的 SELECT 语句进行修改。

（4）保存更改。

2. 使用 ALTER VIEW 语句修改视图

在 Transact-SQL 中，可以使用 ALTER VIEW 语句修改先前创建的视图，语法格式如下：

```
ALTER VIEW [架构名称.]视图名称[(列[ ,...])]
[WITH <视图属性>[, ...]]
AS SELECT 语句
[WITH CHECK OPTION][;]

<视图属性>::=
{
    [ENCRYPTION]
    [SCHEMABINDING]
    [VIEW_METADATA]
}
```

其中，视图名称指定要修改的视图；列指定在视图中使用的列名称；SELECT 语句指定视图执行的 SELECT 语句；WITH 子句用于设置视图的属性。WITH CHECK OPTION 子句强制通过视图插入或修改时的数据满足 WHERE 子句所指定的选择条件。

例 6.5 在 EduAdmin 数据库中创建一个视图，用于查询 Teacher 表中的 TeacherID、TeacherName、Gender 和 BirthDate 列；然后使用 ALTER VIEW 语句修改该视图，在原有列的基础上添加一个 EntryDate 列，为所有列指定中文别名，并对 CREATE VIEW 语句文本的条目进行加密；最后在 SELECT 语句中引用该视图，以检索所有男教师的记录。

在 SQL 编辑器中编写并执行以下 Transact-SQL 语句：

```
USE EduAdmin;
GO
CREATE VIEW vTeacher AS
    SELECT TeacherID, TeacherName, Gender, BirthDate
    FROM Teacher;
GO
```

```
ALTER VIEW vTeacher(教师编号, 教师姓名, 性别, 出生日期, 参加工作日期)
    WITH ENCRYPTION AS
    SELECT TeacherID, TeacherName, Gender, BirthDate, EntryDate
    FROM Teacher;
GO
SELECT * FROM vTeacher WHERE 性别='男';
GO
```

上述语句的执行结果如图 6.10 所示。

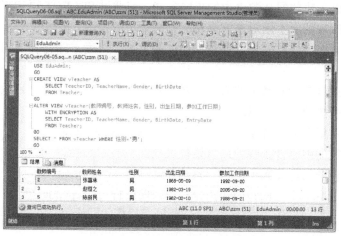

图 6.10　创建、修改并应用视图

6.6.2　重命名视图

在数据库中创建一个视图后，不仅可以对其定义进行修改，还可以对其名称进行更改。使用 SSMS 图形界面或 Transact-SQL 语句都可以对视图进行重命名。

1. 使用 SSMS 图形界面重命名视图

使用 SSMS 重命名视图的操作方法如下。

（1）在对象资源管理器中，连接到数据库引擎实例，然后展开该实例。

（2）在对象资源管理器中，展开数据库，展开该视图所在的数据库，展开该数据库下方的"视图"节点。

（3）右键单击要重命名的视图并在弹出的快捷菜单中选择"重命名"命令，为视图输入新的名称。

（4）按 Enter 键，完成重命名操作。

2. 使用 Transact-SQL 重命名视图

在 Transact-SQL 中，可以使用系统存储过程 sp_rename 在当前数据库中更改用户创建对象的名称，此对象可以是表、视图、索引、列，及别名数据类型等。关于这个系统存储过程的语法格式和使用方法，请参阅 3.5.2。

例 6.6　将 EduAdmin 数据库中的视图 vTeacher 重命名为 vTeacherView。

在 SQL 编辑器中编写并执行以下 Transact-SQL 语句：

```
USE EduAdmin;
GO
EXEC sp_rename 'vTeacher', 'vTeacherView', 'OBJECT';
GO
```

6.6.3　查看视图相关信息

如果视图定义没有加密，则可以获取该视图定义的有关信息。在实际应用中，可能需要查看视图定义以了解数据从源表中的提取方式，或通过 SELECT 语句来查看视图所定义的数据。如果更改视图所引用对象的名称，则必须更改视图，使其文本反映新的名称。因此，在重命名对象之前，首先显示该对象的依赖关系，以确定即将发生的更改是否会影响任何视图。

除了使用 SELECT 语句查看视图定义的数据外，还可以使用下列目录视图或系统存储过程来获取有关视图的相关信息。

- 查看当前数据库中包含哪些视图：查询目录视图 sys.views。
- 查看指定视图中包含哪些列：查询目录视图 sys.columns。
- 查看指定视图的定义文本：执行系统存储过程 sp_helptext。
- 查看视图引用了哪些表和列：执行系统存储过程 sp_depends。

例 6.7 在 EduAdmin 数据库中，查看视图 vStudentScore 的定义文本，以及在该视图中引用了哪些表和哪些列。

在 SQL 编辑器中编写并执行以下 Transact-SQL 语句：

```
USE EduAdmin;
GO
--查看视图定义文本
EXEC sp_helptext 'vStudentScore';
--查看视图引用的表和列
GO
EXEC sp_depends 'vStudentScore';
GO
```

6.6.4　通过视图修改数据

通过视图不仅可以从一个或多个基础表中查询数据，还可以修改基础表的数据，修改方式与通过 UPDATE、INSERT 和 DELETE 语句或使用 bcp 实用工具和 BULK INSERT 语句修改表中数据的方式一样。

但是，通过视图更新数据时有以下限制。

（1）任何修改（包括 UPDATE、INSERT 和 DELETE 语句）都只能引用一个基础表的列。

（2）视图中被修改的列必须直接引用表列中的基础数据，它们不能通过其他方式派生。例如，通过聚合函数计算形成的列得出的计算结果是不可更新的。

（3）正在修改的列不受 GROUP BY、HAVING 或 DISTINCT 子句的影响。

（4）如果在视图定义中使用了 WITH CHECK OPTION 子句，则所有在视图上执行的数据修改语句都必须符合定义视图的 SELECT 语句中所设置的筛选条件。

（5）INSERT 语句必须为不允许空值且没有 DEFAULT 定义的基础表中的所有列指定值。

（6）在基础表的列中修改的数据必须符合对这些列的约束，如为空性、约束及 DEFAULT 定义等。

（7）不能对视图中的 text、ntext 或 image 列使用 READTEXT 语句和 WRITETEXT 语句。

例 6.8 在 EduAdmin 数据库中，将学生王晓芙的 "Flash 动画制作" 课程成绩修改为 89 分，并显示修改前后的成绩信息。

在 SQL 编辑器中编写并执行以下 Transact-SQL 语句：

```
USE EduAdmin;
GO
SELECT * FROM vStudentScore
WHERE 姓名='王晓芙' AND 课程='Flash动画制作';
GO
UPDATE vStudentScore
SET 成绩=89
WHERE 姓名='王晓芙' AND 课程='Flash动画制作';
GO
SELECT * FROM vStudentScore
WHERE 姓名='王晓芙' AND 课程='Flash动画制作';
GO
```

上述语句的执行结果如图 6.11 所示。

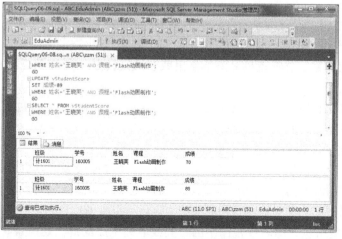

图 6.11 通过视图更新数据

6.6.5 删除视图

在创建视图后，如果不再需要该视图，或想清除视图定义及与之相关联的权限，可以删除该视图。删除视图后，表和视图所基于的数据并不受到影响。任何使用基于已删除视图的对象的查询将会失败，除非创建了同样名称的一个视图。但是，如果新视图没有包含与之相关的任何对象所需要的列，则使用与视图相关的对象的查询在执行时将会失败。

若要从数据库中删除视图，可执行以下操作。

（1）在对象资源管理器中，连接到数据库引擎实例，然后展开该实例。

（2）展开视图所属的数据库，展开该数据库下方的"视图"节点。

（3）右键单击要删除的视图，在弹出的快捷菜单中选择"删除"命令。

（4）在"删除对象"对话框中，单击"确定"按钮。

也可以使用 DROP VIEW 从当前数据库中删除一个或多个视图，语法格式如下：

```
DROP VIEW [架构名称.]视图名称[, ...][;]
```

其中，schema_name 指定该视图所属架构的名称。view_name 指定要删除的视图的名称。

下面的示例语句首先检查视图 vStudent 是否存在于数据库 EduAdmin 中，如果存在，则从当前数据库中删除该视图。

```
USE EduAdmin;
GO
IF OBJECT_ID('vStudent', 'view') IS NOT NULL
DROP VIEW vStudent;
GO
```

项目思考

一、选择题

1. 在下列各种索引中，（　　）根据数据行的键值在表或视图中排序和存储这些数据行。

    A. 聚集索引   B. 非聚集索引

    C. 唯一索引   D. 包含性列索引

2. 若要指定删除已存在的同名聚集索引或非聚集索引，应在 CREATE INDEX 语句中指定（　　）。

    A. WITH (DROP_EXISTING=OFF)   B. WITH (DROP_EXISTING=ON)

    C. WITH (IGNORE_DUP_KEY=ON)   D. WITH (IGNORE_DUP_KEY=OFF)

3. 在下列关于视图的描述中，错误的是（　　）。

    A. 视图可以在其他视图上创建   B. 一个视图最多可以引用 1 024 个列

    C. 可以在视图上定义索引   D. 定义视图的查询可以包含 INTO 关键字

二、判断题

1. （　　）索引包含由表或视图中的一列或多列生成的键，这些键存储在一种称为 B 树的结构中。

2. （　　）索引键只能是表中的单个列。

3. （　　）索引占用磁盘空间，并增加系统开销和维护成本。

4. （　　）使用多个索引不能提高更新少而数据量大的查询的性能。

5. （　　）创建 PRIMARY KEY 约束时，将在列上自动创建唯一索引。

三、简答题

1. 索引的主要作用是什么？

2. 聚集索引和非聚集索引的主要区别是什么？

3. 视图和表有什么共同点？有什么不同点？

4. 视图的主要用途是什么？

5. 创建视图有哪两种方法？

项目实训

1. 编写脚本文件，在 EduAdmin 数据库中基于 Student 表的 StudentName 列创建一个非聚集索引。

2. 编写脚本文件，在 EduAdmin 数据库中基于 Score 表的 StudentID 和 CourseID 列创建一个唯一索引。

3. 编写脚本文件，在 EduAdmin 数据库中查看 Student 表中的索引名称、索引说明、索引键列，以及索引所使用的空间总量。

4. 使用视图设计器在 EduAdmin 数据库中创建一个视图，用于从 Student 表、Score 表和 Course 表中获取学生成绩，然后创建一个查询并通过引用该视图来检索指定班级所有男生的计算机应用基础课程成绩。

5. 编写脚本文件，在 EduAdmin 数据库中创建一个视图，用于从 Teacher 表中检索教师信息，要求对所有列指定中文别名，并对视图定义进行加密。

6. 编写脚本文件，查看 EduAdmin 数据库包含哪些视图。

7. 编写脚本文件，基于视图对指定学生的指定课程成绩进行修改。

Transact-SQL 编程

SQL 是国际标准化组织所采纳的标准数据库语言,Transact-SQL 则是微软在 SQL Server 中实现的 SQL。Transact-SQL 是 SQL 语言的一种扩展形式,使用它可以完成 SQL Server 中的大部分功能。不论是普通的客户机/服务器应用程序,还是支撑商务网站运行的 Web 应用程序,都可以通过向服务器发送 Transact-SQL 语句来实现与 SQL Server 的通信。通过本项目将学习和掌握使用 Transact-SQL 语言进行编程的知识和技能。

项目目标

- 理解 Transact-SQL 基本组成
- 掌握流程控制语句的使用方法
- 掌握函数的使用方法
- 掌握游标的使用方法
- 掌握处理事务的方法

任务 7.1 理解 Transact-SQL

Transact-SQL 语言是 SQL Server 系统的核心组件。与 SQL Server 实例通信的所有应用程序通过向服务器发送 Transact-SQL 语句来实现数据访问,并对存储在数据库中的数据进行更新。通过本任务将学习和理解 Transact-SQL 语言的基本组成。

任务目标

- 理解 Transact-SQL 语言组成
- 理解批处理和脚本的概念
- 理解常量、变量和表达式的概念
- 理掌握注释语句的使用方法

7.1.1 Transact-SQL 语言组成

Transact-SQL 语言具有数据定义、数据操作、数据控制,以及事务管理功能。作为一种非过程化的查询语言,Transact-SQL 既可以交互使用,也可以嵌入到 Visual C#、Visual Basic 等编程语言中使用。

Transact-SQL 主要由以下部分组成。

1. 数据定义语言

数据定义语言（DDL）用于创建数据库和各种数据库对象。例如，数据类型、表、索引、视图、存储过程，以及触发器等都是数据库对象。在数据定义语言中，主要的 Transact-SQL 语句包括 CREATE 语句、ALTER 语句及 DROP 语句，其中，CREATE 语句用于创建对象，ALTER 语句用于修改对象，DROP 语句用于删除对象。

2. 数据操作语言

数据操作语言（DML）主要用于向表中添加数据、更改表中的数据及从表中删除数据。在数据操作语言中，主要的 Transact-SQL 语句包括 INSERT 语句、UPDATE 语句、DELETE 语句及 SELECT 语句。在数据库中创建表之后，可以使用 INSERT 语句向表中添加数据，使用 UPDATE 语句对表中已有数据进行修改，使用 DELETE 语句从表中删除数据，也可以使用 SELECT 语句从一个表或多个表中检索数据。

3. 数据控制语言

数据控制语言主要用于执行与安全管理相关的操作，以确保数据库的安全。在数据控制语言中，主要的 Transact-SQL 语句包括 GRANT 语句、REVOKE 语句和 DENY 语句，其中，GRANT 语句将安全对象的权限授予主体，REVOKE 语句用于取消以前授予或拒绝了的权限，DENY 语句用于拒绝授予主体权限。

4. 事务管理语言

事务管理语言主要用于执行开始、提交和回滚事件相关的操作。在事务管理语言中，主要的 Transact-SQL 语句包括 BEGIN TransactION 语句、COMMIT TransactION 语句及 ROLLBACK TransactION 语句，其中，BEGIN TransactION 语句用于标记一个显式本地事务的起始点，COMMIT TransactION 语句用于标记一个成功的隐式事务或显式事务的结束，ROLLBACK TransactION 语句将显式事务或隐式事务回滚到事务的起点或事务内的某个保存点。

5. 附加语言元素

除了上面介绍的数据定义语言、数据操作语言、数据控制语言及事务管理语言之外，Transact-SQL 还包含以下附加的语言元素，主要包括标识符、变量和常量、运算符、数据类型、函数、流程控制语句、错误处理语言及注释语句等。

7.1.2 批处理与脚本

批处理就是包含一个或多个 Transact-SQL 语句的组，从应用程序一次性地发送到 SQL Server 进行执行。SQL Server 将批处理的语句编译为一个可执行单元，称为执行计划。执行计划中的语句每次执行一条。

使用 GO 命令可以向 SQL Server 实用工具发出一批 Transact-SQL 语句结束的信号。GO 并不是 Transact-SQL 语句，它是 sqlcmd 实用工具和 SQL Server Management Studio 代码编辑器识别的命令，可以解释为应该向 SQL Server 实例发送当前批 Transact-SQL 语句的信号。当前批语句由上一个 GO 命令后输入的所有语句组成。GO 命令与 Transact-SQL 语句不能在同一行中，但在 GO 命令行中可以包含注释。

在 Transact-SQL 中可能会出现各种错误，这些错误可分为编译错误和运行时错误两种类型。编译错误（如语法错误）可使执行计划无法编译，因此未执行批处理中的任何语句。运行时错误（如算术溢出或违反约束）则会产生以下两种影响之一：

- 大多数运行时错误将停止执行批处理中当前语句和它之后的语句。
- 某些运行时错误仅停止执行当前语句，而继续执行批处理中其他所有语句。

在遇到运行时错误之前执行的语句不受影响。唯一的例外是，批处理在事务中而且错误导致事务回滚。在这种情况下，回滚运行时错误之前所进行的未提交的数据修改。

假定在一个批处理中包含六条语句。如果第五条语句有一个语法错误，则不执行批处理中的任何语句。如果编译了批处理，而第二条语句在执行时失败，则第一条语句的结果不受影响，因为它已经执行。

使用批处理时，应遵循以下规则。

（1）CREATE DEFAULT、CREATE FUNCTION、CREATE PROCEDURE、CREATE RULE、CREATE TRIGGER 和 CREATE VIEW 语句不能在批处理中与其他语句组合使用。批处理必须以 CREATE 语句开始，所有跟在该批处理后的其他语句将被解释为第一个 CREATE 语句定义的一部分。

（2）不能在同一个批处理中更改表，然后引用新列。

（3）如果 EXECUTE（可简写为 EXEC）语句是批处理中的第一句，则不需要 EXECUTE 关键字。如果 EXECUTE 语句不是批处理中的第一条语句，则需要 EXECUTE 关键字。

脚本是存储在文件中的一系列 Transact-SQL 语句，脚本文件的扩展名通常为.sql。脚本文件可以作为对 SQL Server Management Studio 代码编辑器或 sqlcmd 和 osql 实用工具的输入，并由这些实用工具来执行存储在该文件中的 SQL 语句。

Transact-SQL 脚本文件可以包含一个或多个批处理。GO 命令表示批处理的结束。如果脚本文件中没有使用 GO 命令，则它将被作为单个批处理来执行。

Transact-SQL 脚本可以用来执行以下操作。

- 在服务器上保存用来创建和填充数据库的步骤的永久副本，作为一种备份机制。
- 根据需要可将 SQL 语句从一台计算机传输到另一台计算机。
- 通过让学生或新员工发现代码中的问题、了解或者修改代码，从而快速对其进行培训。

7.1.3 标识符

创建数据库对象时需要使用标识符对其进行命名。在 SQL Server 中，所有内容都可以有标识符，如服务器、数据库，及表、视图、列、索引、触发器、过程、约束和规则等数据库对象都可以有标识符。大多数对象要求有标识符，但对有些对象（如约束），标识符是可选的。对象标识符是在定义对象时创建的，随后可以使用标识符来引用该对象。

标识符的排序规则取决于定义标识符时所在的级别。为实例级对象（如登录名和数据库名）的标识符指定的是实例的默认排序规则。为数据库对象（如表、视图和列名）的标识符指定的是数据库的默认排序规则。

标识符分为常规标识符和分隔标识符两类。常规标识符符合标识符的格式规则，当在 Transact-SQL 语句中使用常规标识符时不用将其分隔开。分隔标识符包含在双引号（"）或者方括号([ ])内。在 Transact-SQL 语句中，符合标识符格式规则的标识符可以分隔，也可以不分隔；对不符合所有标识符规则的标识符则必须用双引号或括号进行分隔。常规标识符和分隔标识符包含的字符数必须在 1～128 之间。对于本地临时表，标识符最多可以有 116 个字符。

当使用标识符作为对象名称时，完整的对象名称由 4 个标识符组成：服务器名称、数据库名称、架构名称和对象名称。语法格式如下：

```
[[[服务器.][数据库].][架构].]对象
```

服务器、数据库和架构（或所有者）名称称为对象名称限定符。在 Transact-SQL 语句中引用对象时，不需要指定服务器、数据库和架构，可用句点标记它们的位置以省略限定符。

下面列出对象名称的几种有效格式。

```
服务器.数据库.架构.对象
服务器.数据库..对象
服务器..架构.对象
服务器...对象
数据库.架构.对象
数据库..对象
架构.对象
对象
```

指定了所有四个部分的对象名称称为完全限定名称。每个对象必须具有唯一的完全限定名称。例如，如果所有者不同，同一个数据库中可以有两个名为 Table1 的表。大多数对象引用使用由四个部分组成的名称。默认服务器为本地服务器。

7.1.4 常量

常量也称为字面量，是表示特定数据值的符号。在 Transact-SQL 中，可以通过多种方式使用常量。常量的格式取决于它所表示的值的数据类型。下面介绍一些如何使用常量的例子。

1. 字符串常量

字符串常量必须使用一对单引号括起来，可以包含字母（a～z、A～Z）、汉字、数字字符（0～9）及其他特殊字符，如感叹号（!）、at 符（@）和数字符（#）等。例如，'数据库应用基础', 'SQL Server 2012 数据库'。

如果已经将 QUOTED_IDENTIFIER 选项连接设置成 OFF，也可以使用双引号将字符串括起来，但是考虑到用于 SQL Server 和 ODBC 驱动程序的 OLE DB 提供程序自动使用 SET QUOTED_IDENTIFIER ON，因此建议使用单引号。

如果单引号中的字符串包含一个嵌入的引号，可以使用两个单引号表示嵌入的单引号。例如，'O''Brien', 'the People''s Republic of China'。对于嵌入双引号中的字符串，则没有必要这样做。

空字符串用中间没有任何字符的两个单引号（''）表示。

2. Unicode 字符串

Unicode 字符串的格式与普通字符串相似，但它前面有一个 N 标识符，N 代表 SQL-92

标准中的国际语言（National Language）。N 前缀必须是大写字母。例如，'Michél' 是字符串常量，而 N'Michél' 则是 Unicode 常量。Unicode 常量被解释为 Unicode 数据，并且不使用代码页进行计算。

3．二进制常量

二进制常量用十六进制数字字符串来表示，以 0x 作为前缀，不使用引号。例如，0xAE，0x12Ef，0x69048AEFDD010E，0x（二进制空串）。

4．bit 常量

bit 常量用数字 0 或 1 表示，不使用引号。如果使用一个大于 1 的数字，它将被转换为 1。

5．datetime 常量

datetime 常量使用特定格式的字符日期值来表示，并使用单引号括起来。

日期常量的示例：'2017-10-01'，' October 1, 2017'，'10/01/2017'。

时间常量的示例：'20:30:12'，'08:30 PM'。

在 datetime 或 smalldatetime 数据中，年、月、日的顺序可以使用 SET DATEFORMAT 命令来设置，语法如下：

SET DATEFORMAT 格式

其中，格式参数指定日期部分的顺序，可以是 mdy、dmy、ymd、ydm、myd 和 dym，字母 y、m、d 分别表示年份、月份和日期。美国英语默认值是 mdy。

SET DATEFORMAT 命令的设置仅用在将字符串转换为日期值时的解释中，对日期值的显示没有影响。

6．integer 常量

integer 常量用一串数字表示，不含小数点，不使用引号。例如，123，1896。

7．decimal 常量

decimal 常量用一串数字表示，可以包含小数点，不使用引号。例如，1894.1204，2.0。

8．float 和 real 常量

float 和 real 常量使用科学记数法表示。例如，101.5E5，0.5E-2。

9．money 常量

money 常量用一串数字表示，可以包含或不包含小数点，以一个货币符号（$）作为前缀，不使用引号。例如，$12，$542023.14。

10．uniqueidentifier 常量

uniqueidentifier 常量是表示全局唯一标识符（GUID）值的字符串，可使用字符串或二进制字符串格式来表示。例如，'6F9619FF-8B86-D011-B42D-00C04FC964FF' 和 0xff19966f868 b11d0b42d00c04fc964ff 表示相同的 GUID。

11．指定负数和正数

若要指明一个数是正数还是负数，应在数字常量前面加上正号（+）或负号（-），由此得到有符号数字值的常量。若未使用正负号，数字常量默认为正数。下面给出一些例子。

有符号的整数常量：+145345234，-2147483648。

有符号的 decimal 常量：+145345234.2234，-2147483647.10。

有符号的 float 常量：+123E-3，-12E5。

有符号的货币值常量：+$45.56，-$423456.99。

7.1.5 局部变量

局部变量是可以保存特定类型的单个数据值的对象，用于在 Transact-SQL 语句之间传递数据。在批处理和脚本中，局部变量通常可以作为计数器计算循环执行的次数或控制循环执行的次数，也可以保存数据值以供控制流语句测试，或者保存由存储过程返回代码返回的数据值。此外，还允许使用 table 数据类型的局部变量来代替临时表。

1. 声明局部变量

使用一个局部变量之前，必须使用 DECLARE 语句来声明这个局部变量，给该变量指定一个名称和数据类型，对于数值型变量还需要指定其精度和小数位数。语法格式如下：

```
DECLARE {@局部变量名 [AS] 数据类型}[ ,..]
```

变量名必须以字符（@）开头。局部变量名必须符合标识符命名规则。局部变量的数据类型可以是系统数据类型或用户自定义数据类型，但不能是 text、ntext 或 image 数据类型。

下面给出几个声明局部变量的例子。

```
DECLARE @MyCounter int;
DECLARE @StudentName nvarchar(6),@Birthday smalldatetime;
DECLARE @Name nvarchar(12),@Phone nvarchar(13),@Salary money;
```

变量通常用在批处理或过程中，作为 WHILE、LOOP 或 IF...ELSE 块的计数器。

变量只能用在表达式中，不能代替对象名或关键字。如果要构造动态 SQL 语句，可以使用 EXECUTE。

局部变量的作用域是其被声明时所在的批处理。换言之，局部变量只能在声明它们的批处理或存储过程中使用，一旦这些批处理或存储过程结束，局部变量将自行清除。

2. 设置局部变量的值

使用 DECLARE 语句声明一个局部变量后，该变量的值将被初始化为 NULL，可以使用一个 SET 语句对它赋值，语法格式如下：

```
SET {@局部变量名=表达式}
```

其中，表达式可以是任何有效的 SQL Server 表达式。

使用 SET 语句是对局部变量赋值的首选方法。此外，也可以使用 SELECT 语句对局部变量赋值，即通过在 SELECT 子句的选择列表中引用一个局部变量而使它获得一个值。对局部变量赋值时，SELECT 语句的语法格式如下：

```
SELECT {@局部变量名=表达式}[, ...]
```

其中，表达式可以是任何有效的 SQL Server 表达式，也可以是一个标量查询。

如果使用一个 SELECT 语句对一个局部变量赋值时，而该 SELECT 语句返回了多个值，则这个局部变量将取得该 SELECT 语句所返回的最后一个值。

3. 显示局部变量的值

当使用 SELECT 语句时，如果省略局部变量后面的赋值号（=）和相应的表达式，则可以将局部变量的值显示出来。此外，也可以使用 PRINT 语句向客户端返回局部变量的值或者用户自定义的消息。语法格式如下：

```
PRINT 字符串常量|@局部变量名|字符串表达式
```

其中，参数字符串常量为字符串或 Unicode 字符串常量。@局部变量名为任何有效的字符数据类型的变量，该变量的数据类型必须是 char 或 varchar，或者必须能够隐式转换为这些数据类型。字符串表达式指定一个返回字符串的表达式，可以包括串联的文字值、函数和变量。消息字符串最长可为 8 000 个字符，超过该值以后的任何字符均被截断。

注意：SELECT 语句和 PRINT 语句虽然都可以显示局部变量的值，但两者输出的位置不同：SELECT 语句返回的结果显示在"结果"窗格中，PRINT 语句返回的消息则显示在"消息"窗格中。

例 7.1 编写一个脚本文件，声明两个局部变量并对它们进行赋值，然后显示它们的值。
在 SQL 编辑器中编写并执行以下 Transact-SQL 脚本：

```sql
DECLARE @now datetime, @msg varchar(50);
SET @now=GETDATE();
SELECT @msg='欢迎您使用SQL Server 2012！';
PRINT '显示局部变量的值';
PRINT '--------------------------';
PRINT @now;
PRINT @msg;
SELECT @now AS 现在时间,@msg AS 欢迎信息;
GO
```

上述脚本的执行结果如图 7.1 和图 7.2 所示。

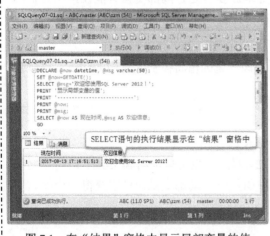 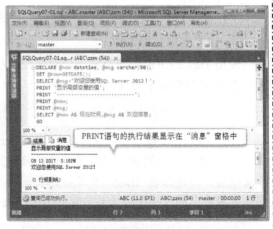

图 7.1　在"结果"窗格中显示局部变量的值　　图 7.2　在"消息"窗格中显示局部变量的值

7.1.6　表达式

表达式是标识符、值和运算符的组合，Transact-SQL 可以对其求值以获取结果。访问或更改数据时，可以在多个不同的位置使用数据。例如，可以将表达式用作要在查询中检索的数据的一部分，也可以用作查找满足一组条件的数据时的搜索条件。

表达式可以是常量、函数、列名、变量、子查询、CASE、NULLIF 或 COALESCE，也可以用运算符对这些实体进行组合以生成表达式。在表达式中，应使用单引号将字符串和日期值括起来。

使用运算符可以执行算术、比较、串联或赋值操作。例如，可以测试数据以确保客户数据的国家/地区列已填充或非空。在查询中，可以查看表（应与某种类型的运算符一起使用）中的数据的任何用户都可以执行操作，但必须具有相应权限才能成功更改数据。

在 Transact-SQL 中，使用运算符可以执行下列操作：永久或临时更改数据；搜索满足指定条件的行或列；在数据列之间或表达式之间进行判断；在开始或提交事务之前，或者在执行特定代码行之前测试指定条件。

若要将值与另一个值或表达式进行比较，可以使用比较运算符。比较运算符可用于字符、数字或日期数据，并可用在查询的 WHERE 或 HAVING 子句中。比较运算符计算结果为布尔数据类型，并根据测试条件的输出结果返回 TRUE 或 FALSE。比较运算符包括：>（大于）、<（小于）、=（等于）、<=（小于或等于）、>=（大于或等于）、!=（不等于）、<>（不等于）、!<（不小于）、!>（不大于）。

若要使用测试条件的真假，可以使用逻辑运算符。逻辑运算符包括：ALL、AND、ANY、BETWEEN、EXISTS、IN、LIKE、NOT 及 OR。

若要进行加法、减法、乘法、除法和求余操作，可以使用算术运算符。算术运算符包括：+（加）、-（减）、*（乘）、/（除）、%（求余）。

若要对一个操作数执行操作（如正数、负数或补数），可以使用一元运算符。一元运算符包括：+（正）、-（负）及~（位非），其中，~（位非）也是位运算符。

若要临时将常规数值（如 150）转换为整数并执行位（0 和 1）运算，可以使用位运算符。位运算符包括：&（位与）、~（位非）、|（位或）及^（位异或）。

若要将两个字符串（字符或二进制数据）合并为一个字符串，可以使用字符串串联运算符（+）。

若要为变量赋值或将结果集列与别名相关联，可以使用赋值运算符（=）。

复杂的表达式可以由多个简单的表达式经运算符合并而成。在这些复杂表达式中，运算符将根据 Transact-SQL 运算符优先级定义按顺序进行计算。优先级较高的运算符先于优先级较低的运算符计算。当将简单表达式组合为复杂表达式时，结果的数据类型取决于运算符规则与数据类型优先级规则的组合方式。如果结果是一个字符或 Unicode 值，则结果的排序规则取决于运算符规则与优先排序规则的组合方式。另外，还有一些规则用于根据简单表达式的精度、小数位数和长度确定结果的精度、小数位数和长度。

7.1.7 空值

空值（NULL）表示值未知。空值不同于空白或零值。没有两个相等的空值。比较两个空值或将空值与任何其他值相比均返回未知，这是因为每个空值均为未知。空值一般表示数据未知、不适用或将在以后添加数据。例如，学生的成绩在生成成绩单时可能不知道。

在 SQL-92 标准中，引入了关键字 IS NULL 和 IS NOT NULL 来测试是否存在空值。若要在查询中测试空值,可在 WHERE 子句中使用 IS NULL 或 IS NOT NULL。在 SQL Server Management Studio 代码编辑器中查看查询结果时,空值在结果集中显示为 NULL。

若要在表列中插入空值,可在 INSERT 或 UPDATE 语句中显式声明 NULL,或不让列出现在 INSERT 语句中,或使用 ALTER TABLE 语句在现有表中新添一列。不能将空值用于区分表中两行所需的信息,例如外键或主键。

在程序代码中,可以检查空值以便只对具有有效(或非空)数据的行执行某些计算。如果包含空值列,则某些计算(如平均值)就会不准确,因此执行计算时删除空值很重要。如果数据中可能存储有空值而又不希望数据中出现空值,就应该创建查询和数据修改语句,删除空值或将它们转换为其他值。

如果数据中出现空值,则逻辑运算符和比较运算符有可能返回 TRUE 或 FALSE 以外的第三种结果,即 UNKNOWN。这种三值逻辑是导致许多应用程序出现错误的根源。

使用比较运算符比较两个表达式时,如果有一个表达式为 NULL 值,则按照以下规则进行比较:如果将 SET ANSI_NULLS 设置为 ON,而且被比较的表达式有一个或两个为 NULL,则布尔表达式返回 UNKNOWN;如果将 SET ANSI_NULLS 设置为 OFF,而且被比较的表达式中有一个为 NULL,则布尔表达式返回 UNKNOWN,如果两个表达式均为 NULL,则等于运算符(=)返回 TRUE。

Transact-SQL 还提供空值处理的扩展功能。如果 ANSI_NULLS 选项设置为 OFF,则空值之间的比较(如 NULL=NULL)等于 TRUE。空值与任何其他数据值之间的比较都等于 FALSE。

为了尽量减少对现有查询或报告的维护和可能的影响,应尽量少用空值。对查询和数据修改语句进行计划,使空值的影响降到最小。

7.1.8 注释语句

注释也称为备注,是程序代码中不执行的文本字符串。注释可以用于对代码进行说明或暂时禁用正在进行诊断的部分 Transact-SQL 语句和批处理。使用注释对代码进行说明,便于将来对程序代码进行维护。注释通常用于记录程序名、作者姓名和主要代码更改的日期。注释可以用于描述复杂的计算或解释编程方法。

在 SQL Server 中,支持以下两种类型的注释语句。

1. 行内注释

使用双连字符(--)可以将注释文本插入单独行中、嵌套在 Transact-SQL 命令行的结尾或嵌套在 Transact-SQL 语句中,服务器不对这些注释进行计算。语法如下:

```
-- 注释文字
```

其中,注释文字可以与要执行的代码处在同一行,也可另起一行。从双连字符开始到行尾的内容均为注释。注释没有最大长度限制。对于多行注释,必须在每个注释行的前面使用双连字符。用"--"插入的注释由换行符终止。

注意: 如果在注释中包含 GO 命令,则会生成一个错误消息。

下面的示例演示了行内注释的使用方法。

```
-- 使用 USE 语句将数据库上下文更改为 StudentInfo 数据库
USE StudentInfo;
```

```
-- 使用 SELECT 语句查询学生表中的所有数据，未用 WHERE 子句时返回全部行
SELECT * FROM Student;              -- 星号（*）表示选择表中的所有列
```

2. 块注释

使用正斜杠和星号字符对(/* ... */)也可以添加注释文本，服务器不计位于 /* 与 */ 之间的文本。语法如下：

```
/*
注释文字
*/
```

其中，注释文字表示包含注释文本的字符串。这些注释字符可以插入单独行中，也可以插入 Transact-SQL 语句中。

多行的注释必须用 /* 和 */ 指明。用于多行注释的样式规则是，第一行用 /* 开始，接下来的注释行可以用 ** 开始，并且用 */ 来结束注释。如果在现有注释内的任意位置上出现 /* 字符模式，便会将其视为嵌套注释的开始，因此，需要使用注释的结尾标记 */。如果没有注释的结尾标记，便会生成错误。多行 /*...*/ 注释不能跨越批处理。整个注释必须包含在一个批处理内。

例如，下面的示例演示了块注释语句的使用方法。

```
USE EduAdmin;
GO
/*
** 使用 SELECT 语句从教师表中查询全部数据
** 使用星号（*）可以选择表中的所有列
** 由于未用 WHERE 子句，因此将返回表中的所有行
*/
SELECT * FROM Teacher;
/* 调试脚本时可在 Transact-SQL 语句内部使用注释
   临时禁止使用 TeacherName 列 */
SELECT TeacherID, /* TeacherName, */Gender
FROM Teacher;
```

任务 7.2　使用流程控制语句

默认情况下脚本中的各个 Transact-SQL 语句按其出现的顺序依次执行。如果需要按照指定的条件进行控制转移或重复执行某些操作，则可以通过流程控制语句来实现。通过本任务将学习和使用流程控制语句的使用方法。

任务目标

- 掌握 BEGIN...END 的使用方法
- 掌握 IF...ELSE 语句的使用方法
- 掌握 CASE 函数的使用方法
- 掌握 WAITFOR 语句的使用方法
- 掌握 WHILE 语句的使用方法
- 掌握 TRY...CATCH 语句的使用方法

7.2.1 BEGIN...END 语句

BEGIN...END 语句用于将一系列的 Transact-SQL 语句组合成一个语句块（相当于其他高级语言中的复合语句），从而可以执行一组 Transact-SQL 语句。语法格式如下：

```
BEGIN
    {语句|语句块}
END
```

其中，语句和语句块分别表示使用 BEGIN...END 语句块定义的任何有效的 Transact-SQL 语句或语句组。

虽然所有的 Transact-SQL 语句在 BEGIN...END 块内都有效，但有些 Transact-SQL 语句不应分组在同一批处理或语句块中。BEGIN...END 语句块允许嵌套。

在流程控制语句必须执行包含两条或多条 Transact-SQL 语句的语句块的任何地方，都可以使用 BEGIN 和 END 语句。

BEGIN 和 END 语句必须成对使用，而不能单独使用其中的任何一个。BEGIN 语句指定语句块的开始；后跟 Transact-SQL 语句块，其中，必须至少包含一条 Transact-SQL 语句；跟 END 语句，指示语句块的结束。BEGIN 和 END 可以分别单独放在一行，也可以放在同一行，并在 BEGIN 与 END 之间包含语句块。

BEGIN 和 END 语句用于下列情况：WHILE 循环需要包含语句块；CASE 函数的元素需要包含语句块；IF 或 ELSE 子句需要包含语句块。如果 IF 语句仅控制一条 Transact-SQL 语句的执行时，也可以不使用 BEGIN 和 END 语句块。

例如，使用 BEGIN 和 END 语句可以使 IF 语句在表达式取值为 TRUE 时执行语句块：

```
IF(@@ERROR<>0)
    BEGIN
        SET @ErrorSaveVariable=@@ERROR
        PRINT '发生错误：'+CAST(@ErrorSaveVariable AS varchar(10))
    END
```

其中，@@ERROR 是一个系统函数，用于返回执行的上一个 Transact-SQL 语句的错误号（integer）；如果语句执行成功，则@@ERROR 返回为 0。CAST 是一个数据类型转换函数，在这里的作用是将 integer 类型转换为 varchar 类型。

7.2.2 IF...ELSE 语句

IF...ELSE 语句用于指定 Transact-SQL 语句的执行条件。如果满足条件（布尔表达式返回 TRUE），则执行 IF 关键字及其条件之后的 Transact-SQL 语句。可选的 ELSE 关键字引入另一个 Transact-SQL 语句，当不满足 IF 条件（布尔表达式返回 FALSE）时就执行该语句。语法格式如下：

```
IF 布尔表达式
    {语句|语句块}
[ELSE
    {语句|语句块}
```

其中，布尔表达式的返回值为 TRUE 或 FALSE。如果布尔表达式中含有 SELECT 语句，则必须用圆括号将 SELECT 语句括起来。

IF...ELSE 语句可以用于批处理、存储过程和即席查询。当在存储过程中使用此语句时，通常用于测试某个参数是否存在。在 IF 或 ELSE 下面也可以嵌套另一个 IF 测试，嵌套级数的限制取决于可用内存。

例 7.2 根据课程名称测试一门课程是否存在。若不存在，则使用 INSERT 语句添加此课程信息并显示添加成功消息；若已存在，则从数据库中检索此课程课时数并显示出来。

在 SQL 编辑器中编写并执行以下 Transact-SQL 脚本：

```sql
USE EduAdmin;
GO
DECLARE @cname nvarchar(50), @chour int;
SET @cname='ASP 动态网页设计';
IF NOT EXISTS (SELECT * FROM Course WHERE CourseName=@cname)
    BEGIN
        INSERT INTO Course (CourseName, Category, ClassHour)
        VALUES (@cname,'专业课',120);
        PRINT '新课程添加成功。';
    END
ELSE
    BEGIN
        SELECT @chour=ClassHour FROM Course
        WHERE CourseName=@cname;
        PRINT '课程《'+@cname+'》已经录入过了。';
        PRINT '这门课程的课时数为'+CAST(@chour AS char(3))+'。';
    END
```

上述脚本的执行结果如图 7.3 所示。

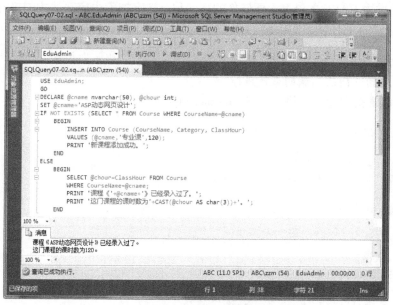

图 7.3　IF...ELSE 语句应用示例

7.2.3 CASE 函数

CASE 不是一个语句,而是一个函数。CASE 函数实际上是一个比较特殊的 Transact-SQL 表达式,它允许按列值显示可选值,不会对数据进行永久更改,数据中的更改只是临时的。使用 CASE 函数可以计算条件列表并返回多个可能结果表达式之一。CASE 函数包括简单 CASE 函数和 CASE 搜索函数两种格式。

1. 简单 CASE 函数

简单 CASE 函数将某个表达式与一组简单表达式进行比较以确定结果,语法格式如下:

```
CASE 输入表达式
    WHEN 匹配表达式1 THEN 结果表达式1
    WHEN 匹配表达式2 THEN 结果表达式2
    . . .
    [ELSE 结果表达式n]
END
```

其中,输入表达式指定使用简单 CASE 格式时所计算的表达式,可以是任意有效的表达式。

WHEN 匹配表达式指定使用简单 CASE 格式时要与输入表达式进行比较的简单表达式。匹配表达式是任意有效的表达式。输入表达式与每个匹配表达式的数据类型必须相同或者必须是隐式转换的数据类型。

THEN 结果表达式指定当输入表达式=匹配表达式计算结果为 TRUE 时返回的表达式,结果表达式可以是任意有效的表达式。

ELSE 结果表达式 n 指定比较运算计算结果不为 TRUE 时返回的表达式。如果忽略此参数且比较运算计算结果不为 TRUE,则 CASE 返回 NULL。结果表达式 n 是任意有效的表达式。所有结果表达式的数据类型必须相同或必须是隐式转换的数据类型。

CASE 函数由 CASE 关键字、要转换的列名称、指定搜索内容表达式的 WHEN 子句和指定替换表达式的 THEN 子句、END 关键字、定义 CASE 函数别名的 AS 子句组成。

例 7.3 在 EduAdmin 数据库中,使用简单 CASE 函数实现交叉表查询,用于检索电 1602 班和商 1601 班的三门基础课的考试成绩。

在 SQL 编辑器中编写并执行以下 Transact-SQL 脚本:

```
USE EduAdmin;
GO
SELECT 学号, 姓名, 班级,
SUM(CASE 课程 WHEN '数学' THEN 成绩 ELSE 0 END)
    AS [数学],
SUM(CASE 课程 WHEN '语文' THEN 成绩 ELSE 0 END)
    AS [语文],
SUM(CASE 课程 WHEN '英语' THEN 成绩 ELSE 0 END)
    AS [英语]
FROM vStudentScore
GROUP BY 学号, 姓名, 班级
HAVING 班级='电1602' OR 班级='商1601';
GO
```

上述脚本的执行结果如图 7.4 所示。

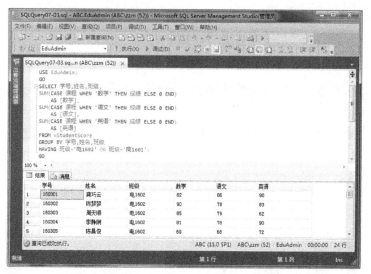

图 7.4　使用简单 CASE 函数实现交叉表查询

2. CASE 搜索函数

CASE 搜索函数计算一组布尔表达式以确定结果，语法格式如下：

```
CASE
    WHEN 布尔表达式 1 THEN 结果表达式 1
    WHEN 布尔表达式 2 THEN 结果表达式 2
    . . .
    [ELSE 结果表达式 n]
END
```

WHEN 布尔表达式指定当使用 CASE 搜索格式时所计算的布尔表达式。

THEN 结果表达式指定当布尔表达式的计算结果为 TRUE 时返回的表达式，可以是任意有效的表达式。

ELSE 结果表达式 n 指定比较运算计算结果不为 TRUE 时返回的表达式。如果忽略此参数且比较运算计算结果不为 TRUE，则 CASE 返回 NULL。结果表达式 n 是任意有效的表达式。所有结果表达式的数据类型必须相同或必须是隐式转换的数据类型。

例 7.4 在 EduAdmin 数据库中，查询计 1601 班和电 1602 班的英语课成绩，要求用 CASE 搜索函数将百分制成绩转换为不及格、及格、中等、良好和优秀五个等级。

在 SQL 编辑器中编写并执行以下 Transact-SQL 脚本：

```
USE EduAdmin;
GO
SELECT 学号, 姓名, 班级, 课程,
    CASE
        WHEN 成绩<60 THEN '不及格'
        WHEN 成绩 BETWEEN 60 AND 64 THEN '及格'
        WHEN 成绩 BETWEEN 65 AND 74 THEN '中等'
        WHEN 成绩 BETWEEN 75 AND 84 THEN '良好'
        WHEN 成绩>=85 THEN '优秀'
```

```
    END AS 成绩
FROM vStudentScore
WHERE 课程='英语' AND (班级='计1601' OR 班级='电1602');
GO
```

上述脚本的执行结果如图 7.5 所示。

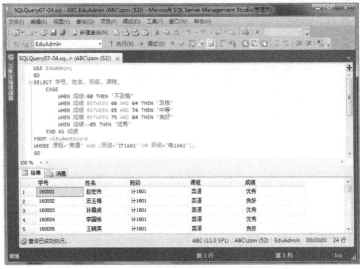

图 7.5　使用 CASE 搜索函数将成绩从百分制转换为等级制

7.2.4　WAITFOR 语句

　　WAITFOR 语句在达到指定时间或时间间隔之前，或者指定语句至少修改或返回一行之前，阻止执行批处理、存储过程或事务。语法格式如下：

```
WAITFOR {DELAY '等待的时间'|TIME '完成的时间'}
```

　　其中 DELAY 指定可以继续执行批处理、存储过程或事务之前必须等待的时间，最长可以是 24 小时。TIME 指定运行批处理、存储过程或事务的时间。time_to_execute 指定 WAITFOR 语句完成的时间。

　　等待的时间和完成的时间可以使用 datetime 数据可接受的格式之一来指定，也可以将其指定为局部变量，但不能指定日期。因此，不允许指定 datetime 值的日期部分。

　　使用 WAITFOR 语句可以挂起批处理、存储过程或事务的执行，直到发生以下情况：已超过指定的时间间隔；到达一天中指定的时间。

　　以下示例使用 WAITFOR DELAY 在两小时延迟后执行存储过程 sp_helpdb。

```
BEGIN
    WAITFOR DELAY '02:00';
    EXECUTE sp_helpdb;
END;
GO
```

　　以下示例首先执行系统存储过程 sp_add_job，添加由 SQLServerAgent 服务执行的新作业，然后使用 WAITFOR TIME 语句设置在晚上 11:20（23:20）执行系统存储过程

sp_update_job，以更改先前添加的作业的名称。

```
USE msdb;
--执行系统存储过程 sp_add_job
--添加由 SQLServerAgent 服务执行的新作业，作业名称为 TestJob
EXECUTE sp_add_job @job_name='TestJob';
BEGIN
    WAITFOR TIME '23:20';
    --更改作业的属性，将作业名称更改为 UpdatedJob
    EXECUTE sp_update_job @job_name='TestJob',
        @new_name='UpdatedJob';
END;
GO
```

7.2.5　WHILE 语句

WHILE 语句设置重复执行 SQL 语句或语句块的条件，只要指定的条件为真，就重复执行语句；也可以使用 BREAK 和 CONTINUE 关键字在循环内部控制 WHILE 循环中语句的执行。语法格式如下：

```
WHILE 布尔表达式
    {语句|语句块|BREAK|CONTINUE}
```

参数布尔表达式的计算结果为 TRUE 或 FALSE。如果布尔表达式中含有 SELECT 语句，则必须用括号将 SELECT 语句括起来。

语句和语句块分别是 Transact-SQL 语句或用语句块定义的语句分组。若要定义语句块，可以使用控制流关键字 BEGIN 和 END。

BREAK 导致从最内层的 WHILE 循环中退出，将执行出现在 END 关键字（循环结束的标记）后面的任何语句。如果嵌套了两个或多个 WHILE 循环，则内层的 BREAK 将退出到下一个外层循环，将首先运行内层循环结束之后的所有语句，然后重新开始下一个外层循环。

CONTINUE 使 WHILE 循环重新开始执行，忽略 CONTINUE 关键字后面的任何语句。

例 7.5 使用 WHILE 循环统计教师表中的教师人数并显示统计结果。

在 SQL 编辑器中编写并执行以下 Transact-SQL 脚本：

```
USE EduAdmin;
GO
DECLARE @tid int,@count int;
SET @tid=1;
SET @count=0;
WHILE EXISTS(SELECT * FROM Teacher WHERE TeacherID=@tid)
BEGIN
    SET @count=@count+1;
    SET @tid=@tid+1;
END
PRINT '目前一共有 '+CAST(@count AS char(2))+' 名教师。';
GO
```

其中，CAST 函数的功能是将一种数据类型的表达式转换为另一种数据类型，在此处就是将 int 类型转换为 char(2)。上述脚本的执行结果如图 7.6 所示。

图 7.6　WHILE 语句应用示例

7.2.6　TRY…CATCH 语句

TRY...CATCH 语句对 Transact-SQL 实现类似于 C#和 C++语言中的异常处理的错误处理。Transact-SQL 语句组可以包含在 TRY 块中。如果在 TRY 块内部发生错误，则会将控制传递给 CATCH 块中包含的另一个语句组。语法格式如下：

```
BEGIN TRY
    {语句|语句块}
END TRY
BEGIN CATCH
    {语句|语句块}
END CATCH[;]
```

其中，语句为任何 Transact-SQL 语句；语句块为批处理或封装在 BEGIN... END 块中的任何 Transact-SQL 语句组。

使用 TRY...CATCH 可以捕捉所有严重级别大于 10 但不终止数据库连接的错误。

TRY 块后必须紧跟相关联的 CATCH 块。在 END TRY 与 BEGIN CATCH 语句之间放置任何其他语句都将生成语法错误。

TRY...CATCH 构造不能跨越多个批处理，也不能跨越多个 Transact-SQL 语句块。

如果 TRY 块所包含的代码中没有错误，则当 TRY 块中最后一个语句完成时，会将控制传递给紧跟在相关联的 END CATCH 语句之后的语句。如果 TRY 块所包含的代码中有错误，则会将控制传递给相关联的 CATCH 块的第一个语句。如果 END CATCH 语句是存储过程或触发器的最后一个语句，则会将控制传递回调用存储过程或触发器的语句。

当 CATCH 块中的代码完成时，会将控制传递给紧跟在 END CATCH 语句之后的语句。由 CATCH 块捕获的错误不会返回到调用应用程序。如果任何错误消息都必须返回到应用程序，则 CATCH 块中的代码必须使用 SELECT 结果集或 RAISERROR 和 PRINT 语句之类的机制执行此操作。

在 CATCH 块的作用域内，可使用下列系统函数来获取导致 CATCH 块执行的错误消息。

- ERROR_NUMBER()：返回错误号。
- ERROR_SEVERITY()：返回严重性。
- ERROR_STATE()：返回错误状态号。
- ERROR_PROCEDURE()：返回出现错误的存储过程或触发器的名称。
- ERROR_LINE()：返回导致错误的例程中的行号。
- ERROR_MESSAGE()：返回错误消息的完整文本。该文本可包括任何可替换参数所提供的值，如长度、对象名或时间。

例 7.6 通过在 TRY 块中执行 SELECT 语句生成一个被零除的错误，这个错误将会导致跳转到相关 CATCH 块的执行。

在 SQL 编辑器中编写并执行以下 Transact-SQL 脚本：

```
BEGIN TRY
    SELECT 1/0;
END TRY
BEGIN CATCH
    SELECT ERROR_NUMBER() AS 错误号, ERROR_SEVERITY() AS 严重性,
        ERROR_STATE() AS 错误状态, ERROR_PROCEDURE() AS 导致错误的过程,
        ERROR_LINE() AS 错误行号, ERROR_MESSAGE() AS 错误信息;
END CATCH;
GO
```

上述脚本的执行结果如图 7.7 所示。

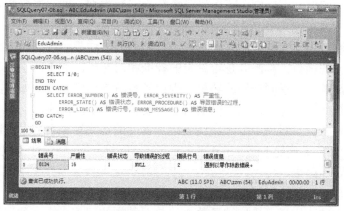

图 7.7　使用 TRY...CATCH 语句处理错误

任务 7.3　使用函数

Transact-SQL 提供了大量的内置函数，可以用于执行特定操作。此外，Transact-SQL 还允许用户定义自己所需要的函数。通过本任务将学会使用 Transact-SQL 内置函数和用户自定义函数完成各种各样的常见任务。

数据库应用基础 (SQL Server 2012)

任务目标

- 理解 Transact-SQL 函数的用途和分类
- 掌握字符串函数的使用方法
- 掌握数学函数的使用方法
- 掌握日期函数的使用方法
- 掌握转换函数的使用方法
- 掌握系统函数的使用方法
- 掌握创建和应用用户定义函数的方法

7.3.1　函数概述

不论是内置函数还是用户自定义函数，都可以用在任意表达式中。例如，用在 SELECT 语句的选择列表中以返回一个值，用在 SELECT、INSERT、DELETE 或 UPDATE 语句的 WHERE 子句搜索条件中以限制符合查询条件的行，用在视图的搜索条件中以使视图在运行时与用户或环境动态地保持一致，用在 CHECK 约束或触发器中以在插入数据时查找指定的值，用在 DEFAULT 约束或触发器中以在 INSERT 语句未指定值的情况下提供一个值。

使用函数时应始终带上圆括号，即使没有参数也是如此。但是，与 DEFAULT 关键字一起使用的 niladic 函数例外。在某些情况下，用来指定数据库、计算机、登录名或数据库用户的参数是可选的。如果未指定这些参数，则默认将这些参数赋值为当前的数据库、主机、登录名或数据库用户。函数可以嵌套使用。

按照函数的返回值是否确定，可以将函数分为三种类型，即严格确定函数、确定函数和非确定函数。

如果一个函数对于一组特定的输入值始终返回相同的结果，则该函数就是严格确定函数。对于用户定义的函数，判断其是否确定的标准相对宽松。如果对于一组特定的输入值和数据库状态，函数始终返回相同的结果，则该函数就是确定函数。如果函数是数据访问函数，即使它不是严格确定的，也可以从这个角度认为它是确定的。

使用同一组输入值重复调用非确定性函数，返回的结果可能会有所不同。例如，内置函数 GETDATE() 就是非确定函数。SQL Server 对各种类型的非确定性函数进行了限制。因此，应慎用非确定性函数。

对于内置函数，确定性和严格确定性是相同的。对于 Transact-SQL 用户定义的函数，系统将验证定义并防止定义非确定性函数。但是，数据访问或未绑定到架构的函数被视为非严格确定性函数。如果函数缺少确定性，其使用范围将受到限制。只有确定性函数才可以在索引视图、索引计算列、持久化计算列或 Transact-SQL 用户定义函数的定义中调用。

Transact-SQL 函数按照用途可以分为聚合函数、配置函数、加密函数、游标函数、日期和时间函数、数学函数、元数据函数、排名函数、行集函数、安全函数、字符串函数、系统函数、系统统计函数、文本和图像函数。

7.3.2　字符串函数

所有内置字符串函数都是具有确定性的函数，每次用一组特定的输入值调用它们时都会返回相同的值。字符串函数是标量值函数，它们对字符串输入值执行操作，并且返回一个字符串或数值。

常用字符串函数如下。

（1）返回字符表达式最左侧字符的 ASCII 码值。用法如下：

```
ASCII(字符串表达式)
```

其中，字符串表达式为 char 或 varchar 类型的表达式；函数返回值为 int 类型。

（2）CHAR 函数将一个 int 类型的 ASCII 码转换为字符。用法如下：

```
CHAR(整型表达式)
```

其中，整型表达式的值为介于 0 和 255 之间的整数，若不在此范围内，则返回 NULL 值。函数返回值为 char(1)类型。

（3）LEFT 函数返回字符串中从左边开始指定个数的字符。用法如下：

```
LEFT(字符表达式, 整型表达式)
```

其中，字符串表达式为字符或二进制数据表达式，可以是常量、变量或列；整型表达式的值指定从字符串表达式中返回的字符数；函数返回值类型取决于第一个参数，可以是 varchar 或 nvarchar 类型。

（4）LEN 函数返回指定字符串表达式的字符数，不包括尾随空格。用法如下：

```
LEN(字符串表达式)
```

其中，字符串表达式是计算长度的字符串表达式，可以是字符或二进制数据的常量、变量或列；函数返回值为 int 或 bigint 类型。

（5）LOWER 函数将大写字符数据转换为小写后返回一个字符表达式。用法如下：

```
LOWER(字符表达式)
```

其中，字符串表达式是字符或二进制数据的表达式，可以是常量、变量或列；函数返回值为 varchar 或 nvarchar 类型。

（6）LTRIM 函数在删除前导空格后返回一个字符表达式。用法如下：

```
LTRIM(字符表达式)
```

其中，字符表达式为字符数据或二进制数据的表达式，可以是常量、变量或列；函数返回值为 varchar 或 nvarchar 类型。

（7）NCHAR 函数返回具有指定整数代码的 Unicode 字符。用法如下：

```
NCHAR(整型表达式)
```

其中，整型表达式的值是介于 0 和 65535 之间的正整数，若指定了超出此范围的值，则返回 NULL。函数返回值为 nchar(1)或 nvarchar(2)类型。

（8）REPLACE 函数用另一个字符串值替换指定字符串值。用法如下：

```
REPLACE(字符串表达式, 要查找的子字符串, 替换字符串)
```

其中，三个参数均为字符或二进制数据类型。用替换字符串替换字符串表达式中出现的所有子字符串的匹配项。如果其中有一个输入参数属于 nvarchar 数据类型，则返回 nvarchar，否则返回 varchar。如果任何一个参数为 NULL，则返回 NULL。

（9）REPLICATE 函数以指定次数重复字符串值。用法如下：

```
REPLICATE(字符串表达式, 整型表达式)
```

其中，字符串表达式为字符串或二进制数据类型的表达式；整型表达式为任何整数类型的表达式（包括 bigint），若其值为负，则返回 NULL。函数返回值与字符串表达式类型相同。

（10）REVERSE 函数按相反顺序返回字符串值。用法如下：

```
REVERSE(字符串表达式)
```

其中，字符串表达式是字符串或二进制数据类型的表达式，可以是字符或二进制数据的常量、变量或列。函数返回值为 varchar 或 nvarchar 类型。

（11）RIGHT 函数从字符串右侧取出具有指定长度的字符。用法如下：

```
RIGHT(字符串表达式, 整型表达式)
```

其中，字符串表达式是字符或二进制数据的表达式，可以是常量、变量或列。整型表达式的值为正整数，指定从字符串表达式中返回的字符数。函数返回值为 varchar 或 nvarchar 类型。

（12）RTRIM 函数在截取所有尾随空格后返回一个字符串。用法如下：

```
RTRIM(字符串表达式)
```

其中，字符串表达式是字符数据的表达式，可以是字符或二进制数据的常量、变量或列。函数返回值为 varchar 或 nvarchar 类型。

（13）SPACE 函数返回一串重复的空格。用法如下：

```
SPACE(整型表达式)
```

其中，整型表达式的值是表示空格数的正整数，如果该值为负，则返回一个空字符串。函数返回值为 varchar 类型。

（14）STR 函数返回从数字数据转换的字符数据。用法如下：

```
STR(浮点表达式, 长度[, 小数位数])
```

其中，浮点表达式是带小数点的近似数字（float）数据类型的表达式；长度指定转换后的总长度，包括小数点、符号、数字及空格，默认值为 10；小数位数指定小数点后的位数必须小于或等于 16。函数返回值为 varchar 类型。

（15）STUFF 函数将一个字符串插入另一个字符串，它会在第一个字符串中从指定的起始位置删除指定长度的字符，然后在该位置插入第二个字符串。语法如下：

```
STUFF(字符表达式, 起点, 长度, 替换字符表达式)
```

其中，字符表达式和替换字符表达式都可以是字符或二进制数据的常量，变量或列；起点是一个整数值，指定开始删除和插入的位置；长度是一个整数值，指定要删除的字符数。

（16）SUBSTRING 函数返回字符表达式、二进制表达式、文本表达式或图像表达式的一部分（子字符串）。用法如下：

> SUBSTRING(表达式，起始位置，长度)

其中，表达式为 character、binary、text、ntext 或 image 表达式；起始位置是一个整数或 bigint 表达式，用于指定返回字符开始的位置（编号 1 表示表达式中的第一个字符）；长度是一个正整数或 bigint 表达式，用于指定将返回表达式的字符数。

（17）UNICODE 函数返回由 Unicode 标准定义的整数值，用于输入表达式的第一个字符。用法如下：

> UNICODE(字符表达式)

其中，字符表达式为 nchar 或 nvarchar 类型表达式。函数返回值为 int 类型。

（18）UPPER 函数将小写字符数据转换为大写字符数据后返回一个字符表达式。用法如下：

> UPPER(字符表达式)

其中，字符表达式为字符数据的表达式，可以是字符或二进制数据的常量、变量或列。函数返回值为 varchar 或 nvarchar 类型。

例 7.7 本例用于演示部分字符串函数的使用方法。

在 SQL 编辑器中编写并执行以下 Transact-SQL 脚本：

```sql
SELECT col1=ASCII('A'),
    col2=LEFT('SQL Server', 3),
    col3=LEN('SQL Server 2012'),
    col4=SUBSTRING('SQL Server 2012', 1, 3),
    col5=STR(123.456, 6, 3),
    col6=STUFF('abcdef', 2, 3, 'ijklmn'),
    col7=REVERSE('SQL Server 2012'),
    col8=REPLACE('aaabbbccc', 'b', 'tt'),
    col9=UNICODE('中');
GO
```

上述脚本的执行结果如图 7.8 所示。

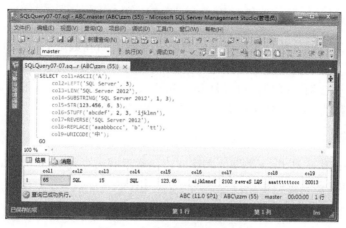

图 7.8　字符串函数应用示例

7.3.3 数学函数

数学函数都是标量值函数，它们通常基于作为参数提供的输入值执行计算，并返回一个数值。下面列出 Transact-SQL 提供的一些常用数学函数。

（1）ABS 函数返回指定数值表达式的绝对值。用法如下：

```
ABS(数值表达式)
```

其中，数值表达式是精确数字或近似数值数据类型表达式。函数返回值为正值，其类型与参数类型相同。

（2）CEILING 函数返回大于或等于指定数值表达式的最小整数。用法如下：

```
CEILING(数值表达式)
```

其中，数值表达式是精确数字或近似数值数据类型类别的表达式（bit 类型除外）。函数返回值类型与参数类型相同。

（3）FLOOR 函数返回小于或等于指定数值表达式的最大整数。用法如下：

```
FLOOR(数值表达式)
```

其中，数值表达式是精确数字或近似数值数据类型类别的表达式（bit 类型除外）。函数返回值类型与参数类型相同。

（4）POWER 函数返回指定表达式值的指定次的幂。用法如下：

```
POWER(底数，指数)
```

其中，底数是 float 类型的表达式；指数可以是精确数字或近似数值数据类型类别的表达式（bit 类型除外）。函数返回值类型与第一个参数的类型相同。

（5）RAND 函数返回从 0 到 1 的伪随机浮点值。用法如下：

```
RAND([种子])
```

其中，种子是一个整数表达式（tinyint、smallint 或 int）。如果未指定种子，则 SQL Server 数据库引擎将随机分配种子值。对于指定的种子值，返回的结果始终相同。

（6）ROUND 函数返回一个数值，舍入到指定的长度或精度。用法如下：

```
ROUND(数值表达式，长度)
```

其中，数值表达式为精确数值或近似数值数据类别（bit 数据类型除外）的表达式；长度是数值表达式要舍入的精度，必须是 tinyint、smallint 或 int 类型的表达式。函数返回值类型取决于第一个参数的类型，可以是 int、bigint、decimal(p, s)、money 或 float。

（7）SQRT 函数返回指定 float 值的平方根。用法如下：

```
SQRT(浮点表达式)
```

其中，浮点表达式是 float 类型的表达式。函数返回值也是 float 类型。

（8）SQUARE 函数返回指定浮点值的平方。用法如下：

```
SQUARE(浮点表达式)
```

其中，浮点表达式是 float 类型的表达式。函数返回值也是 float 类型。

例 7.8 本例用于演示部分数学函数的使用方法。

在 SQL 编辑器中编写并执行以下 Transact-SQL 脚本：

```
SELECT CEILING(123.45) AS [CEILING(123.45)] ,
    CEILING(-123.45) AS [CEILING(-123.45)],
    FLOOR(123.45) AS [FLOOR(123.45)],
    FLOOR(-123.45) AS [FLOOR(-123.45)],
    POWER(2, 8) AS [POWER(2, 8)],
    RAND(100) AS [RAND(100)],
    ROUND(123.9994, 3) AS [ROUND(123.9994, 3)],
    ROUND(123.9995, 3) [ROUND(123.9995, 3)]
GO
```

上述脚本的执行结果如图 7.9 所示。

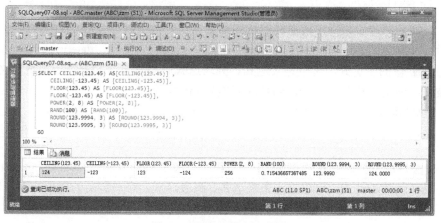

图 7.9　数学函数应用示例

7.3.4　日期函数

日期函数用于显示关于日期和时间的信息。使用这些函数可更改 date 和 datetime 值，还可以对它们执行算术运算。日期函数可以用于任何使用表达式的地方。

常用的日期函数如下。

（1）DATEADD 函数返回给指定日期加上一个时间间隔（带符号整数）后所得到的新的日期时间值。用法如下：

```
DATEADD(日期部分，数字，日期)
```

其中，日期部分指定要返回新值的日期的组成部分，有以下取值：year、yy 或 yyyy（年）；quarter、qq 或 q（季）；month、mm 或 m（月）；dayofyear、dy 或 y（一年中的天数）；day、dd 或 d（日）；week、wk 或 ww（周）；weekday 或 dw（星期几，星期日～星期六）；hour 或 hh（小时）；minute、mi 或 n（分）；second 或 ss（秒）；millisecond 或 ms（毫秒）。

数字参数指定用于与日期部分相加的值。

日期参数是可以解析为 time、date、smalldatetime、datetime、datetime2 或 datetimeoffset 值的表达式，可以是表达式、列表达式、用户定义的变量或字符串文字。如果表达式是字符串文字，则必须将其解析为 datetime。为了避免歧义，应使用四位数的年份。

DATEADD 函数返回值的数据类型是日期参数的数据类型（字符串文字除外）。字符串文字的返回数据类型是 datetime。

（2）DATEDIFF 函数返回两个日期之间的差值（带符号整数）。用法如下：

```
DATEDIFF(日期部分, 起始日期, 终止日期)
```

其中，日期部分指定两个日期之间差值的具体含义，其取值请参阅 DATEADD 函数中关于此参数的说明。起始日期和终止日期参数都是可以解析为 time、date、smalldatetime、datetime、datetime2 或 datetimeoffset 值的表达式，可以是表达式、列表达式、用户定义的变量或字符串文字。起始日期从终止日期中减去。DATEDIFF 函数具有确定性，函数返回值为 int 类型。

（3）DATEPART 函数返回一个整数，表示指定日期中的指定部分。用法如下：

```
DATEPART(日期部分, 日期)
```

其中，日期部分参数指定要返回的日期部分含义，请参阅 DATEADD 函数中关于此参数的说明。日期参数是可以解析为 time、date、smalldatetime、datetime、datetime2 或 datetimeoffset 值的表达式，可以是表达式、列表达式、用户定义的变量或字符串文字。为了避免歧义，使用四位数的年份。函数返回值为 int 类型。

（4）DAY 函数返回一个整数，表示日期 date 中的"日"部分。用法如下：

```
DAY(日期)
```

其中，日期参数是可以解析为 time、date、smalldatetime、datetime，datetime2 或 datetimeoffset 值的表达式，可以是一个表达式、列表达式、用户定义的变量或字符串文字。DAY 函数具有确定性，函数返回值为 int 类型。

（5）GETDATE 函数返回当前数据库系统时间戳作为 datetime 值，而不使用数据库时区偏移量，此值来自运行 SQL Server 实例的计算机的操作系统。用法如下：

```
GETDATE()
```

GETDATE 函数不具有确定性，其返回值为 datetime 类型。

（6）MONTH 函数返回表示指定日期中月份的整数。用法如下：

```
MONTH(日期)
```

其中，日期参数是可以解析为 time、date、smalldatetime、datetime，datetime2 或 datetimeoffset 值的表达式，可以是一个表达式、列表达式、用户定义的变量或字符串文字。MONTH 函数具有确定性，其返回值类型为 int。

（7）SYSDATETIME 函数返回包含运行 SQL Server 实例的计算机系统的日期和时间的 datetime2 值。用法如下：

```
SYSDATETIME()
```

该函数返回值类型为 datetime2（7）。

（8）YEAR 函数返回一个整数，表示指定日期的年份。用法如下：

YEAR(日期)

其中，日期参数是可以解析为 time、date、smalldatetime、datetime，datetime2 或 datetimeoffset 值的表达式，可以是一个表达式、列表达式、用户定义的变量或字符串文字。YEAR 函数具有确定性，其返回值类型为 int。

例 7.9 本例用于演示日期函数的使用方法。

在 SQL 编辑器中编写并执行以下 Transact-SQL 脚本：

```
SELECT SYSDATETIME() AS [当前日期和时间],
    DATEPART(year, GETDATE()) AS [当前年份],
    DATEPART(month, GETDATE()) AS [当前月份],
    DATEPART(day, GETDATE()) AS [当前天数],
    DATEPART(hour, GETDATE()) AS [时],
    DATEPART(minute, GETDATE()) AS [分],
    DATEPART(second, GETDATE()) AS [分];
SELECT DATEADD(day, 10, GETDATE()) AS [十天之后],
    DATEADD(month, 10, GETDATE()) AS [十个月之后],
    DATEADD(year, 10, GETDATE()) AS [十年之后];
SELECT CAST(DATEDIFF(day, GETDATE(),'2018-02-16') AS varchar(4))+'天'
    AS [离2018农历戊戌年春节还有];
GO
```

上述脚本的执行结果如图 7.10 所示。

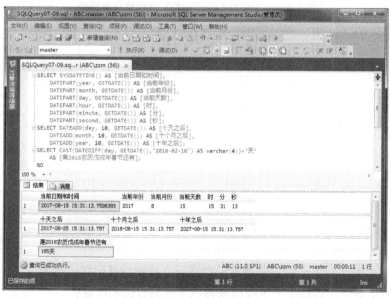

图 7.10 日期函数应用示例

7.3.5 转换函数

在 Transact-SQL 中，数据类型转换可以分为隐式转换和显式转换。隐式转换对用户不可见，会自动将数据从一种数据类型转换为另一种数据类型。例如，将 smallint 与 int 进行比较时 smallint 会被隐式转换为 int。显式转换使用 CAST 或 CONVERT 函数实现，这两个函数可以将局部变量、列或其他表达式从一种数据类型转换为另一种数据类型。

1. CAST 函数

CAST 函数用于将某种数据类型的表达式显式地转换为另一种数据类型，语法格式如下：

```
CAST(表达式 AS 数据类型[(长度)])
```

其中，表达式参数指定要转换其数据类型的表达式，可以是任何有效的表达式；数据类型是目标数据类型，别名数据类型不能使用；长度是一个可选整数，用于指定目标数据类型的长度，默认值为 30。

2. CONVERT 函数

若要指定转换后数据的样式，可使用 CONVERT 函数进行数据类型转换。语法格式如下：

```
CONVERT(数据类型[(长度)]，表达式[，样式])
```

其中，表达式、数据类型和长度参数的含义与 CAST 函数中相应参数相同。

样式参数是一个整数表达式，它指定 CONVERT 函数如何转换表达式。如果样式为 NULL，则返回 NULL。范围由数据类型决定。

当表达式是日期或时间数据类型时，样式参数可以是表 7.1 中列出的值之一。从 SQL Server 2012 开始，从日期和时间类型转换为 datetimeoffset 时唯一支持的样式为 0 或 1，所有其他转换样式返回错误 9809。

表 7.1　日期型与字符型转换时样式参数典型值

不带世纪位数（yy）	不带世纪位数（yyyy）	输入/输出
	0 或 100	mon dd yyyy hh:mi AM（或 PM）
1	101	1 = mm / dd / yy 101 = mm / dd / yyyy
8	108	hh:mi:ss
10	100	10 = mm-dd-yy 110 = mm-dd-yyyy
11	111	11 = yy / mm / dd 111 = yyyy / mm / dd
12	112	12 = yymmdd 112 = yyyymmdd
	20 或 120	yyyy-mm-dd hh:mi:ss（24 小时）

表 7.1 中左侧两列表示将日期型数据转换为字符数据时的样式参数值。左侧第一列的值表示不带世纪数位，该值加上 100 可获得包括世纪数位的年份。

当表达式为 float 或 real 类型时，样式参数可以是表 7.2 中列出的值之一。

表 7.2　float 或 real 转换为字符型数据时样式参数取值

样式参数值	输　出
0（默认）	适当时用科学符号表示，长度最多为 6 位数
1	始终使用科学记数法，长度为 8 位数
2	始终使用科学记数法，长度 16 位数

当表达式是 money 或 smallmoney 类型时，样式参数可以是表 7.3 中列出的值之一。

表 7.3 从 money 或 smallmoney 转换为字符型数据时样式参数取值

样式参数值	输　出
0（默认）	小数点左边数字，小数点右侧的两位数字都不加逗号。例如 4235.98
1	小数点左边三位数字的逗号，小数点右边的两位数字。例如 3,510.92
2	小数点左边数字，小数点右边四位数字，例如 4235.9819

例 7.10 本例用于演示转换函数的使用方法。

在 SQL 编辑器中编写并执行以下 Transact-SQL 脚本：

```
DECLARE @now datetime, @f float;
SET @now=GETDATE();
SET @f=123.456;
PRINT CAST(@now AS varchar(26));
PRINT CONVERT(char(10), @now, 111);
PRINT CONVERT(char(8), @now, 8);
PRINT CONVERT(varchar(22), @now, 120);
PRINT CAST(@f AS varchar(10));
SET @f=@f*100000;
PRINT CONVERT(varchar(22), @f, 0);
PRINT CONVERT(varchar(22), @f, 1);
PRINT CONVERT(varchar(22), @f, 2);
GO
```

上述脚本的执行结果如图 7.11 所示。

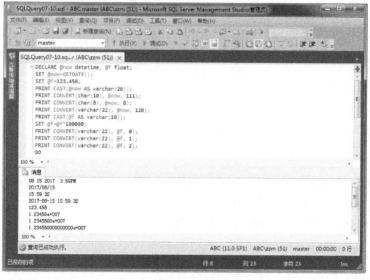

图 7.11　转换函数应用示例

7.3.6 系统函数

系统函数对 SQL Server 中的值、对象和设置进行操作并返回有关信息。有一些系统函数的名称以@@开头，而且不需要使用圆括号。

下面列出一些常用的系统函数。

（1）@@ERROR 函数返回执行的上一个 Transact-SQL 语句的错误号。如果前一个语句执行没有错误，则返回 0。用法如下：

```
@@ERROR
```

返回值类型为整数。

（2）@@IDENTITY 函数返回最后插入的标识值。用法如下：

```
@@IDENTITY
```

返回值类型为 numeric(38, 0)。

（3）@@ROWCOUNT 函数返回受上一语句影响的行数。用法如下：

```
@@ROWCOUNT
```

返回值类型为 int。

（4）@@SERVERNAME 函数返回运行 SQL Server 的本地服务器的名称。用法如下：

```
@@SERVERNAME
```

返回值为 nvarchar 类型。

（5）@@SERVICENAME 函数返回 SQL Server 正在其下运行的注册表项的名称。若当前实例为默认实例，则@@SERVICENAME 返回 MSSQLSERVER；若当前实例是命名实例，则该函数返回该实例名。用法如下：

```
@@SERVICENAME
```

返回值类型为 nvarchar。

（6）@@VERSION 函数返回当前的 SQL Server 安装的版本、处理器体系结构、生成日期及操作系统。用法如下：

```
@@VERSION
```

返回值类型为 nvarchar。

（7）DB_ID 函数返回数据库标识号（ID）。用法如下：

```
DB_ID(['数据库名称'])
```

其中，database_name 指定用于返回对应的数据库 ID 的数据库名称，如果省略该参数，则返回当前数据库 ID。返回值类型为 int。

（8）DB_NAME 函数返回数据库名称。用法如下：

```
DB_NAME([数据库标识号])
```

其中，数据库标识号指定要返回的数据库的标识号，如果未指定该参数，则返回当前数据库名称。返回值类型为 nvarchar(128)。

（9）HOST_ID 函数返回工作站标识号。用法如下：

```
HOST_ID()
```

返回值类型为 char(10)。

（10）HOST_NAME 函数返回工作站名。用法如下：

```
HOST_NAME()
```

返回值类型为 nvarchar(128)。

（11）IDENT_CURRENT 函数返回为指定的表或视图生成的最后一个标识值，所生成的最后一个标识值可以用于任何会话和任何范围。用法如下：

```
IDENT_CURRENT('表名称')
```

其中，表名称指定返回其标识值的表的名称。返回值类型为 numeric(38,0)。

（12）IDENT_INCR 函数返回在表或视图中创建标识列时指定的增量值。用法如下：

```
IDENT_INCR('表或视图')
```

其中，表或视图是一个表达式，它指定要检查有效的标识增量值的表或视图，可以是一个用引号括起来的字符串常量、变量、函数或列名。返回值类型为 numeric。

（13）IDENT_SEED 函数返回在表或视图中创建标识列时指定的种子值。用法如下：

```
IDENT_SEED('表或视图')
```

其中，表或视图是一个表达式，它指定要检查有效的标识增量值的表或视图，可以是一个用引号括起来的字符串常量、变量、函数或列名。返回值类型为 numeric。

（14）ISDATE 函数确定输入表达式是否为有效日期。用法如下：

```
ISDATE(表达式)
```

其中，表达式是可以转换为字符串的字符串或表达式。日期和时间数据类型（datetime 和 smalldatetime 除外）不允许作为 ISDATE 的参数。返回值类型为 int，如果输入表达式是有效日期，则 ISDATE 返回 1，否则返回 0。

（15）ISNULL 函数使用指定的值来替换 NULL 值。用法如下：

```
ISNULL(待检查表达式，替换表达式)
```

其中，待检查表达式为将被检查是否为 NULL 的表达式，可以是任何类型；替换表达式为当待检查表达式为 NULL 时要返回的表达式，它必须是可隐式转换为待检查类型的类型。如果待检查表达式不为 NULL，则返回它的值，否则在将替换表达式隐式转换为待检查表达式的类型（若这两个类型不同）后返回前者。

（16）ISNUMERIC 函数确定表达式是否为有效的数值类型。用法如下：

```
ISNUMERIC(表达式)
```

其中，表达式指定要检查的表达式。如果输入该表达式的计算值为有效的整数、浮点数、money 或 decimal 类型时，则 ISNUMERIC 返回 1，否则返回 0。

（17）NEWID 函数创建 uniqueidentifier 类型的唯一值。用法如下：

```
NEWID()
```

返回值类型为 uniqueidentifier。

（18）OBJECT_ID 函数返回架构范围内对象的数据库对象标识号。用法如下：

```
OBJECT_ID('对象名称'[, '对象类型'])
```

其中，'对象名称' 指定是要使用的对象。'对象类型' 指定是架构范围的对象类型。有关对象类型的列表，请参阅 sys.objects 中的 type 列。函数返回值类型为 int。

（19）OBJECT_NAME 函数返回架构范围内对象的数据库对象名称。用法如下：

```
OBJECT_NAME(对象标识号)
```

其中，对象标识号表示要使用的对象的 ID，并且被假定为指定数据库中的架构范围内的对象，或者在当前数据库上下文中。返回值类型为 sysname。

（20）SUSER_ID 函数返回用户的登录标识号。用法如下：

```
SUSER_ID(['登录名'])
```

其中，'登录名'是用户的登录名，可以是任何具有连接到 SQL Server 实例的权限的 SQL Server 登录名或 Windows 用户或组。如果登录未指定，则返回当前用户的登录标识号。如果参数包含 NULL，则返回 NULL。返回值类型为 int。

（21）SUSER_NAME 函数返回用户的登录标识名。用法如下：

```
SUSER_NAME([服务器用户标识号])
```

其中，服务器用户标识号指定用户的登录标识号，可以是允许连接到 SQL Server 实例的任何 SQL Server 登录名或 Windows 用户或用户组的登录标识号。若未指定该参数，则返回当前用户的登录标识名。

（22）USER_ID 函数返回数据库用户的标识号。用法如下：

```
USER_ID(['用户名'])
```

其中，'用户名'是要使用的用户名。当省略该参数时，则假定为当前用户。返回类型为 int。

（23）USER_NAME 函数基于标识号返回数据库用户名。用法如下：

```
USER_NAME([标识号])
```

其中，标识号是与数据库用户关联的标识号。如果省略参数，则假定为当前上下文中的当前用户。返回类型为 nvarchar(256)。

例 7.11 本例用于演示部分系统函数的使用方法。

在 SQL 编辑器中编写并执行以下 Transact-SQL 脚本：

```
PRINT '当前 SQL Server 的版本：'+@@VERSION;
PRINT '运行 SQL Server 的本地服务器名称：'+@@SERVERNAME;
PRINT '当前所用服务名称：'+@@SERVICENAME;
PRINT '当前数据库标识号：'+CAST(DB_ID() AS char(1));
PRINT '当前数据库名称：'+DB_NAME();
PRINT '当前用户的登录标识名：'+SUSER_NAME();
PRINT '当前数据库用户名：'+USER_NAME();
GO
```

上述脚本的执行结果如图 7.12 所示。

图 7.12　系统函数应用示例

7.3.7　用户定义函数

用户定义函数可以使用 CREATE FUNCTION 语句创建，它是由一个或多个 Transact-SQL 语句组成的子程序，可以用于封装代码以便重新使用。创建一个用户定义函数之后，还可以使用 ALTER FUNCTION 语句对其进行修改，或者使用 DROP FUNCTION 语句将其删除。

1. 用户定义函数概述

用户定义函数是接受参数、执行操作（如复杂计算），并将操作结果以值的形式返回的例程。返回值可以是单个标量值或结果集。使用用户定义函数有以下优点：允许模块化程序设计、执行速度更快、减少网络流量。

所有用户定义函数都是由标题和正文两部分组成的。函数可以接受零个或多个输入参数，返回标量值或表。标题定义包括以下内容：具有可选架构/所有者名称的函数名称，输入参数名称和数据类型，可以用于输入参数的选项，返回参数数据类型和可选名称，可以用于返回参数的选项。正文定义了函数将要执行的操作或逻辑，它包括以下两者之一：执行函数逻辑的一个或多个 Transact-SQL 语句，.NET 程序集的引用。

SQL Server 2012 支持以下 4 种类型的用户定义函数。

（1）标量值函数：通过 RETURNS 子句返回单个数据值，函数返回值类型可以是除 text、ntext、image、cursor 和 timestamp 之外的任何数据类型。标量值函数可以在 BEGIN...END 块中定义函数主体，并给出返回标量值的语句系列。

（2）内联表值函数：返回 table 数据类型，可以替代视图。内联表值函数没有函数主体，表是单个 SELECT 语句的结果集。

（3）多语句表值函数：可以在 BEGIN...END 块中定义函数主体，并通过 Transact-SQL 语句生成行，然后将行插入将返回的表中。

（4）CLR 函数：基于 Microsoft .NET Framework 公共语言运行时（CLR）中创建的程

序集使用编程方法创建。

在用户定义函数中，可以使用下列类型的语句。

- DECLARE 语句，该语句可用于定义函数局部的数据变量和游标。
- 为函数局部对象的赋值，如使用 SET 为标量和表局部变量赋值。
- 游标操作，该操作引用在函数中声明、打开、关闭和释放的局部游标。可使用 FETCH 语句通过 INTO 子句给局部变量赋值，不允许使用 FETCH 语句将数据返回到客户端。
- 除 TRY...CATCH 语句之外的流程控制语句。
- SELECT 语句，该语句包含具有为函数的局部变量赋值的表达式的选择列表。
- INSERT、UPDATE 和 DELETE 语句，这些语句修改函数的局部表变量。
- EXECUTE 语句，该语句调用扩展存储过程。

在用户定义函数中可以使用某些不确定性内置函数，例如 GETDATE 等；另一些不确定性内置函数则不能使用，例如 NEWID、RAND 等。

2. 创建用户定义函数

用户定义函数可以使用 CREATE FUNCTION 语句来创建。由于篇幅所限，这里重点介绍标量值函数的创建和应用。

创建标量值函数时，CREATE FUNCTION 语句的语法格式如下：

```
CREATE FUNCTION [架构名称.]函数名称
([{@参数名称 [AS] [类型构架名称.]参数数据类型[=默认值]}[, ...]])
RETURNS 返回值数据类型
    [WITH [ENCRYPTION]|[SCHEMABINDING][, ...]]
    [AS]
    BEGIN
        函数体
        RETURN 标量表达式
    END[;]
```

其中，架构名称指定用户定义函数所属的架构。函数名称指定用户定义函数的名称，此名称必须符合有关标识符的规则，并且在数据库中及对其架构来说是唯一的。

"@参数名称"指定用户定义函数的参数。可以声明一个或多个参数。函数最多可以有 1 024 个参数。执行函数时，如果未定义参数的默认值，则用户必须提供每个已声明参数的值。类型架构名称和参数数据类型指定参数类型所属架构和参数的数据类型。

"=默认值"指定参数的默认值。若定义了默认值，则无须指定此参数的值即可执行函数。

"返回值数据类型"指定标量用户定义函数的返回值的数据类型。

"函数体"指定一系列定义函数值的 Transact-SQL 语句，这些语句在一起使用不会产生负面影响（如修改表）。标量表达式指定函数返回的标量值。

ENCRYPTION 指示数据库引擎对包含 CREATE FUNCTION 语句文本的目录视图列进行加密。SCHEMABINDING 指定将函数绑定到其引用的数据库对象。

也可以使用 SSMS 图形界面通过模板快速生成 CREATE FUNCTION 语句，操作方法是：在对象资源管理器中展开数据库，在该数据库下方依次展开"可编程性"和"函数"，然后右键单击"标量值函数"并选择"新建标量值函数"，此时会在 SQL 编辑器窗口中生成一个 CREATE FUNCTION 语句的框架，可以在这里填写函数名称、参数的名称及其类型、函数体及函数的返回值。执行 CREATE FUNCTION 语句后即可生成用户定义函数。

3. 调用用户定义函数

当调用标量值用户定义函数时，必须至少提供由架构名称和函数名称两部分组成的名称。例如，下面的示例在 SELECT 语句的选择列表中调用一个名为 MyScalar 的用户标量值函数：

```
SELECT *,dbo.MyScalar() FROM table1;
```

对于表值函数，则可以直接使用函数名称来调用。例如：

```
SELECT * FROM MyTable();
```

当调用返回表的 SQL Server 内置函数时，必须将前缀 "::" 添加到函数名称前面，例如：

```
SELECT * FROM ::fn_helpcollations();            --返回 SQL Server 2012 支持的所有
排序规则的列表
```

4. 修改用户定义函数

若要对用户定义函数进行修改，可使用 SSMS 图形界面来实现，操作方法是：在对象资源管理器中展开包含用户定义函数的数据库，在该数据库下方依次展开"可编程性"和"函数"节点，然后右键单击"标量值函数"并选择"修改"命令，此时会在 SQL 编辑器中生成一个 ALTER FUNCTION 语句，在这里修改函数定义，然后执行 ALTER FUNCTION 语句。

5. 删除用户定义函数

对于不再需要使用的用户定义函数，可以在对象资源管理器中将其从所在数据库中删除。操作方法是：在对象资源管理器中展开包含用户定义函数的数据库，在该数据库下方依次展开"可编程性"、"函数"和"标量值函数"（或"表值函数"）节点，右键单击要删除的函数并选择"删除"命令，然后在"删除对象"对话框中单击"确定"按钮。

也可以使用 DROP FUNCTION 语句从当前数据库中删除用户定义函数，语法格式如下：

```
DROP FUNCTION {[架构名称.]函数名称}[, ...]
```

其中，架构名称指定用户定义函数所属的架构，函数名称指定要删除的用户定义函数。可以选择是否指定架构名称，但不能指定服务器名称和数据库名称。

例 7.12 在 EduAdmin 数据库中创建一个用户定义函数，用于两个日期之间相差的年数；然后在 SELECT 语句中使用该函数来计算教师的年龄和工龄。

在 SQL 编辑器中编写并执行以下脚本：

```
USE EduAdmin;
GO
IF OBJECT_ID(N'dbo.DayInterval','FN') IS NOT NULL
    DROP FUNCTION dbo.DayInterval;
GO
CREATE FUNCTION dbo.DayInterval
```

```
(@date1 AS date, @date2 AS date)
RETURNS int
AS
BEGIN
    DECLARE @ResultVar int
    SET @ResultVar=DATEDIFF(year, @date1, @date2);
    RETURN (@ResultVar);
END
GO
SELECT TeacherID AS 教师编号, TeacherName AS 教师姓名,
    dbo.DayInterval(BirthDate, GETDATE()) AS 年龄,
    dbo.DayInterval(EntryDate, GETDATE()) AS 工龄
FROM Teacher;
GO
```

上述脚本的执行结果如图 7.13 所示。

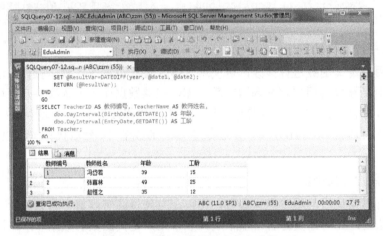

图 7.13　创建和调用用户定义函数

任务 7.4　使用游标

关系数据库中的操作会对整个行集起作用。由 SELECT 语句返回的行集包括满足该语句的 WHERE 子句中条件的所有行，这种由语句返回的完整行集称为结果集。应用程序尤其是交互式联机应用程序并不总能将整个结果集作为一个单元来有效地处理，这些应用程序需要一种机制以便每次处理一行或一部分行。游标就是提供这种机制对结果集的一种扩展。通过本任务将学习和掌握游标的使用方法。

任务目标

- 理解游标的基本概念
- 掌握定义和打开游标的方法
- 掌握通过游标提取和更新数据的方法
- 掌握关闭和释放游标的方法

7.4.1 理解游标

游标通过以下方式来扩展结果处理：允许定位在结果集的特定行；从结果集的当前位置检索一行或几行；支持对结果集中当前位置的行进行数据修改；为由其他用户对显示在结果集中的数据库数据所做的更改提供不同级别的可见性支持；提供脚本、存储过程和触发器中使用的 Transact-SQL 语句，以访问结果集中的数据。

SQL Server 支持两种请求游标的方法。

- Transact-SQL。在 Transact-SQL 中可以使用根据 SQL-92 游标语法制定的游标的语法。
- 数据库应用程序编程接口（API）游标函数。SQL Server 支持数据库 API 的游标功能，包括 ADO（ActiveX 数据对象）、OLE DB 和 ODBC（开放式数据库连接）。

本书中主要讨论 Transact-SQL 游标的使用方法。关于 API 游标，请参阅有关技术资料。

在 Transact-SQL 中，使用游标主要包括以下 5 个步骤。

（1）定义游标。使用 DECLARE CURSOR 语句将游标与 Transact-SQL 语句的结果集相关联，并且定义该游标的特性，例如是否能够更新游标中的行。

（2）打开游标。执行 OPEN 语句以填充游标。

（3）提取数据。使用 FETCH 语句从游标中检索一行或几行，这个操作称为提取。执行一系列提取操作以便向前或向后检索行的操作称为滚动。

（4）更改数据。根据需要，使用 UPDATE 或 DELETE 语句对游标中当前位置的行执行更新或删除操作。

（5）关闭游标。使用 CLOSE 语句关闭游标并释放当前结果集。

7.4.2 定义游标

在 Transact-SQL 中，可以使用 DECLARE CURSOR 语句来定义游标的属性，例如游标的滚动行为和用于生成游标所操作的结果集的查询等。DECLARE CURSOR 语句有两种语法：基于 SQL-92 标准的语法和 Transact-SQL 扩展语法。

1. SQL-92 语法

基于 SQL-92 标准的 DECLARE CURSOR 语句具有以下语法格式：

```
DECLARE 游标名称 [INSENSITIVE] [SCROLL] CURSOR
FOR SELECT 语句
[FOR {READ ONLY|UPDATE [OF 列名称[, ...]]}][;]
```

其中，游标名称指定所定义的 Transact-SQL 服务器游标的名称，必须符合标识符规则。

INSENSITIVE 指定创建将由该游标使用的数据的临时表，对游标的所有请求都从tempdb 系统数据库中的临时表中得到应答。因此，在对该游标进行提取操作时返回的数据中不反映对基础表所做的修改，并且该游标不允许修改。如果省略 INSENSITIVE，则已提交的（任何用户）对基础表的删除和更新都反映在后面的提取（FETCH）中。

SCROLL 指定所有的提取选项（FIRST、LAST、PRIOR、NEXT、RELATIVE、ABSOLUTE）均可用。如果未指定 SCROLL，则 NEXT 是唯一支持的提取选项。

SELECT 语句表示定义游标结果集的标准 SELECT 语句，在该语句内不允许使用关键字 COMPUTE、COMPUTE BY、FOR BROWSE 和 INTO。

READ ONLY 禁止通过该游标进行更新。在 UPDATE 或 DELETE 语句的 WHERE CURRENT OF 子句中不能引用游标。该选项优于要更新的游标的默认功能。

UPDATE 子句定义游标中可更新的列。如果指定了 OF 列名称[, ...]，则只允许修改列出的列。如果指定了 UPDATE，但未指定列的列表，则可以对所有列进行更新。

2. Transact-SQL 扩展语法

Transact-SQL 在 SQL-92 标准语法的基础上添加了一些扩展选项，经过扩展后的 DECLARE CURSOR 语句具有以下语法格式：

```
DECLARE 游标名称 CURSOR
[LOCAL|GLOBAL]
[FORWARD_ONLY|SCROLL]
[STATIC|KEYSET|DYNAMIC|FAST_FORWARD]
[READ_ONLY|SCROLL_LOCKS|OPTIMISTIC]
[TYPE_WARNING]
FOR SELECT 语句
[FOR UPDATE [OF 列名称[, ...]]]][;]
```

其中，游标名称指定 Transact-SQL 服务器游标的名称，必须符合标识符规则。

LOCAL 指定对于在其中创建的批处理、存储过程或触发器来说，该游标的作用域是局部的，该游标名称仅在这个作用域内有效。

GLOBAL 指定该游标的作用域对连接是全局的。在由连接执行的任何存储过程或批处理中，都可以引用该游标名称。该游标仅在断开连接时隐式释放。

如果 GLOBAL 和 LOCAL 均未指定，则默认值由相应的数据库选项的设置控制。

FORWARD_ONLY 定义一个只进游标，该游标只能从第一行滚动到最后一行。FETCH NEXT 是唯一受支持的提取选项。

STATIC 定义一个静态游标，以创建将由该游标使用的数据的临时复本。对游标的所有请求都从 tempdb 系统数据库中的这一临时表中得到应答。因此，在对该游标进行提取操作时返回的数据中不反映对基础表所做的修改，并且该游标不允许修改。

KEYSET 定义一个键集游标，当游标打开时游标中行的成员身份和顺序已经固定。对行进行唯一标识的键集内置在 tempdb 系统数据库内一个称为 keyset 的表中。对基础表中的非键值所做的更改在用户滚动游标时是可见的，其他用户进行的插入是不可见的，也就是不能通过 Transact-SQL 服务器游标进行插入。若某行已被删除，则对该行进行提取操作时将发生错误。

DYNAMIC 定义一个动态游标，以反映在滚动游标时对结果集内的各行所做的所有数据更改。行的数据值、顺序和成员身份在每次提取时都会更改。动态游标不支持 ABSOLUTE 提取选项。

FAST_FORWARD 指定启用了性能优化的 FORWARD_ONLY、READ_ONLY 游标。如果指定了 SCROLL 或 FOR_UPDATE，则不能指定 FAST_FORWARD。

READ_ONLY 禁止通过该游标进行更新。在 UPDATE 或 DELETE 语句的 WHERE CURRENT OF 子句中不能引用游标。该选项优于要更新的游标的默认功能。

SCROLL_LOCKS 指定通过游标进行的定位更新或删除保证会成功。将行读取到游标中以确保它们对随后的修改可用时，SQL Server 将锁定这些行。若还指定了 FAST_FORWARD，则不能指定 SCROLL_LOCKS。

OPTIMISTIC 指定如果行自从被读入游标以来已得到更新，则通过游标进行的定位更新或定位删除不会成功。当将行读入游标时 SQL Server 不会锁定行。相反，SQL Server 使用 timestamp 列值的比较，或者如果表没有 timestamp 列，则使用校验和值，以确定将行读入游标后是否已修改该行。如果已修改该行，则尝试进行的定位更新或删除将失败。如果还指定了 FAST_FORWARD，则不能指定 OPTIMISTIC。

TYPE_WARNING 指定如果游标从所请求的类型隐式转换为另一种类型，则向客户端发送警告消息。

SELECT 语句表示定义游标结果集的标准 SELECT 语句。

FOR UPDATE 子句定义游标中可以更新的列。如果提供了 OF 列名称[, ...]，则只允许修改列出的列。如果指定了 UPDATE，但未指定列的列表，则除非指定了 READ_ONLY 并发选项，否则可以更新所有的列。

7.4.3 打开游标

使用 OPEN 语句打开 Transact-SQL 服务器游标，然后通过执行在 DECLARE CURSOR 或 SET 语句中指定的 SELECT 语句来填充游标。语法格式如下：

```
OPEN {{[GLOBAL] 游标名称}|游标变量名称}
```

其中，GLOBAL 指定游标是全局游标。游标名称指定已声明的游标的名称。如果全局游标和局部游标都使用该游标名称，则当指定 GLOBAL 时指的是全局游标，否则指的是局部游标。

游标变量名称指定已声明的游标变量的名称，该变量引用一个游标。

打开游标后，可以使用 @@ERROR 函数来检查打开操作是否成功：如果该函数返回 0，则表明游标打开成功，否则表明游标打开失败。还可以使用 @@CURSOR_ROWS 函数在上次打开的游标中来获取符合条件的行数，该函数具有以下四种可能的返回值。

- −m：游标被异步填充。返回值（−m）是键集中当前的行数。
- −1：游标为动态游标。因为动态游标可反映所有更改，所以游标符合条件的行数不断变化。因此，永远不能确定已检索到所有符合条件的行。
- 0：目前没有已打开的游标，对于上一个打开的游标没有符合条件的行，或上一个打开的游标已被关闭或被释放。
- n：游标已完全填充。返回值（n）是游标中的总行数。

例 7.13 在 EduAdmin 数据库中使用游标计算学生人数。

在 SQL 编辑器中编写并执行以下 Transact-SQL 脚本：

```
USE EduAdmin;
GO
DECLARE stu_cursor CURSOR KEYSET          --定义游标
FOR SELECT * FROM Student;
OPEN stu_cursor                    --打开游标
IF @@ERROR=0 AND @@CURSOR_ROWS>0
    PRINT '学生人数为：'+CAST( @@CURSOR_ROWS AS varchar(3));
```

```
CLOSE stu_cursor;                              --关闭游标
DEALLOCATE stu_cursor;                         --释放游标
GO
```

上述脚本的执行结果如图 7.14 所示。

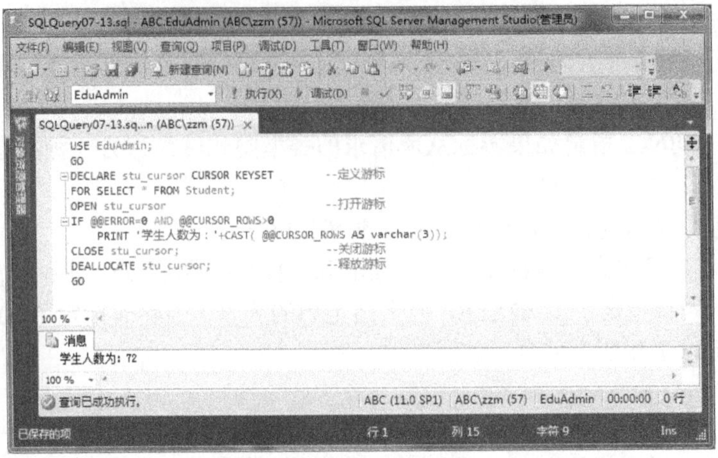

图 7.14　打开游标并显示游标中包含的行数

7.4.4　通过游标提取数据

当定义并打开一个 Transact-SQL 服务器游标之后，便可以使用 FETCH 语句从该游标中检索特定的行。语法格式如下：

```
FETCH
    [[NEXT|PRIOR|FIRST|LAST|ABSOLUTE {n|@nvar}|RELATIVE {n|@nvar}]
    FROM]
{{[GLOBAL] 游标名称}|@游标变量名称}
[INTO @变量名称[, ...]]
```

其中，NEXT 指定紧跟当前行返回结果行，并且当前行递增为返回行。如果 FETCH NEXT 为对游标的第一次提取操作，则返回结果集中的第一行。NEXT 为默认的游标提取选项。

PRIOR 指定返回紧邻当前行前面的结果行，并且当前行递减为返回行。如果 FETCH PRIOR 为对游标的第一次提取操作，则没有行返回并且游标置于第一行之前。

FIRST 指定返回游标中的第一行并将其作为当前行。

LAST 指定返回游标中的最后一行并将其作为当前行。

ABSOLUTE {n | @nvar} 指定按常量或变量的值以绝对行号返回行。如果 n 或@nvar 为正数，则返回从游标头开始的第 n 行，并将返回行变成新的当前行。如果 n 或@nvar 为负数，则返回从游标末尾开始的第 n 行，并将返回行变成新的当前行。如果 n 或@nvar 为 0，则不返回行。n 必须是整数常量，而@nvar 的数据类型必须为 smallint、tinyint 或 int。

RELATIVE { n | @nvar} 指定按常量或变量的值以相对行号返回行。如果 n 或@nvar 为正数，则返回从当前行开始的第 n 行，并将返回行变成新的当前行。如果 n 或@nvar 为负数，则返回当前行之前第 n 行，并将返回行变成新的当前行。如果 n 或@nvar 为 0，则

返回当前行。在对游标完成第一次提取时，如果在将 n 或@nvar 设置为负数或 0 的情况下指定FETCH RELATIVE,则不返回行。n必须是整数常量,@nvar的数据类型必须为smallint、tinyint 或 int。

GLOBAL 指定游标是指全局游标。游标名称指定要从中进行提取的打开的游标的名称。如果同时存在以该游标名称作为名称的全局和局部游标，并且指定了 GLOBAL，则游标名称是指全局游标，如果未指定 GLOBAL，则指局部游标。

@游标变量名称表示已声明的游标变量，引用要从中进行提取操作的打开的游标。

INTO @变量名称[, ...]指定将提取操作的列数据放到局部变量中。列表中的各个变量从左到右与游标结果集中的相应列相关联。各变量的数据类型必须与相应结果集列的数据类型匹配，或是结果集列数据类型所支持的隐式转换。变量数目必须与游标选择列表中的列数一致。

如果 SCROLL 选项未在 SQL-92 样式的 DECLARE CURSOR 语句中指定，则 NEXT 是唯一受支持的 FETCH 选项。如果在 SQL-92 样式的 DECLARE CURSOR 语句中指定了 SCROLL 选项，则支持所有 FETCH 选项。

如果使用 Transact-SQL DECLARE 游标扩展语法，则应用下列规则。

- 如果指定了 FORWARD_ONLY 或 FAST_FORWARD，则 NEXT 是唯一受支持的 FETCH 选项。
- 如果未指定 DYNAMIC、FORWARD_ONLY 或 FAST_FORWARD 选项，并且指定了 KEYSET、STATIC 或 SCROLL 中的某一个，则支持所有 FETCH 选项。
- DYNAMIC SCROLL 游标支持除 ABSOLUTE 以外的所有 FETCH 选项。

通过调用@@FETCH_STATUS 函数可以报告上一个 FETCH 语句的状态。该函数有以下三个可能的取值：0 表示 FETCH 语句执行成功；-1 表示 FETCH 语句执行失败或此行不在结果集中；-2 表示要提取的行不存在。这些状态信息应该用于在对由 FETCH 语句返回的数据进行任何操作之前，以确定这些数据的有效性。

例 7.14 在 EduAdmin 数据库中使用游标提取电 1601 班学生的记录。

在 SQL 编辑器中编写并执行以下 Transact-SQL 脚本：

```
USE EduAdmin;
GO
DECLARE stu_cursor CURSOR FOR
SELECT StudentID AS 学号, StudentName AS 姓名, Gender AS 性别 FROM Student
WHERE ClassID='160201';
OPEN stu_cursor;
--执行首次提取
FETCH NEXT FROM stu_cursor;
--检查@@FETCH_STATUS，若仍有行存在，则继续提取
WHILE @@FETCH_STATUS=0
BEGIN
    FETCH NEXT FROM stu_cursor;
END
CLOSE stu_cursor;
DEALLOCATE stu_cursor;
GO
```

上述脚本的执行结果如图 7.15 所示。

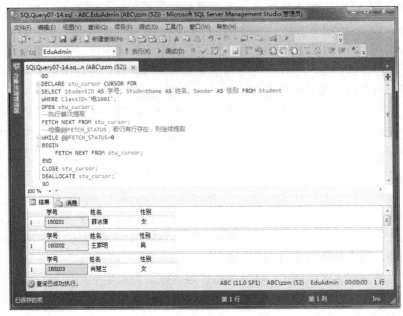

图 7.15 通过游标提取数据

7.4.5 通过游标更新数据

如果希望在通过 Transact-SQL 服务器游标提取某行后修改或删除该行，可以先定义一个可更新的游标，即在游标定义语句中指定 FOR UPDATE 子句。如果需要，还可以指定要更新哪些列。定义可更新游标后，可以在 UPDATE 或 DELETE 语句中使用一个 WHERE CURRENT OF <游标>子句，从而对游标当前所指向的数据行进行修改或删除。

例 7.15 在 EduAdmin 数据库中，使用游标查找学号为 080091 的电工基础课程成绩记录，并在该成绩中加上 5 分。

为了完成例中指定的任务，首先通过在 DECLARE CURSOR 语句中使用 FOR UPDATE 子句来定义一个可更新游标，然后打开该游标并使用 FETCH ABSOLUTE 语句定位到要修改的行，接着通过在 UPDATE 语句中使用 CURRENT OF <可更新游标> 子句对该数据行进行更新。为了显示修改前后的成绩值，应将所提取的数据存储到局部变量中。

在 SQL 编辑器中编写并执行以下 Transact-SQL 脚本：

```
USE EduAdmin;
GO
DECLARE @grade int;
DECLARE grade_cursor CURSOR KEYSET FOR
SELECT 成绩 FROM vStudentScore
WHERE 学号='160356' AND 课程='电工基础'
FOR UPDATE;
OPEN grade_cursor;
FETCH ABSOLUTE 1 FROM grade_cursor INTO @grade;
IF @@CURSOR_ROWS>0
    BEGIN
```

```
            PRINT '修改前的成绩：'+CAST(@grade AS varchar(3));
            UPDATE vStudentScore SET 成绩=成绩+5
            WHERE CURRENT OF grade_cursor;           /* 通过游标更新记录 */
    END
ELSE
    BEGIN
        PRINT '未找到指定记录';
        GOTO go_exit;                                /* 跳转到标签go_exit处 */
    END
FETCH ABSOLUTE 1 FROM grade_cursor INTO @grade;
IF @@ERROR=0 AND @@CURSOR_ROWS>0
BEGIN
    PRINT '修改后的成绩：'+CAST(@grade AS varchar(3));
END
go_exit:
CLOSE grade_cursor;
DEALLOCATE grade_cursor;
GO
```

上述脚本的执行结果如图 7.16 所示。

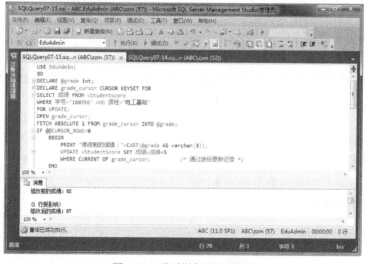

图 7.16 通过游标更新数据

7.4.6 关闭和释放游标

当使用一个游标完成提取或更新数据行的操作后，应及时关闭和释放该游标，以释放它所占用的系统资源。

1. 用 CLOSE 语句关闭游标

CLOSE 语句用于释放当前结果集，然后解除定位游标的行上的游标锁定，从而关闭一个开放的游标。语法格式如下：

```
CLOSE {{[GLOBAL] 游标名称}|游标变量名称}
```

其中，GLOBAL 指定游标是指全局游标。游标名称指定要关闭的游标。如果全局游标和局部游标都使用该名称,则当指定 GLOBAL 时,该名称指的是全局游标,未指定 GLOBAL 时该名称指的是局部游标。

游标变量名称表示与打开的游标关联的游标变量的名称。

CLOSE 将保留数据结构以便重新打开,但在重新打开游标之前,不允许提取和定位更新。必须对打开的游标发布 CLOSE。不允许对仅声明或已关闭的游标执行 CLOSE。

2. 用 DEALLOCATE 语句释放游标

关闭游标后,为了将该游标占用的资源全部归还给系统,可以使用 DEALLOCATE 语句删除游标引用,由 SQL Server 释放组成该游标的数据结构。语法格式如下:

```
DEALLOCATE {{[GLOBAL] 游标名称}|@游标变量名称}
```

其中,参数游标名称指定已声明游标的名称;当全局游标和局部游标都使用该名称,如果指定 GLOBAL,则该名称引用全局游标,否则引用局部游标。@游标变量名称指定已打开的游标变量的名称,该变量必须为 cursor 类型。

任务 7.5 处理事务

事务是作为单个逻辑工作单元执行的一系列操作。如果某一事务成功,则在该事务中进行的所有数据更改均会提交,并成为数据库中的永久组成部分。如果事务遇到错误而且必须取消或回滚,则所有数据更改均被清除。通过本任务将学习和掌握处理事务的方法。

任务目标

- 理解事务的基本概念
- 理解编写事务的原则
- 掌握启动、提交和回滚事务的方法
- 掌握设置事务保存点的方法

7.5.1 事务概述

一个逻辑工作单元要成为一个事务,必须具有以下 4 个属性,即原子性、一致性、隔离性和持久性(ACID)属性。

(1)原子性。事务必须是原子工作单元;在一个事务中所做的数据修改,要么全都执行,要么全都不执行。

(2)一致性。事务在完成时,必须使所有的数据都保持一致状态。在相关数据库中,所有规则都必须应用于事务的修改,以保持所有数据的完整性。事务结束时,所有的内部数据结构(如 B 树索引或双向链表)都必须是正确的。

(3)隔离性。由并发事务所做的修改必须与任何其他并发事务所做的修改隔离。事务识别数据时数据所处的状态,要么是另一并发事务修改它之前的状态,要么是第二个事务修改它之后的状态,事务不会识别中间状态的数据。这称为可串行性,因为它能够重新装载起始数据,并且重播一系列事务,以使数据结束时的状态与原始事务执行的状态相同。

（4）持久性。事务完成之后，它对于系统的影响是永久性的。该修改即使出现系统故障也将一直保持。

SQL 程序员要负责启动和结束事务，同时强制保持数据的逻辑一致性。程序员必须定义数据修改的顺序，使数据相对于其组织的业务规则保持一致。程序员将这些修改语句包括到一个事务中，使 SQL Server 数据库引擎能够强制该事务的物理完整性。

企业数据库系统（如数据库引擎实例）有责任提供一种机制，保证每个事务的物理完整性。数据库引擎提供了锁定设备、记录设备和事务管理特性。锁定设备使事务保持隔离；记录设备保证事务的持久性，即使服务器硬件、操作系统或数据库引擎实例自身出现故障，该实例也可以在重新启动时使用事务日志，将所有未完成的事务自动地回滚到系统出现故障的点；事务管理特性强制保持事务的原子性和一致性，事务启动之后，就必须成功完成，否则数据库引擎实例将撤销该事务启动之后对数据所做的所有修改。

SQL Server 按照下列模式运行事务。

（1）自动提交事务：每条单独的语句都是一个事务。

（2）显式事务：每个事务均以 BEGIN TransactION 语句显式开始，以 COMMIT 或者 ROLLBACK 语句显式结束。

（3）隐式事务：在前一个事务完成时新事务隐式启动，但每个事务仍然以 COMMIT 或者 ROLLBACK 语句显式完成。

（4）批处理级事务：只能应用于多个活动结果集（MARS），在 MARS 会话中启动的 Transact-SQL 显式或隐式事务变为批处理级事务。当批处理完成时没有提交或回滚的批处理级事务自动由 SQL Server 进行回滚。

应用程序主要通过指定事务启动和结束的时间来控制事务。可以使用 Transact-SQL 语句或数据库应用程序编程接口（API）函数来指定这些时间。系统还必须能够正确处理那些在事务完成之前便终止事务的错误。

默认情况下，事务按连接级别进行管理。在一个连接上启动一个事务后，该事务结束之前，在该连接上执行的所有 Transact-SQL 语句都是该事务的一部分。但是，在多个活动的结果集会话中，Transact-SQL 显式或隐式事务将变成批范围的事务，这种事务按批处理级别进行管理。当批处理完成时，如果批范围的事务还没有提交或回滚，则自动回滚该事务。

7.5.2 编写有效事务

要编写有效的事务，应当尽可能使事务保持简短。当事务启动后，数据库管理系统必须在事务结束之前保留很多资源，以保护事务的原子性、一致性、隔离性和持久性属性。如果修改数据，则必须用排他锁保护修改过的行，以防止任何其他事务读取这些行，并且必须将排他锁控制到提交或回滚事务时为止。

根据事务隔离级别设置，SELECT 语句可以获取必须控制到提交或回滚事务时为止的锁。特别是在有很多用户的系统中，必须尽可能使事务保持简短以减少并发连接间的资源锁定争夺。在有少量用户的系统中，运行时间长、效率低的事务可能不会成为问题，但是在有上千个用户的系统中，将不能忍受这样的事务。

要编写有效事务，应遵循以下指导原则。

（1）不要在事务处理期间要求用户输入。在事务启动之前，获得所有需要的用户输入。如果在事务处理期间还需要其他用户输入，则回滚当前事务，并在提供了用户输入之后重新启动该事务。即使用户立即响应，人的反应时间也要比计算机慢得多。事务占用的所有资源都要保留相当长的时间，可能会造成阻塞问题。如果用户没有响应，事务仍然会保持活动状态，从而锁定关键资源直到用户响应为止，但是，用户可能会几分钟甚至几个小时都不响应。

（2）浏览数据时尽量不要打开事务，在所有预备数据分析完成之前建议不要启动事务。

（3）尽可能使事务保持简短。在知道要进行的修改之后，启动事务，执行修改语句，然后立即提交或回滚。只有在需要时才打开事务。

（4）考虑为只读查询使用快照隔离，以减少阻塞。

（5）灵活地使用更低的事务隔离级别。可以很容易地编写出许多使用只读事务隔离级别的应用程序。并不是所有事务都要求可序列化的事务隔离级别。

（6）灵活地使用更低的游标并发选项，例如开放式并发选项。

（7）在事务中尽量使访问的数据量最小，以减少锁定的行数，并减少事务之间的争夺。

为了防止并发问题和资源问题，应当小心管理隐式事务。当使用隐式事务时，COMMIT 或 ROLLBACK 后的下一个 Transact-SQL 语句会自动启动一个新事务，这可能会在应用程序浏览数据时（甚至在需要用户输入时）打开一个新事务。在完成保护数据修改所需的最后一个事务之后，应关闭隐性事务，直到再次需要使用事务来保护数据修改。此过程使 SQL Server 数据库引擎能够在应用程序浏览数据及获取用户输入时使用自动提交模式。

7.5.3　启动事务

在 Transact-SQL 中，可以使用 BEGIN TransactION 语句标记一个显式本地事务的起始点，该语句使@@TRANCOUNT 按 1 递增。语法格式如下：

```
BEGIN {TRAN|TransactION}
    [{事务名称|@事务名称变量}
        [WITH MARK ['描述']]][;]
```

其中，事务名称指定分配给事务的名称，必须符合标识符规则，包含的字符数不能大于 32。仅在最外面的 BEGIN...COMMIT 或 BEGIN...ROLLBACK 嵌套语句中使用事务名称。

@事务变量名称表示用户定义的、含有有效事务名称的变量的名称，该变量的数据类型必须是 char、varchar、nchar 或 nvarchar。

WITH MARK 子句指定在日志中标记事务，其中，'描述' 是描述该标记的字符串。如果使用了 WITH MARK，则必须指定事务名称。WITH MARK 允许将事务日志还原到命名标记。

BEGIN TransactION 代表一个点，由连接引用的数据在该点逻辑和物理上都是一致的。如果遇到错误，则在 BEGIN TransactION 后的所有数据改动都能进行回滚，以将数据返回到已知的一致状态。每个事务继续执行直到它无误地完成并且用 COMMIT TransactION 对数据库作永久的改动，或遇到错误并且使用 ROLLBACK TransactION 语句来擦除所有改动。

BEGIN TransactION 为发出本语句的连接启动一个本地事务。根据当前事务隔离级别的设置，为支持该连接所发出的 Transact-SQL 语句而获取的许多资源被该事务锁定，直到使用 COMMIT TransactION 或 ROLLBACK TransactION 语句完成该事务为止。长时间处于未完成状态的事务会阻止其他用户访问这些锁定的资源，也会阻止日志截断。

虽然 BEGIN TransactION 启动一个本地事务，但是在应用程序接下来执行一个必须记录的操作（如执行 INSERT、UPDATE 或 DELETE 语句）之前，它并不被记录在事务日志中。应用程序能执行一些操作，例如为了保护 SELECT 语句的事务隔离级别而获取锁，但是直到应用程序执行一个修改操作后日志中才有记录。

在一系列嵌套的事务中用一个事务名称给多个事务命名对该事务没有什么影响。系统仅登记最外部的事务名称。回滚到其他任何名称（有效的保存点名除外）都会产生错误。回滚之前执行的任何语句都不会在错误发生时回滚。这些语句仅当外层事务回滚时才会进行回滚。

7.5.4　设置事务保存点

使用 BEGIN TransactION 启动一个事务后，可以使用 SAVE TransactION 语句在这个事务内设置保存点。语法格式如下：

```
SAVE {TRAN|TransactION} {保存点名称|@保存点变量}[;]
```

其中，参数保存点名称指定分配给保存点的名称，它必须符合标识符的规则，但长度不能超过 32 个字符。@保存点变量表示包含有效保存点名称的用户定义变量的名称，该变量必须使用 char、varchar、nchar 或 nvarchar 数据类型。

用户可以在事务内设置保存点或标记。保存点可以定义在按条件取消某个事务的一部分后，该事务可以返回的一个位置。如果将事务回滚到保存点，则根据需要必须完成其他剩余的 Transact-SQL 语句和 COMMIT TransactION 语句，或者必须通过将事务回滚到起始点完全取消事务。若要取消整个事务，可使用 ROLLBACK TransactION 语句，以撤销事务的所有语句和过程。

在事务中允许有重复的保存点名称，但指定保存点名称的 ROLLBACK TransactION 语句只将事务回滚到使用该名称最近的 SAVE TransactION。

当事务开始后，事务处理期间使用的资源将一直保留，直到事务完成（也就是锁定）。当将事务的一部分回滚到保存点时，将继续保留资源直到事务完成（或者回滚整个事务）。

7.5.5　提交事务

使用 COMMIT TransactION 语句可以标志一个成功的隐性事务或显式事务的结束。如果@@TRANCOUNT 为 1，COMMIT TransactION 使得自从事务开始以来所执行的所有数据修改成为数据库的永久部分，释放事务所占用的资源，并将@@TRANCOUNT 减少到 0。如果@@TRANCOUNT 大于 1，则 COMMIT TransactION 使@@TRANCOUNT 按 1 递减并且事务将保持活动状态。语法格式如下：

```
COMMIT {TRAN|TransactION} [事务名称|@事务名称变量]][;]
```

其中，事务名称参数指定由前面的 BEGIN TransactION 分配的事务名称，该参数向程序员指明 COMMIT TransactION 与哪些 BEGIN TransactION 相关联，以帮助阅读代码。

@事务名称变量表示用户定义的、含有有效事务名称的变量，必须使用 char、varchar、nchar 或 nvarchar 数据类型。

只有当事务所引用的所有数据的逻辑都正确时，才能发出 COMMIT TransactION 命令。

当@@TRANCOUNT 为 0 时发出 COMMIT TransactION 将会导致出现错误，因为没有相应的 BEGIN TransactION。

当在嵌套事务中使用时，内部事务的提交并不释放资源或使其修改成为永久修改。只有在提交了外部事务时，数据修改才具有永久性，资源才会被释放。当@@TRANCOUNT 大于 1 的时候，每发出一个 COMMIT TransactION 命令只会使@@TRANCOUNT 按 1 递减。当@@TRANCOUNT 最终递减为 0 时，将提交整个外部事务。

事务名称将被数据库引擎忽略。因此，当存在内部事务时，发出一个引用外部事务名称的 COMMIT TransactION 只会使@@TRANCOUNT 按 1 递减。

不能在发出一个 COMMIT TransactION 语句之后回滚事务，因为数据修改已经成为数据库的一个永久部分。

例 7.16 启动一个事务并对学生薛冰倩的英语成绩进行修改，然后提交该事务。要求查看在事务处理开始前后和事务结束之后活动事务数的变化情况。

在 SQL 编辑器中编写并执行以下 Transact-SQL 脚本：

```
USE EduAdmin;
GO
DECLARE @n1 int, @n2 int, @n3 int;
SET @n1=@@TRANCOUNT;
BEGIN TransactION;
SET @n2=@@TRANCOUNT;
SELECT * FROM vStudentScore WHERE 姓名='薛冰倩' AND 课程='英语';
UPDATE vStudentScore SET 成绩=成绩+2
WHERE 姓名=N'薛冰倩' AND 课程='英语';
SELECT * FROM vStudentScore WHERE 姓名='薛冰倩' AND 课程='英语';
COMMIT TransactION;
SET @n3=@@TRANCOUNT;
SELECT * FROM vStudentScore WHERE 姓名='薛冰倩' AND 课程='英语';
SELECT @n1 AS 活动事务数 1, @n2 AS 活动事务数 2, @n3 AS 活动事务数 3;
GO
```

上述脚本的执行结果如图 7.17 所示。

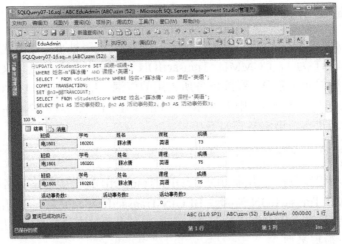

图 7.17　启动和提交事务示例

7.5.6 回滚事务

如果在事务中出现错误或用户决定取消事务，则可以使用 ROLLBACK TransactION 语句将显式事务或隐性事务回滚到事务的起点或事务内的某个保存点。语法格式如下：

```
ROLLBACK {TRAN|TransactION}
    [事务名称|@事务名称变量
    |保存点名称|@保存点变量][;]
```

其中，参数事务名称是在 BEGIN TransactION 语句中为事务分配的名称。嵌套事务时，事务名称必须是最外面的 BEGIN TransactION 语句中的名称。

@事务名称变量是用户定义的、包含有效事务名称的变量。必须使用 char、varchar、nchar 或 nvarchar 数据类型来声明变量。

保存点名称是 SAVE TransactION 语句中指定的。当条件回滚应只影响事务的一部分时，可以使用保存点名称。

@保存点变量是用户定义的、包含有效保存点名称的变量。必须使用 char、varchar、nchar 或 nvarchar 数据类型来声明变量。

ROLLBACK TransactION 将显式事务或隐性事务回滚到事务的起点或事务内的某个保存点，清除自事务的起点或到某个保存点所做的所有数据修改，并释放由事务控制的资源。

如果未指定保存点名称和事务名称，则 ROLLBACK TransactION 将事务回滚到起点。当嵌套事务时，该语句将所有内层事务回滚到最外面的 BEGIN TransactION 语句。

无论在哪种情况下，ROLLBACK TransactION 都将 @@TRANCOUNT 系统函数减小为 0。ROLLBACK TransactION 保存点名称不减小 @@TRANCOUNT。

例 7.17 启动一个事务并对学生李家驹的数学课程成绩进行修改，然后回滚该事务。要求查看在事务处理开始前后和事务结束之后活动事务数的变化情况。

新建一个查询，并在查询编辑器中编写以下语句：

```
USE EduAdmin;
GO

DECLARE @n1 int, @n2 int, @n3 int;
SET @n1=@@TRANCOUNT;

BEGIN TransactION
SET @n2=@@TRANCOUNT;
SELECT * FROM vStudentScore
WHERE 姓名='李家驹' AND 课程='数学';
UPDATE vStudentScore SET 成绩=成绩+2
WHERE 姓名='李家驹' AND 课程='数学';
SELECT * FROM vStudentScore
WHERE 姓名='李家驹' AND 课程='数学';

ROLLBACK TransactION;
SET @n3=@@TRANCOUNT;
SELECT * FROM vStudentScore
WHERE 姓名='李家驹' AND 课程='数学';
```

```
SELECT @n1 AS 活动事务数 1,@n2 AS 活动事务数 2,@n3 AS 活动事务数 3;
GO
```

上述脚本的执行结果如图 7.18 所示。

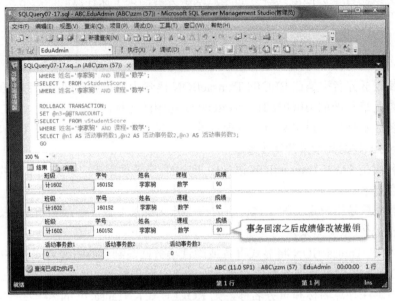

图 7.18 启动和回滚事务示例

项目思考

一、选择题

1. 在 Transact-SQL 中，UPDATE 语句属于（　　）。

   A. 数据定义语言　　　　　　　B. 数据操作语言

   C. 数据控制语言　　　　　　　D. 事务管理语言

2. 在下列各项中，（　　）不是有效的对象名称。

   A. 服务器.数据库.架构.对象　　B. 服务器.数据库..对象

   C. 数据库.架构.对象　　　　　D. 数据库.对象

3. 在下列各项中，（　　）不属于逻辑运算符。

   A. ALL　　　　　　　　　　　B. AND

   C. NOR　　　　　　　　　　　D. NOT

4. 在 SQL-92 中，引入了关键字（　　）来测试是否存在空值。

   A. NULL　　　　　　　　　　B. NOT NULL

   C. IS　　　　　　　　　　　　D. IS NULL

二、判断题

1. （　　）在同一个批处理中更改表，然后就可以引用新列。

2. （　　）如果 EXECUTE 语句是批处理中的第一句，则不需要 EXECUTE 关键字。

3. （　　）Unicode 字符串的格式与普通字符串相似，但它前面有一个 N 标识符。

4. （　　）局部变量可以在脚本范围内使用，即使不在声明它们的批处理中。

5. （　　）使用 DECLARE 语句声明一个局部变量后，该变量的值将被初始化为

NULL。

6.（　　）使用字符串串联运算符（+）可将两个字符串（字符或二进制数据）合并为一个字符串。

7.（　　）在基于 SQL 92 标准的 DECLARE CURSOR 语句中，若未指定 SCROLL，则支持所有提取选项。

8.（　　）在 Transact-SQL 扩展语法中，若 GLOBAL 和 LOCAL 均未指定，则默认值为 GLOBAL。

三、简答题

1. Transact-SQL 由哪些主要部分组成？

2. CASE 函数有哪两种形式？

3. 在 WHILE 循环中 BREAK 和 CONTINUE 的作用有什么不同？

4. 如何使用 TRY...CATCH 语句？

5. Transact SQL 内置函数分为哪些类别？

6. Transact SQL 支持哪些类型的用户定义函数？

7. Transact SQL 支持哪两种请求游标的方法？

8. 使用 Transact-SQL 服务器游标有哪些主要步骤？

9. DECLARE CURSOR 语句有哪两种语法？

10. 事务运行模式有哪些？

11. 编写有效事务的指导原则是什么？

项目实训

1. 编写一个脚本文件，声明三个变量并对它们进行赋值，然后显示它们的值。

2. 编写一个脚本文件，使用简单 CASE 函数创建一个交叉表查询。

3. 编写一个脚本文件，使用 CASE 搜索函数将百分制成绩转换为等级制成绩。

4. 编写一个脚本文件，使用循环语句计算前 100 个自然数之和。

5. 编写一个脚本文件，使用 TRY...CATCH 语句处理被零除的错误。

6. 编写一个脚本文件，通过创建用户定义函数计算教师的年龄和工龄。

7. 编写一个脚本文件，使用游标提取某个班级所有男同学的记录。

8. 编写一个脚本文件，通过游标更新某个学生指定课程的成绩。

9. 编写一个脚本文件，启动一个事务并对某个学生的指定课程成绩进行修改，然后提交这个事务。要求查看事务处理开始前后和事务结束之后活动事务数的变化情况。

10. 编写一个脚本文件，启动一个事务并对某个学生的指定课程成绩进行修改，然后回滚这个事务。要求查看事务处理开始前后和事务结束之后活动事务数的变化情况。

创建存储过程和触发器

存储过程和触发器都是数据库中的可编程性对象。存储过程是预编译 Transact-SQL 语句的集合，这些语句存储在一个名称下并作为一个单元来处理；触发器则是一种特殊的存储过程，它为响应数据操作语言事件或数据定义语言事件而自动执行。通常本项目将学习和掌握创建、管理和应用存储过程及触发器的方法。

项目目标

- 掌握创建、执行和管理存储过程的方法
- 掌握设计、实现和管理触发器的方法

任务 8.1 创建存储过程

在 Transact-SQL 中可以用两种方法存储和执行程序：一种方法是可以将程序存储在本地并创建向 SQL Server 发送命令并处理结果的应用程序，另一种方法是将程序作为存储过程存储在 SQL Server 中并创建执行存储过程并处理结果的应用程序。通过本任务将学习和掌握创建、执行和管理存储过程的方法。

任务目标

- 掌握创建存储过程的方法
- 掌握执行存储过程和字符串方法
- 掌握管理存储过程的方法

8.1.1 创建存储过程

存储过程可以分为系统存储过程和用户定义存储过程两种类型。系统存储过程就是 SQL Server 提供的存储过程，可以用来管理 SQL Server 和显示有关数据库和用户的信息。用户定义存储过程是指封装了可重用代码的模块或例程，可以接受输入参数、向客户端返回表格或标量结果和消息、调用数据定义语言和数据操作语言语句，然后返回输出参数。

用户定义存储过程分为 Transact-SQL 存储过程和 CLR 存储过程。本书中主要讨论前者。Transact-SQL 存储过程是指保存的 Transact-SQL 语句集合，可以接受和返回用户提供的参数。这种存储过程可以使用 CREATE PROCEDURE 语句来创建，语法格式如下：

```
CREATE {PROC|PROCEDURE}[架构名称.]过程名称 [;数字]
    [{@参数 [类型架名称.]数据类型}
        [VARYING][=默认值] [[OUT[PUT]][, ...]
[WITH {[ENCRYPTION] [RECOMPILE]}[, ...]]
[FOR REPLICATION]
AS {<SQL 语句>[...]}
```

其中，架构名称指定存储过程所属的架构。

过程名称指定新建存储过程的名称，必须遵循有关标识符的规则，并且在架构中必须唯一。建议不在过程名称中使用前缀 sp_，此前缀由 SQL Server 使用，以指定系统存储过程。可以在过程名称前面使用一个数字符号（#）来创建局部临时过程，或者使用两个数字符号（##）来创建全局临时过程。存储过程或全局临时存储过程的完整名称（包括##）不能超过 128 个字符，局部临时存储过程的完整名称（包括#）不能超过 116 个字符。

;数字指定用于对同名过程进行分组的可选整数。使用一个 DROP PROCEDURE 语句可以将这些分组过程一起删除。

@参数指定存储过程中的参数，可以声明一个或多个参数。通过使用 at 符号（@）作为第一个字符来指定参数名称。参数名称必须符合有关标识符的规则。除非定义了参数的默认值或者将参数设置为等于另一个参数，否则用户必须在调用过程时为每个声明的参数提供值。存储过程最多可以有 2 100 个参数。如果指定了 FOR REPLICATION，则无法声明参数。

[类型架构名称.]数据类型指定参数及所属架构的数据类型。除 table 之外的其他所有数据类型均可以用作 Transact-SQL 存储过程的参数。但是，cursor 数据类型只能用于 OUTPUT 参数。如果指定了 cursor 数据类型，则必须指定 VARYING 和 OUTPUT 关键字。可以为 cursor 数据类型指定多个输出参数。

如果未指定类型架构名称，则 SQL Server 数据库引擎将按以下顺序来引用数据类型：SQL Server 系统数据类型；当前数据库中当前用户的默认架构；当前数据库中的 dbo 架构。

VARYING 指定作为输出参数支持的结果集，该参数由存储过程动态构造，其内容可能发生改变。仅适用于 cursor 参数。

默认值指定参数的默认值。如果定义了默认值，则无须指定此参数的值即可执行过程。默认值必须是常量或 NULL。如果过程使用带 LIKE 关键字的参数，则可以包含下列通配符：%、_、[] 和 [^]。

OUTPUT 指示参数是输出参数。该参数的值可以返回给调用存储过程的 EXECUTE 的语句。使用 OUTPUT 参数将值返回给过程的调用方。

RECOMPILE 指示数据库引擎不缓存该过程的计划，该过程在运行时编译。

ENCRYPTION 指示 SQL Server 将 CREATE PROCEDURE 语句的原始文本转换为模糊格式。模糊代码的输出在 SQL Server 的任何目录视图中都不能直接显示。

FOR REPLICATION 指定不能在订阅服务器上执行为复制创建的存储过程。对于使用 FOR REPLICATION 创建的过程，将忽略 RECOMPILE 选项。

<SQL 语句>表示要包含在过程中的一个或多个 Transact-SQL 语句，可以包括任意数量

和类型的 SQL 语句，但不能使用以下语句：CREATE AGGREGATE，CREATE RULE，CREATE DEFAULT，CREATE SCHEMA，CREATE 或 ALTER FUNCTION，CREATE 或 ALTER TRIGGER，CREATE 或 ALTER PROCEDURE，CREATE 或 ALTER VIEW，SET PARSEONLY，SET SHOWPLAN_ALL，SET SHOWPLAN_TEXT，SET SHOWPLAN_XML，USE。

只能在当前数据库中创建用户定义存储过程。临时过程对此是个例外，因为它们总是在 tempdb 系统数据库中创建。如果未指定架构名称，则使用创建过程的用户的默认架构。

在单个批处理中，CREATE PROCEDURE 语句不能与其他 Transact-SQL 语句组合使用。

存储过程中局部变量的最大数目仅受可用内存的限制。存储过程的最大大小为 128MB。

默认情况下，参数可以为空值。如果传递 NULL 参数值并且在 CREATE 或 ALTER TABLE 语句中使用该参数，而该语句中被引用列又不允许使用空值，则数据库引擎会产生一个错误。

存储过程中的任何 CREATE TABLE 或 ALTER TABLE 语句都将自动创建临时表。建议对于临时表中的每列，显式指定 NULL 或 NOT NULL。其他数据库对象均可在存储过程中创建。可以引用在同一存储过程中创建的对象，只要引用时已经创建了该对象即可。在存储过程内可以引用临时表。如果在存储过程内创建本地临时表，则临时表仅为该存储过程而存在；退出该存储过程后，临时表将消失。如果执行的存储过程将调用另一个存储过程，则被调用的存储过程可以访问由第一个存储过程创建的所有对象，包括临时表在内。

Transact-SQL 存储过程可以使用 EXECUTE 语句来执行。

例 8.1 在 EduAdmin 数据库中创建一个存储过程，它带有两个参数，分别用于接受学生姓名和课程名称；通过调用该过程可以按姓名和课程名称检索学生成绩，如果只提供姓名，则检索指定学生所有课程的成绩。

在 SQL 编辑器中编写 Transact-SQL 脚本：

```
USE EduAdmin;
IF OBJECT_ID('uspGetGrade', 'P') IS NOT NULL
    DROP PROCEDURE dbo.uspGetGrade;
GO
CREATE PROCEDURE uspGetGrade
@student_id char(6), @course_name nvarchar(26)=''
AS
BEGIN
IF @course_name!=''
    SELECT * FROM vStudentScore
    WHERE 姓名=@student_id AND 课程=@course_name;
ELSE
    SELECT * FROM vStudentScore
    WHERE 姓名=@student_id;
END
GO
EXECUTE dbo.uspGetGrade '李国华';
```

```
EXECUTE dbo.uspGetGrade '王春明','电视机原理与维修';
GO
```

上述脚本的执行结果如图 8.1 所示。

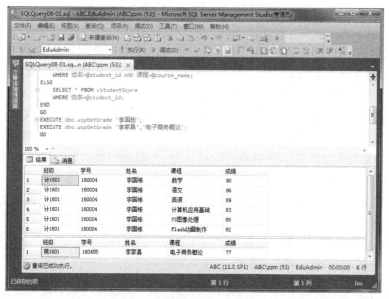

图 8.1　创建和调用存储过程

8.1.2　执行存储过程

无论是系统存储过程还是用户定义存储过程，或者是标量值用户定义函数，都可以使用 EXECUTE 语句来执行。语法格式如下：

```
[{EXEC|EXECUTE}]
    {[@返回状态=]{模块名称[;数字]|@模块名称变量}
        [[@参数=]{值|@变量 [OUTPUT]|[DEFAULT]}][, ...]
    [WITH RECOMPILE]
    }[;]
```

其中，@返回状态为可选的整型变量，用于存储模块的返回状态。此变量在用于 EXECUTE 语句之前必须在批处理、存储过程或函数中声明过。

模块名称是要调用的存储过程或标量值用户定义函数的完全限定或者不完全限定名称。模块名称必须符合标识符规则。

;数字是可选整数，用于对同名的过程分组。

@模块名称变量是局部定义的变量，代表模块名称。

@参数指定模块的参数，与在模块中定义的相同。参数名称前必须加上符号@。在使用@参数名称=值格式时，参数名称和常量不必按在模块中定义的顺序提供。但是，如果任何参数使用了@参数名称=值格式，则对后续的所有参数均必须使用该格式。

值参数定传递给模块或传递命令的参数值。若参数名称未指定，参数值必须以在模块中定义的顺序提供。若参数值是一个对象名称、字符串或由数据库名称或架构名称限定，则整个名称必须用单引号括起来。若参数值是一个关键字，则该关键字必须用双引号括起来。如若在模块中定义了默认值，用户执行该模块时可以不必指定参数。默认值也可以为NULL。

@变量是用来存储参数或返回参数的变量。

OUTPUT 指定模块或命令字符串返回一个参数。该模块或命令字符串中的匹配参数也必须已使用关键字 OUTPUT 创建。使用游标变量作为参数时使用该关键字。

如果使用 OUTPUT 参数，目的是在调用批处理或模块的其他语句中使用其返回值，则参数值必须作为变量传递，例如@参数=@变量。如果一个参数在模块中没有定义为OUTPUT 参数，则不能通过对该参数指定 OUTPUT 执行模块。不能使用 OUTPUT 将常量传递给模块；返回参数需要变量名称。在执行过程之前，必须声明变量的数据类型并赋值。

DEFAULT 根据模块的定义提供参数的默认值。当模块需要的参数值没有定义默认值并且缺少参数或指定了 DEFAULT 关键字，会出现错误。

WITH RECOMPILE 指定执行模块后，强制编译、使用和放弃新计划。如果该模块存在现有查询计划，则该计划将保留在缓存中。

在执行存储过程时，如果语句是批处理中的第一个语句，则可以省略 EXECUTE 关键字。

> **例 8.2** 在 EduAdmin 数据库中创建一个存储过程，它带有五个参数，其中，两个输入参数分别用于接受班级编号和课程名称，三个输出参数分别用于返回该班级在指定课程中的平均分、最高分和最低分，通过调用该过程可以按班级和课程名称检索班级成绩。
>
> 在 SQL 编辑器中编写以下 Transact-SQL 脚本：
>
> ```
> USE EduAdmin;
> IF OBJECT_ID('uspGetClassGrade', 'P') IS NOT NULL
>     DROP PROCEDURE dbo.uspGetClassGrade;
> GO
> CREATE PROCEDURE uspGetClassGrade
> @class char(6), @course_name nvarchar(26),
> @avg_grade float OUTPUT, @max_grade tinyint OUTPUT, @min_grade tinyint
> OUTPUT
> AS
> BEGIN
>     SELECT @avg_grade=AVG(成绩), @max_grade=MAX(成绩), @min_grade=MIN(成绩)
>     FROM vStudentScore GROUP BY 班级, 课程
>     HAVING 班级=@class AND 课程=@course_name;
> END
> GO
> DECLARE @avg float, @max tinyint, @min tinyint;
> EXECUTE dbo.uspGetClassGrade '商1601', '电子商务概论',
>     @avg OUTPUT, @max OUTPUT, @min OUTPUT;
> SELECT @avg AS 平均分, @max AS 最高分, @min AS 最低分;
> GO
> ```
>
> 上述脚本的执行结果如图 8.2 所示。

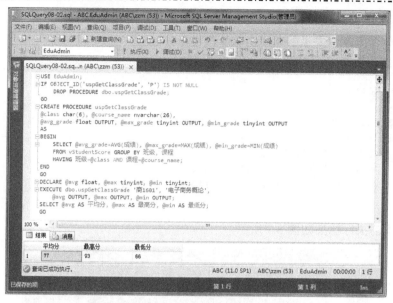

图 8.2 在存储过程中使用 OUTPUT 参数

8.1.3 执行字符串

EXECUTE 语句的主要用途是执行存储过程。但也可以预先将 Transact-SQL 语句放在字符串变量中，然后使用 EXECUTE 语句来执行这个字符串，语法格式如下：

```
{EXEC|EXECUTE}
    ({@字符串变量|[N]'常量字符串'}[+...])
    [AS{LOGIN|USER}='登录名'][;]
```

其中，@字符串变量指定一个局部变量的名称，该局部变量可以是任意 char、varchar、nchar 或 nvarchar 数据类型，其中包括 (max) 数据类型。

[N] '常量字符串' 表示常量字符串，该字符串可以是 nvarchar 或 varchar 数据类型。如果包含字母 N，则字符串将解释为 nvarchar 数据类型。

LOGIN 指定要模拟的上下文是登录名。模拟范围为服务器。

USER 指定要模拟的上下文是当前数据库中的用户。模拟范围只限于当前数据库。对数据库用户的上下文切换不会继承该用户的服务器级别权限。

执行字符串时，数据库上下文的更改只在 EXECUTE 语句结束前有效。

在下面的示例中，执行 Transact-SQL 字符串创建表并指定 AS USER 子句将语句的执行上下文从调用方切换为 User1。当语句运行时，数据库引擎将检查 User1 的权限。User1 必须为数据库中的用户，必须具有在 Sales 架构中创建表的权限，否则语句将失败。

```
USE AdventureWorks 2012;
GO
EXECUTE('CREATE    TABLE    Sales.SalesTable(SalesID    int,    SalesName
varchar(10));')
AS USER='User1';
GO
```

例 8.3 通过 EXECUTE 语句执行一个由变量和常量连接而成的字符串，用于检索电1602 班的数学课成绩，要求按成绩高低降序排序。

在 SQL 编辑器中编写以下 Transact-SQL 脚本：

```
USE EduAdmin;
GO
DECLARE @s1 varchar(50), @s2 varchar(50), @s3 varchar(50);
SET @s1='SELECT * ';
SET @s2='FROM vStudentScore ';
SET @s3='WHERE 班级=''电1602'' AND 课程=';
EXECUTE (@s1+@s2+@s3+'''数学'' ORDER BY 成绩 DESC;');
GO
```

上述脚本的执行结果如图 8.3 所示。

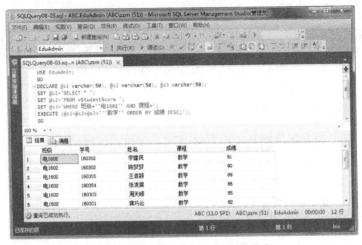

图 8.3 使用 EXECUTE 执行字符串

8.1.4 管理存储过程

在数据库中创建存储过程后，根据需要还可以对它进行各种操作。例如，查看存储过程的定义和相关性，或者修改和重命名存储过程；如果不再需要使用该存储过程，则可以将它从数据库中删除。

1. 查看存储过程信息

在 Transact-SQL 中，可以使用系统存储过程来查看与用户定义存储过程相关的各种信息。若要查看过程名称的列表，可使用 sys.objects 目录视图。若要显示存储过程定义，可使用 sys.sql_modules 目录视图。若要查看存储过程的定义，可使用 sp_helptext 系统存储过程；若要查看存储过程包含哪些参数，可使用 sp_help 系统存储过程；若要查看存储过程的相关性，可使用 sp_depends 系统存储过程。

2. 修改存储过程

若要对现有的用户定义存储过程进行修改，可以使用 ALTER PROCEDURE 语句来实现。在对象资源管理器中可以针对指定的存储过程快速生成所需的 ALTER PROCEDURE 语句，操作方法是：在对象资源管理器中展开该存储过程所属的数据库，依次展开"可编程性"和"存储过程",右键单击该存储过程并选择"修改"命令,此时会在 SQL 编辑器中生成用于修改存储过程的脚本,核心内容就是一个 ALTER PROCEDURE 语句。根据需要,可对过程的参数和过程体等内容进行修改,然后按 F5 键执行脚本,从而完成对存储过程的修改。

3. 重命名存储过程

若要重命名存储过程,可在对象资源管理器中右键单击该存储过程并选择"重命名",然后输入新的过程名称。此外,也可使用系统存储过程 sp_rename 对用户定义存储过程进行重命名。

4. 删除存储过程

对于以后不再需要的存储过程,可使用对象资源管理器将其从数据库中删除。操作方法是:在对象资源管理器中展开该存储过程所属的数据库,依次展开"可编程性"和"存储过程",右键单击该存储过程并选择"删除",然后在"删除对象"对话框中单击"确定"。

也可以使用 DROP PROCEDURE 语句从当前数据库中删除一个或多个存储过程或存储过程组。语法格式如下:

```
DROP {PROC|PROCEDURE} {[构架名称.]过程}[, ...]
```

其中,架构名称指定过程所属架构。过程指定要删除的存储过程或存储过程组的名称。

当删除某个存储过程时,也将从 sys.objects 和 sys.sql_modules 目录视图中删除有关该过程的信息。

如果存储过程被分组,则无法删除组内的单个存储过程。删除一个存储过程时,会将同一组内的所有存储过程一起删除掉。

例如,下面的例子将在当前数据库中删除 dbo.usp_myproc 存储过程。

```
DROP PROCEDURE dbo.usp_myproc;
GO
```

任务 8.2 创建触发器

SQL Server 提供了两种主要机制来强制执行业务规则和数据完整性,即约束和触发器。约束可以在创建或修改表时创建,这方面的内容已经在项目 3 中已经学习过了。通过本任务将学习和掌握创建和使用触发器的方法。

任务目标

- 理解触发器的基本概念
- 掌握设计和实现 DML 触发器的方法
- 掌握设计和实现 DDL 触发器的方法
- 掌握管理触发器的方法

8.2.1 理解触发器

触发器是一种关联到指定表的数据库对象,是一种由 SQL 语句组成的特殊存储过程,它会在发生语言事件时自动执行。根据调用触发器的语言事件不同，触发器可以分为 DML 触发器和 DDL 触发器两大类。

1. DML 触发器

当数据库中发生数据操作语言（DML）事件时将调用 DML 触发器。DML 事件包括在指定表或视图中修改数据的 INSERT 语句、UPDATE 语句或 DELETE 语句。DML 触发器可以查询其他表，还可以包含复杂的 Transact-SQL 语句。触发器和触发它的语句应视为可以在触发器内回滚的单个事务。如果检测到错误，则整个事务即自动回滚。按照触发器事件的不同，DML 触发器可以分为三种类型，即 INSERT 类型、UPDATE 类型及 DELETE 类型。

DML 触发器在以下方面非常有用。

（1）DML 触发器可以通过数据库中的相关表实现级联更改。

（2）DML 触发器可以防止恶意或错误的 INSERT、UPDATE 及 DELETE 操作，并且强制执行比 CHECK 约束定义的限制更为复杂的其他限制。与 CHECK 约束不同，DML 触发器可以引用其他表中的列。例如，触发器可以使用另一个表中的 SELECT 比较插入或更新的数据，及执行其他操作，如修改数据或显示用户定义错误信息。

（3）DML 触发器可以评估数据修改前后表的状态，并根据该差异采取措施。

（4）一个表中的多个同类 DML 触发器（INSERT、UPDATE 或 DELETE）允许采取多个不同的操作来响应同一个修改语句。

2. DDL 触发器

当服务器或数据库中发生数据定义语言（DDL）事件时将调用 DDL 发器。像常规 DML 触发器一样，DDL 触发器将激发存储过程以响应事件。但与 DML 触发器不同的是，它们不是为响应针对表或视图的 UPDATE、INSERT 或 DELETE 语句而激发，而是为响应多种数据定义语言（DDL）语句而激发。这些语句主要是以 CREATE、ALTER 和 DROP 开头的语句。DDL 触发器可用于管理任务，例如审核和控制数据库操作。

如果要执行以下操作，可以使用 DDL 触发器。

（1）要防止对数据库架构进行某些更改。

（2）希望数据库中发生某种情况以响应数据库架构中的更改。

（3）要记录数据库架构中的更改或事件。

在 SQL Server 2012 中，可以使用.NET Framework 公共语言运行时（CLR）创建的程序集的方法创建 CLR 触发器。这种 CLR 触发器既可以是 DML 触发器，也可以是 DDL 触发器。

8.2.2 实现 DML 触发器

DML 触发器是在数据库中发生数据操作语言（DML）事件时调用的触发器，它们可以包含使用 Transact-SQL 代码的复杂处理逻辑。使用 DML 触发器可以支持约束的所有功能，从而保持数据库中数据的完整性。

1. DML 触发器的类型

DML 触发器可以分为以下两大类。

（1）AFTER 触发器：这种类型的触发器在执行了 INSERT、UPDATE 或 DELETE 语句操作之后执行，它仅适用于表。根据调用触发器的数据操作不同，AFTER 触发器又可以分为以下 3 种类型。

- INSERT 触发器：当对触发器表执行 INSERT 语句时激活该触发器，可以用来修改，甚至拒绝接受正在插入的记录。
- UPDATE 触发器：当对触发器表执行 UPDATE 语句时激活该触发器，此时会将表的原记录保存到 deleted 临时表中，将修改后的记录保存到 inserted 临时表中。
- DELETE 触发器：当对触发器表执行 DELETE 语句时激活该触发器，此时会将表的原记录保存到 deleted 临时表中。

（2）INSTEAD OF 触发器：执行这种类型的触发器可以代替通常的触发动作，还可以为带有一个或多个基础表的视图定义 INSTEAD OF 触发器，通过这些触发器能够扩展视图可支持的更新类型。

INSTEAD OF 触发器将在处理约束前激发，以替代触发操作。如果表有 AFTER 触发器，它们将在处理约束之后激发。如果违反了约束，将回滚 INSTEAD OF 触发器操作并且不执行 AFTER 触发器。每个表或视图针对每个触发操作（UPDATE、DELETE 和 INSERT）可以有一个相应的 INSTEAD OF 触发器。而一个表针对每个触发操作可以有多个相应的 AFTER 触发器。

2. 创建 DML 触发器

DML 触发器可以使用 CREATE TRIGGER 语句来创建，基本语法格式如下：

```
CREATE TRIGGER [架构名称.]触发器名称
ON {表|视图}
[WITH ENCRYPTION]
{FOR|AFTER|INSTEAD OF}
{[INSERT][,][UPDATE][,][DELETE]}
AS {<SQL 语句>[...]}
```

其中，架构名称指定 DML 触发器所属的架构。DML 触发器的作用域是为其创建该触发器的表或视图的架构。

触发器名称指定新建的触发器的名称，命名时必须遵循标识符规则，不能以#或##开头。

表和视图参数指定对其执行 DML 触发器的表或视图，也称为触发器表或触发器视图。根据需要可以指定表或视图的完全限定名称。视图只能被 INSTEAD OF 触发器引用。

WITH ENCRYPTION 指定对 CREATE TRIGGER 语句的文本进行加密。使用 WITH ENCRYPTION 可以防止将触发器作为 SQL Server 复制的一部分进行发布。

AFTER 指定 DML 触发器仅在触发 SQL 语句中指定的所有操作都已成功执行时才被激发，所有的引用级联操作和约束检查也必须在激发此触发器之前成功完成。如果仅指定 FOR 关键字，则 AFTER 为默认值。不能对视图定义 AFTER 触发器。

INSTEAD OF 指定 DML 触发器是代替 SQL 语句执行的，其优先级高于触发语句的操作。对于表或视图，每个 INSERT、UPDATE 或 DELETE 语句最多可以定义一个 INSTEAD OF 触发器。INSTEAD OF 触发器不可以用于使用 WITH CHECK OPTION 的可更新视图。如果将 INSTEAD OF 触发器添加到指定了 WITH CHECK OPTION 的可更新视图中，则 SQL Server 将引发错误。用户必须用 ALTER VIEW 删除该选项后才能定义 INSTEAD OF 触发器。

{ [DELETE] [,] [INSERT] [,] [UPDATE] } 指定数据修改语句,这些语句可以在 DML 触发器对此表或视图进行尝试时激活该触发器。必须至少指定一个选项。在触发器定义中允许使用上述选项的任意顺序组合。

对于 INSTEAD OF 触发器,不允许对具有指定级联操作 ON DELETE 的引用关系的表使用 DELETE 选项。同样,也不允许对具有指定级联操作 ON UPDATE 的引用关系的表使用 UPDATE 选项。

SQL 语句指定触发条件和操作。触发器条件指定其他标准,用于确定尝试的 DML 语句是否导致执行触发器操作。尝试 DML 操作时,将执行 Transact-SQL 语句中指定的触发器操作。触发器可以包含任意数量和种类的 Transact-SQL 语句,但也有例外。触发器的用途是根据数据修改或定义语句来检查或更改数据;它不应向用户返回数据。触发器操作中的 Transact-SQL 语句常常包含流程控制语言。

3. 使用 DML 触发器的注意事项

使用 DML 触发器时应注意以下几点。

(1)在 DML 触发器中不允许使用下列 Transact-SQL 语句:ALTER DATABASE,CREATE DATABASE, DROP DATABASE, LOAD DATABASE, LOAD LOG, RECONFIGURE, RESTORE DATABASE, RESTORE LOG。

(2)如果对作为触发操作目标的表或视图使用 DML 触发器,则不允许在该触发器的主体中使用下列 Transact-SQL 语句,CREATE INDEX, ALTER INDEX, DROP INDEX, DBCC DBREINDEX, ALTER PARTITION FUNCTION, DROP TABLE,用于添加、修改或删除列及添加或删除 PRIMARY KEY 或 UNIQUE 约束 ALTER TABLE。

(3)DML 触发器使用 deleted 和 inserted 逻辑(概念)表。它们在结构上类似于定义了触发器的表,即对其尝试执行了用户操作的表。在 deleted 和 inserted 表保存了可能会被用户更改的行的旧值或新值。

(4)CREATE TRIGGER 必须是批处理中的第一条语句,并且只能应用于一个表。

(5)触发器只能在当前的数据库中创建,但是可以引用当前数据库的外部对象。

(6)如果指定了触发器架构名称来限定触发器,则将以相同的方式限定表名称。

(7)在同一条 CREATE TRIGGER 语句中,可为多种用户操作(如 INSERT 和 UPDATE)定义相同的触发器操作。

(8)如果一个表的外键包含对定义的 DELETE/UPDATE 操作的级联,则不能对为表上定义 INSTEAD OF DELETE/UPDATE 触发器。

(9)在触发器内可指定任意的 SET 语句。选择的 SET 选项在触发器执行期间保持有效,然后恢复为原来的设置。

(10)如果触发了一个触发器,结果将返回给执行调用的应用程序。若要避免由于触发器触发而向应用程序返回结果,则不要包含返回结果的 SELECT 语句,也不要包含在触发器中执行变量赋值的语句。如果必须在触发器中进行变量赋值,则应该在触发器的开头使用 SET NOCOUNT 语句,以避免返回任何结果集。

(11)LETE 触发器不能捕获 TRUNCATE TABLE 语句,尽管 TRUNCATE TABLE 语句实际上就是不含 WHERE 子句的 DELETE 语句(因为它删除所有行),但它是无日志记录的,因而不能执行触发器。

除了手工编写用于创建 DML 触发器的 CREATE TRIGGER 语句之外，也可以在对象资源管理器中快速生成该语句。操作方法是：在对象资源管理器中依次展开数据库、表或视图，右键单击表或视图下方的"触发器"，在弹出的快捷菜单中选择"新建触发器"，此时会在查询编辑器中生成一段代码，其核心语句就是 CREATE TRIGGER 语句，在这里填写所需的相关信息，然后执行代码，即可在选定的表中生成触发器。

生成 DML 触发器后，刷新显示在触发器表或触发器视图下方的"触发器"节点，可以看到新建的触发器。右键单击触发器，然后从弹出的快捷菜单中选择相关命令，可以对该触发器进行各种操作，例如修改触发器、禁用触发器、查看依赖关系、禁用触发器及删除触发器等。

例 8.4 在 EduAdmin 数据库中，针对 Student 表创建一个 AFTER 触发器，每当向该表中添加一条学生记录时自动向 Score 表中添加相关的成绩记录，并对触发器进行测试。

在 SQL 查询编辑器中编写以下 Transact-SQL 脚本：

```
USE EduAdmin;
IF OBJECT_ID('dbo.insert_student', 'TR') IS NOT NULL
    DROP TRIGGER dbo.insert_student ;
GO
CREATE TRIGGER insert_student
    ON Student
    AFTER INSERT
AS
DECLARE @sid char(6), @cid char(6);
BEGIN
    SET NOCOUNT ON;
    IF EXISTS(SELECT * FROM inserted)
    BEGIN
        SELECT @sid=i.StudentID, @cid=i.ClassID
        FROM inserted i INNER JOIN Class c ON i.ClassID=c.ClassID;
        INSERT INTO Score
        SELECT @sid, CourseID, NULL FROM Schedule
        WHERE ClassID=@cid;
    END;
END;
GO
DECLARE @sid char(6);
SET @sid='160007';
INSERT INTO Student VALUES
(@sid, '李国杰', '计1601', '男', '2002-09-16', '2016-08-26', '386', '1', '
爱好 Flash 动画制作');
    SELECT * FROM vStudentScore WHERE 学号=@sid;
    SET @sid='160257';
    INSERT INTO Student VALUES
(@sid, '吕玉琳', '电1601', '女', '2001-7-21', '2016-08-26', '405', '0', '
爱看网络视频');
    SELECT * FROM vStudentScore WHERE 学号=@sid;
    GO
```

上述脚本的执行结果如图 8.4 所示。

图 8.4   创建和测试 AFTER INSERT 触发器

例 8.5 在 EduAdmin 数据库中，针对 Student 表创建一个 INSTEAD OF DELETE 触发器，每当从该表中删除一条学生记录时自动从向 Score 表中删除与该学生相关的所有成绩记录，并对触发器进行测试。

由于 Student 表与 Score 表之间存在外键关系，如果使用 AFTER DELETE 触发器，则无法从 Student 表中删除学生记录，必须使用 INSTEAD OF DELETE 触发器。当通过 DELETE 语句时将激活该触发器并创建 delete 表，其他操作则应当在触发器操作中指定。在 SQL 编辑器中编写以下 Transact-SQL 脚本：

```sql
USE EduAdmin;
IF OBJECT_ID ('dbo.delete_student', 'TR') IS NOT NULL
    DROP TRIGGER dbo.delete_student
GO
CREATE TRIGGER delete_student
    ON Student
    INSTEAD OF DELETE
AS
DECLARE @sid char(6),@sname nvarchar(4);
BEGIN
    SET NOCOUNT ON;
    IF EXISTS(SELECT * FROM deleted)
    BEGIN
        SELECT @sid=StudentID FROM deleted;
        SELECT @sname=StudentName FROM Student
        WHERE StudentID=@sid;
        DELETE Score WHERE StudentID=@sid;         --先删除成绩记录
        DELETE Student WHERE StudentID=@sid;        --后删除学生记录
        PRINT '学生'+@sname+'及其成绩记录已被删除。';
```

```
        END;
    END;
    GO
    SET NOCOUNT ON;
    DECLARE @sid char(6);
    SET @sid='160007';
    DELETE Student WHERE StudentID=@sid;
    GO
```

上述脚本的执行结果如图 8.5 所示。

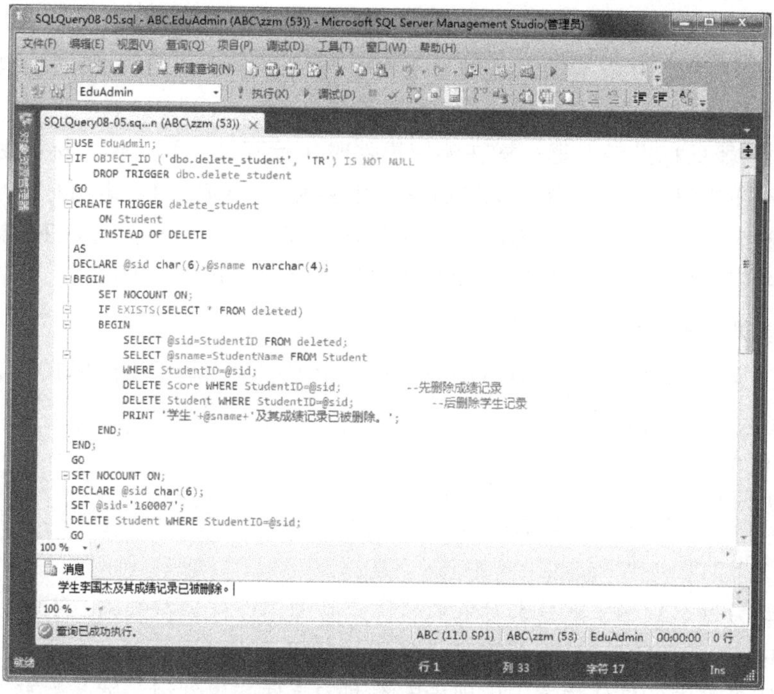

图 8.5　创建和测试 INSTEAD OF DELETE 触发器

8.2.3　实现 DDL 触发器

DDL 触发器在 CREATE、ALTER、DROP 和其他 DDL 语句上操作，它们用于执行管理任务，并强制影响数据库的业务规则，可以应用于数据库或服务器中某一类型的所有命令。

1．理解 DDL 触发器

设计 DDL 触发器之前，必须了解 DDL 触发器的作用域并确定触发触发器的 Transact-SQL 语句或语句组。

在响应当前数据库或服务器中处理的 Transact-SQL 事件时，都会激发 DDL 触发器。触发器的作用域取决于事件。例如，每当数据库中发生 CREATE TABLE 事件时，都会触发为响应 CREATE TABLE 事件创建的 DDL 触发器。每当服务器中发生 CREATE LOGIN 事件时，都会触发为响应 CREATE LOGIN 事件创建的 DDL 触发器。

数据库范围内的 DDL 触发器都作为对象存储在创建它们的数据库中。整个服务器范围内的 DDL 触发器作为对象存储在系统数据库 master 中。通过创建 DDL 触发器既可以响应一个或多个特定 DDL 语句，也可以响应预定义的一组 DDL 语句。

选择触发 DDL 触发器的特定 DDL 语句。可以安排在运行一个或多个 Transact-SQL 语句后触发 DDL 触发器。例如，在发生 DROP TABLE 事件或 ALTER TABLE 事件后触发触发器。并非所有的 DDL 事件都可以用于 DDL 触发器中。例如，CREATE DATABASE 事件就不能用于 DDL 触发器中。

选择触发 DDL 触发器的一组预定义的 DDL 语句。可以在执行属于一组预定义的相似事件的任何 Transact-SQL 事件后触发 DDL 触发器。例如，如果希望在运行 CREATE TABLE、ALTER TABLE 或 DROP TABLE DDL 语句后触发 DDL 触发器，则可以在 CREATE TRIGGER 语句中指定 FOR DDL_TABLE_EVENTS。运行 CREATE TRIGGER 后，事件组涵盖的事件都添加到 sys.trigger_events 目录视图中。

DDL 触发器像标准触发器一样在响应事件时执行存储过程。但与标准触发器不同的是，它们并不在响应对表或视图的 UPDATE、INSERT 或 DELETE 语句时执行存储过程。它们主要在响应数据定义语言（DDL）语句执行存储过程。这些语句包括 CREATE、ALTER、DROP、GRANT、DENY、REVOKE 和 UPDATE STATISTICS 等语句。

2. 创建 DDL 触发器

DDL 触发器可以使用 CREATE TRIGGER 语句来创建，基本语法格式如下：

```
CREATE TRIGGER 触发器名称
ON {ALL SERVER|DATABASE}
[WITH ENCRYPTION]
{FOR|AFTER} {事件类型|事件组}[, ...]
AS {SQL 语句[...]}
```

其中，触发器名称指定新建触发器的名称，必须遵循标识符规则，不能以#或##开头。

ALL SERVER 指定将 DDL 触发器的作用域应用于当前服务器。如果指定了此选项，则只要当前服务器中的任何位置上出现指定类型的事件或事件组，就会激发该触发器。

DATABASE 指定将 DDL 触发器的作用域应用于当前数据库。如果指定了此选项，则只要当前数据库中出现指定类型的事件或事件组，就会激发该触发器。

WITH ENCRYPTION 指定对 CREATE TRIGGER 语句的文本进行加密。

FOR 与 AFTER 作用相同，指定 DDL 触发器在当前服务器或数据库中出现指定的事件或事件组时被激发。

事件类型参数指定将导致激发 DDL 触发器的 Transact-SQL 语言事件的名称。

事件组参数指定预定义的 Transact-SQL 语言事件分组的名称。只要执行任何属于该组的 Transact-SQL 语言事件之后，都将激发 DDL 触发器。

SQL 语句指定触发条件，用于确定尝试的 DDL 语句是否导致执行触发器操作。当尝试 DDL 操作时，将执行 Transact-SQL 语句中指定的触发器操作。触发器可以包含任意数量和种类的 Transact-SQL 语句，但也有一些例外。

对于 DDL 触发器，可以通过使用 EVENTDATA 函数来获取有关触发事件的信息。

使用 CREATE TRIGGER 语句创建 DLL 触发器后，数据库作用域的 DLL 触发器将出现在该数据库的"可编程性"→"数据库触发器"节点下面，服务器作用域的 DLL 触发器则出现在数据库引擎实例的"服务器对象"→"触发器"节点下面。

例 8.6 在 EduAdmin 数据库中，创建一个数据库作用域的 DLL 触发器，每当从该数据库中删除视图时会阻止删除操作返回一条消息。

要完成本例中的任务，首先检查 DLL 触发器是否存在，若存在则删除之。通过子查询从 sys.triggers 目录视图中检查 DLL 触发器是否存在时，可由 parent_class 列判断触发器类型的父类，该列为 0 表示 DDL 触发器；1 表示 DML 触发器。创建触发器时指定 DATABASE 作为作用域，在 FOR 子句中指定的 DDL 事件名称为 DROP_VIEW，并通过触发器执行回滚事务操作。在 SQL 编辑器中编写以下 Transact-SQL 脚本：

```
USE EduAdmin;
IF EXISTS (SELECT * FROM sys.triggers WHERE parent_class=0 AND name='safety')
DROP TRIGGER safety ON DATABASE;
GO
CREATE TRIGGER safety ON DATABASE FOR DROP_VIEW
AS
BEGIN
    PRINT '不能在 EduAdmin 数据库中删除视图。';
    PRINT '若要删除视图，必须禁用数据库触发器 safety。';
    ROLLBACK TransactION;
END;
GO
DROP VIEW vStudent;
GO
```

上述脚本的执行结果如图 8.6 所示。

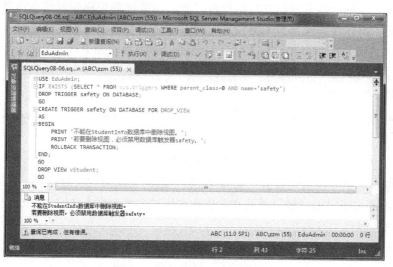

图 8.6 创建和测试 DLL 触发器

8.2.4 管理触发器

在 SQL Server 服务器、数据库、表或视图上创建触发器后，根据需要可以对触发器进行各种操作，如修改定义、重命名、查看相关信息及删除等。这些操作可以使用 Transact-SQL

语句、系统存储过程或对象资源管理器来实现。

1. 修改触发器

使用 ALTER TRIGGER 可以更改以前使用 CREATE TRIGGER 语句创建的 DML 或 DDL 触发器的定义。除了以 ALTER 关键字开头之外，ALTER TRIGGER 的语法组成与 CREATE TRIGGER 是相同的。

在"对象资源管理器"窗格中，可以使用模板快速生成所需的 ALTER TRIGGER。对于 DML 触发器，可以展开触发表或触发器视图下方的"触发器"节点，右键单击要更改的触发器并选择"修改"命令，然后在查询编辑器窗口中修改代码并加以执行。

若要修改 DDL 触发器，可在数据库引擎实例的"服务器对象"→"触发器"（服务器作用域）下面或者在某个数据库的"可编程性"→"数据库触发器"（数据库作用域）下面找到该触发器，然后右键单击它并选择"编写数据库触发脚本为"→"CREATE 到"→"新查询编辑器窗口"命令，这将生成创建此 DLL 触发器的脚本，其核心语句是 CREATE TRIGGER，可以将 CREATE 关键字更改为 ALTER，并对触发器定义代码进行修改，然后执行脚本。

2. 重命名触发器

若要重命名触发器，可使用 sp_rename 系统存储过程来实现。重命名触发器并不会更改它在触发器定义文本中的名称。要在定义中更改触发器的名称，应直接修改触发器。

若要重命名触发器，也可以使用 DROP TRIGGER 删除已有触发器，然后使用 CREATE TRIGGER 创建新的触发器。

3. 禁用或启用触发器

默认情况下，创建触发器后会启用该触发器，当执行相关操作时就会激发该触发器。有时可能希望在执行相关操作时不激发触发器，但又不想删除该触发器。在这种情况下，可以使用 DISABLE TRIGGER 语句来禁用触发器，语法格式如下：

```
DISABLE TRIGGER {[架构名称.]触发器名称[, ...]|ALL}
ON {对象名称|DATABASE|ALL SERVER}
```

其中，架构名称参数指定 DML 触发器所属的架构。不能为 DDL 触发器指定构架名称。触发器名称指定要禁用的触发器。

ALL 指示禁用在 ON 子句作用域中定义的所有触发器。

对象名称指定要对其创建要执行的 DML 触发器的表或视图的名称。

DATABASE 指定 DDL 触发器是在数据库作用域内执行的。ALL SERVER 指定 DDL 触发器是在服务器作用域内执行的。

禁用触发器后，它仍然作为对象存在于当前数据库中。但是，当执行相关操作时触发器将不会激发。

已禁用的触发器可以使用 ENABLE TRIGGER 语句重新启用，会以最初创建触发器时的方式来激发它。语法格式如下：

```
ENABLE TRIGGER {[构架名称.]触发器名称[, ...]|ALL}
ON {对象名称|DATABASE|ALL SERVER}[;]
```

其中，各参数与 DISABLE TRIGGER 中相同。

例如，下面的语句在 EduAdmin 数据库中创建一个触发器，然后禁用它，最后再用它。

```
USE EduAdmin;
CREATE TRIGGER safety
ON DATABASE
FOR DROP_TABLE,ALTER_TABLE
AS
    PRINT '要修改或删除表，必须禁用触发器safety。';
    ROLLBACK TransactION;
GO
DISABLE TRIGGER safety ON DATABASE;
GO
ENABLE TRIGGER safety ON DATABASE;
GO
```

4. 查看触发器信息

在 SQL Server 2005 中，可以确定一个表中触发器的类型、名称、所有者及创建日期，还可以获取触发器定义的有关信息，或者列出指定的触发器所使用的对象。

- 获取有关数据库中的触发器的信息：使用 sys.triggers 目录视图。
- 获取有关服务器范围内的触发器的信息：使用 sys.server_triggers 目录视图。
- 获取有关激发触发器的事件的信息：可以使用 sys.trigger_events、sys.events 及 sys.server_trigger_events 目录视图。
- 查看触发器定义：使用 sys.sql_modules 目录视图或 sp_helptext 系统存储过程，不过前提是触发器未在创建或修改时加密。
- 查看触发器依赖关系：使用 sys.sql_dependencies 目录视图或 sp_depends 系统存储过程。

5. 删除触发器

使用 DROP TRIGGER 语句可以从当前数据库中删除一个或多个 DML 或 DDL 触发器，有以下两种语法格式。

删除 DML 触发器：

```
DROP TRIGGER 架构名称.触发器名称[, ...]
```

删除 DDL 触发器

```
DROP TRIGGER 触发器名称[, ...]
ON {DATABASE|ALL SERVER}
```

其中，参数架构名称指定 DML 触发器所属的架构。对于 DDL 触发器，不能指定架构名称。触发器名称指定要删除的触发器。

DATABASE 指示 DDL 触发器的作用域应用于当前数据库。如果在创建或修改触发器时指定了 DATABASE，则删除时也必须指定 DATABASE。

ALL SERVER 指示 DDL 触发器的作用域应用于当前服务器。如果在创建或修改触发器时指定了 ALL SERVER，则删除时也必须指定 ALL SERVER。

仅当所有触发器均使用相同的 ON 子句创建时，才能使用一个 DROP TRIGGER 语句删除多个 DDL 触发器。

也可以通过删除触发器表来删除 DML 触发器。当从数据库中删除表时，将同时删除与表关联的所有触发器。删除触发器时，将从 sys.objects、sys.triggers 和 sys.sql_modules 目录视图中删除有关该触发器的信息。

例如，下面的语句从 EduAdmin 数据库中删除 DML 触发器 trig1。

```
USE EduAdmin;
IF OBJECT_ID ('trig1','TR') IS NOT NULL
    DROP TRIGGER trig1;
GO
```

下面的语句从 EduAdmin 数据库中删除 DDL 触发器 safety。

```
USE EduAdmin;
IF EXISTS (SELECT * FROM sys.triggers
    WHERE parent_class=0 AND name='safety')
    DROP TRIGGER safety ON DATABASE;
GO
```

项目思考

一、选择题

1. 创建存储过程时使用（   ）将对过程定义文本加密。

   A. OUTPUT   B. RECOMPILE

   C. ENCRYPTION   D. FOR REPLICATION

2. 使用（   ）目录视图可以查看存储过程包含哪些参数。

   A. sys.objects   B. sys.sql_modules

   C. sp_helptext   D. sp_help

3. 在关于 DML 触发器的描述中，（   ）是错误的。

   A. DML 触发器可以通过数据库中的相关表实现级联更改

   B. DML 触发器可以防止恶意或错误的 INSERT、UPDATE 及 DELETE 操作

   C. DML 触发器可以评估数据修改前后表的状态，并根据该差异采取措施。

   D. 一个表中的多个同类 DML 触发器不允许采取多个不同的操作来响应同一个修改语句

4. 使用（   ）目录视图可以获取有关服务器范围内的触发器的信息。

   A. sys.triggers   B. sys.server_triggers

   C. sys.sql_modules   D. sys.trigger_events

二、判断题

1.（   ）在单个批处理中，CREATE PROCEDURE 语句可以与其他 Transact-SQL 语句组合使用。

2.（   ）EXECUTE 语句可以用于执行存储过程，也可以用于执行包含 Transact-SQL 语句的字符串。

3.（   ）如果存储过程被分组，则可以删除组内的单个存储过程。

4.（   ）触发器会在发生语言事件时自动执行。

5．（　　　）AFTER 触发器适用于表和视图。

6．（　　　）INSTEAD OF 触发器将在处理约束前激发。

7．（　　　）一个表针对每个触发操作只能一个 AFTER 触发器。

8．（　　　）在响应当前数据库或服务器中处理的 Transact-SQL 事件时都会激发 DDL 触发器。

三、简答题

1．EXECUTE 语句有什么用途？EXECUTE 关键字可以缩写为什么形式？何时可以省略这个关键字？

2．如何快速生成修改存储过程所需的 ALTER PROCEDURE 语句？

3．DML 触发器有哪些用途？

4．AFTER 触发器与 INSTEAD OF 触发器有哪些不同？

5．如何快速生成用于创建 DML 触发器的 CREATE TRIGGER 语句？

6．在对象资源管理器中，DML 触发器显示在哪里？DDL 触发器呢？

7．DDL 触发器有哪几种作用域？

8．如果希望不激发触发器但又不想删除它，应该怎么办？

项目实训

1．编写脚本，通过创建和调用存储过程按姓名和课程名称查询学生成绩。

2．编写脚本，通过创建和调用存储过程按班级和课程名称查询指定班的指定课程的平均分、最高分和最低分。

3．编写脚本，通过 EXECUTE 语句执行一个由变量和常量连接而成的字符串，用于检索某个班的某门课程成绩，要求按成绩高低降序排序。

4．编写脚本，在 EduAdmin 数据库中基于 Student 表创建一个 DML 触发器，每当向该表中添加一条学生记录时自动向 Score 表中添加相关的成绩记录，并对触发器进行测试。

5．编写脚本，在 EduAdmin 数据库中基于 Student 表创建一个 DML 触发器，每当从该表中删除一条学生记录时自动从向 Score 表中删除与该学生相关的所有成绩记录，并对触发器进行测试。

6．编写脚本，在 EduAdmin 数据库中创建一个 DDL 触发器，每当从该数据库中删除表或视图时返回一条消息并取消事务。

项目 9

系统安全管理

安全性对于任何数据库管理系统都是极其重要的。数据库中通常存储着大量的数据，这些数据可能是个人信息、产品信息、客户资料或其他机密资料。SQL Server 2012 数据库引擎可以保护数据免受未经授权的泄漏和篡改，通过坚固的安全系统来防止信息资源的非授权使用。无论用户如何获得对数据库的访问权限，都可以确保对数据进行保护。通过本项目将掌握和掌握 SQL Server 2012 系统安全管理方面的内容。

项目目标

- 掌握设置身份验证模式的方法
- 掌握创建和管理用户账户的方法
- 掌握角色管理的方法
- 掌握数据库权限管理的方法
- 掌握创建和使用架构的方法

任务 9.1　设置身份验证模式

当用户连接到 SQL Server 服务器时，首先要对用户进行身份验证，以确定用户是否具有连接 SQL Server 服务器的权限。如果身份验证成功，则允许用户连接到 SQL Server 服务器。通过本任务将掌握和掌握 SQL Server 2012 中的两种身份验证模式及其设置方法。

任务目标

- 理解 SQL Server 身份验证模式
- 掌握设置身份验证模式的方法
- 理解 SQL Server 安全机制

9.1.1　理解身份验证模式

身份验证模式是指 SQL Server 系统验证客户端与服务器连接的方式。在安装 SQL Server 2012 的过程中，有一个重要的步骤就是设置身份验证模式的。SQL Server 2012 提供了两种身份验证模式，即 Windows 身份验证模式和混合验证模式。当建立起对 SQL Server 的成功连接之后，安全机制对于 Windows 身份验证和混合模式是相同的。

1. Windows 身份验证模式

当用户通过 Microsoft Windows 用户账户连接时，SQL Server 使用 Windows 操作系统中的信息验证账户名和密码。Windows 身份验证使用 Kerberos 安全协议，通过强密码的复杂性验证提供密码策略强制，提供账户锁定支持，并且支持密码过期。

2. 混合模式

混合模式是指允许用户使用 Windows 身份验证或 SQL Server 身份验证进行连接。通过 Windows 用户账户连接的用户可以使用 Windows 验证的受信任连接。

如果必须选择混合模式身份验证并要求使用 SQL Server 登录以适应旧式应用程序，则必须为所有 SQL Server 账户设置强密码。这对于属于 sysadmin 角色的账户（特别是 sa 账户）尤其重要。提供 SQL Server 身份验证只是为了向后兼容。建议尽可能使用 Windows 身份验证。

9.1.2 设置服务器身份验证模式

安装过程中，SQL Server 数据库引擎可以设置为 Windows 身份验证模式或 SQL Server 和 Windows 身份验证模式（即混合模式）。根据需要，完成安装后还可以使用 SSMS 对象资源管理器或 Transact-SQL 语句来更改身份验证模式。

若要使用对象资源管理器设置身份验证模式，可执行以下操作。

（1）在对象资源管理器中，连接到 SQL Server 数据库引擎实例。

（2）右键单击该实例，在弹出的快捷菜单中选择"属性"命令。

（3）此时会显示"服务器属性-<实例名>"对话框，选择"安全性"页，在"服务器身份验证"下选择下列模式之一，如图 9.1 所示。

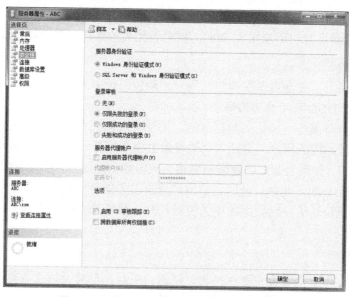

图 9.1 设置 SQL Server 服务器身份验证模式

- 若要使用 Windows 身份验证对所尝试的连接进行验证，则选择"Windows 身份验证模式"选项。
- 若要使用混合模式的身份验证对所尝试的连接进行验证，则选择"SQL Server 和

系统安全管理

Windows 身份验证模式"选项。

当更改安全模式时，如果 sa 密码为空白，则应设置 sa 密码。

更改安全性配置后需要重新启动服务。当将服务器身份验证改为 SQL Server 和 Windows 身份验证模式时，不会自动启用 sa 账户。若要使用 sa 账户，则应执行以下带有 ENABLE 选项的 ALTER LOGIN 命令。

```
ALTER LOGIN sa ENABLE;
```

也可以使用 xp_instance_regwrite 扩展存储过程来设置服务器身份验证模式，用法如下：

```
xp_instance_regwrite N'HKEY_LOCAL_MACHINE',
    N'SOFTWARE\Microsoft\MSSQLServer\MSSQLServer',
    'LoginMode', N'REG_DWORD', mode;
```

其中，参数 mode 指定服务器身份验证模式，1 表示 Windows 身份验证模式，2 表示混合验证模式。

9.1.3 SQL Server 安全机制

SQL Server 安全机制主要是通过其安全性主体和安全对象来实现的。SQL Server 安全性主体可分为服务器级别、数据库级别和架构级别。

1. 服务器级别

在服务器级别上，安全对象主要包括登录名和固定服务器角色等，其中，登录名用于连接和登录数据库服务器，固定服务器角色则用于对登录名赋予所需的服务器权限。

登录名包括 Windows 登录名和 SQL Server 登录名。Windows 登录名对应于 Windows 验证模式，所涉及到的账户类型主要有 Windows 本地账户、Windows 域用户账户和 Windows 组。

SQL Server 登录名对应于 SQL Server 验证模式，相关的账户类型主要是 SQL Server 账户。

2. 数据库级别

在数据库级别上，安全对象主要包括用户、角色、证书、对称密钥、非对称密钥、程序集、全文目录、DDL 事件及架构等。

用户作为安全对象是用来访问数据库的。如果某人仅拥有登录名，但没有在任何数据库为其登录名创建相应的用户，则此人只能登录数据库服务器，但不能访问数据库。

在这种情况下，如果为此人创建登录名相对应的数据库用户，但没有赋予相应的角色，则该用户自动具有 public 角色。此时，该用户登录服务器后对数据库中的资源只具有一些公共权限。如果要使该用户对数据库中的资源具有一些特殊权限，则应将其添加到相应角色中。

3. 架构级别

在架构级别上，安全对象主要包括表、视图、函数、存储过程及数据类型等。创建这些对象时可以设置架构。如果未设置，则默认架构为 dbo。

数据库用户只能对属于其架构中的对象执行操作，具体的操作权限则由数据库角色决定。

任务 9.2　登录账户管理

登录账户即登录名，它是控制访问 SQL Server 服务器的账户。如果事先没有创建有效的登录账户，便不能连接和登录 SQL Server 服务器。通过本任务将掌握登录账户的管理方法。

任务目标

- 掌握创建登录账户的方法
- 掌握修改登录账户的方法
- 掌握删除登录账户的方法

9.2.1　创建登录账户

登录账户属于服务器级别的安全对象。登录账户包括 Windows 登录账户和 SQL Server 登录账户，这两种类型的登录账户都可以使用 SSMS 图形界面或 Transact-SQL 语句来创建。

1. 使用 SSMS 图形界面创建登录账户

使用 SSMS 图形界面创建登录账户的操作步骤如下。

（1）在对象资源管理中，连接到数据库引擎实例，展开该实例；展开"安全性"，右键单击"登录名"，在弹出的快捷菜单中选择"新建登录名"。

（2）在如图 9.2 所示的"登录名-新建"对话框的"常规"页中，在"登录名"框中输入用户的名称，或者单击"搜索"按钮，打开"选择用户或组"对话框进行选择。

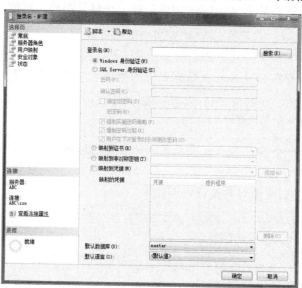

图 9.2　"登录名-新建"对话框

（3）若要基于 Windows 主体创建一个登录名，请选择"Windows 身份验证"选项。

（4）若要创建一个保存在 SQL Server 数据库中的登录名，请选择"SQL Server 身份验

系统安全管理

证"选项，然后执行以下操作。

① 在"密码"框中输入新用户的密码，在"确认密码"框中再次输入该密码。

② 在更改现有密码时，选择"指定旧密码"，然后在"旧密码"框中输入旧密码。

③ 若要强制实施有关复杂性和强制执行的密码策略选项，请选择"强制实施密码策略"。选中"SQL Server 身份验证"单选框时，这是默认选项。

④ 若要强制实施有关过期的密码策略选项，请选中"强制密码过期"。必须选择"强制实施密码策略"才能启用此复选框。选中"SQL Server 身份验证"单选框时，这是默认选项。

⑤ 若要在首次使用登录名后强制用户创建新密码，请选择"用户在下次登录时必须更改密码"复选框。必须选择"强制密码过期"才能启用此复选框。选中"SQL Server 身份验证"单选框时，这是默认选项。

（5）若要将登录名与独立的安全证书相关联，请选择"映射到证书"单选框，然后再从列表中选择现有证书的名称。

（6）若要将登录名与独立的非对称密钥相关联，请选择"映射到非对称密钥"单选框，然后再从列表中选择现有密钥的名称。

（7）若要将登录名与安全凭据相关联，请选中"映射到凭据"复选框，然后再从列表中选择现有凭据或单击"添加"以创建新的凭据。

（8）从"默认数据库"列表中，选择登录名的默认数据库。此选项的默认值是 master。

（9）从"默认语言"列表中，选择登录名的默认语言。

（10）单击"确定"按钮。

2. 使用 Transact-SQL 语句创建登录账户

在 Transact-SQL 中，可以使用 CREATE LOGIN 语句来创建登录账户。下面仅介绍这个语句的基本用法。若要基于 Windows 主体创建一个登录账户，可使用以下语法格式：

```
CREATE LOGIN [域名\用户名] FROM WINDOWS
WITH DEFAULT_DATABASE=默认数据库;
```

若要创建一个保存在 SQL Server 数据库中的登录名，可使用以下语法格式：

```
CREATE LOGIN 登录名 WITH PASSWORD='密码'
DEFAULT_DATABASE=默认数据库;
```

例 9.1 分别创建一个 SQL Server 登录名和一个 Windows 登录名，并为前者指定密码，两者的默认数据库均为 EduAdmin。

在 SQL 编辑器窗口中编写并执行以下脚本。

```
CREATE LOGIN [ABC\Jack] FROM WINDOWS
WITH DEFAULT_DATABASE=master;
GO
CREATE LOGIN Mary WITH PASSWORD='this123abc',
DEFAULT_DATABASE= master;
GO
USE master;
SELECT name FROM syslogins;
GO
```

用 CREATE LOGIN 语句创建的新登录名将保存在 master 数据库的 syslogins 表中，因此可使用 SELECT 语句来查看当前服务器上的登录名列表。上述脚本执行结果如图 9.3 所示。

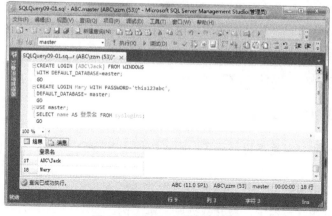

图 9.3 创建和查看登录账户

9.2.2 修改登录账户

创建 SQL Server 登录账户之后，根据需要还可以更改该登录账户的属性，这可以使用 SSMS 图形界面或 Transact-SQL 语句来实现。

使用 SSMS 图形界面修改 SQL Server 登录账户属性的操作方法如下。

（1）在对象资源管理器中，展开数据库引擎实例。

（2）展开"安全性"，展开"登录名"，右键单击要修改的登录名，在弹出的快捷菜单中选择"属性"命令。

（3）在如图 9.4 所示的"登录属性"对话框中对该登录名的相关属性（如密码及其相关选项、默认数据库、启用或禁用等）进行设置。

图 9.4 "登录属性"对话框

在 Transact-SQL 中，可以使用 ALTER LOGIN 语句来修改 SQL Server 登录账户的属性。

以下示例启用登录账户 Mary。

```
ALTER LOGIN Mary ENABLE;
```

以下示例将 Mary 的登录密码更改强密码。

```
ALTER LOGIN Mary WITH PASSWORD='<enterStrongPasswordHere>';
```

以下示例将登录名 Mary 更改为 John。

```
ALTER LOGIN Mary WITH NAME=John;
```

9.2.3　删除登录账户

如果某个登录账户以后不再需要了，则可以使用 SSMS 图形界面或 Transact-SQL 语句将其删除。

使用 SSMS 图形界面删除登录账户的操作方法如下。

（1）在对象资源管理器中，展开数据库引擎实例。

（2）展开"安全性"，展开"登录名"，右键单击要删除的登录账户，在弹出的快捷菜单中选择"删除"命令。

（3）在"删除对象"对话框中，单击"确定"按钮。

也可以使用 DROP LOGIN 语句删除该登录账户。以下示例将删除登录账户 Smith。

```
DROP LOGIN Smith;
```

任务 9.3　数据库用户管理

用户是数据库级别安全主体。登录名必须映射到数据库用户才能连接到数据库。一个登录名可以作为不同用户映射到不同的数据库，但在每个数据库中只能作为一个用户进行映射。在部分包含数据库中，可以创建不具有登录名的用户。如果在数据库中启用了 guest 用户，未映射到数据库用户的登录名可作为 guest 用户进入该数据库。通过本任务将学习和掌握创建和删除数据库用户的方法。

任务目标

- 掌握创建数据库用户的方法
- 掌握删除数据库用户的方法

9.3.1　创建数据库用户

创建数据库用户可以使用 SSMS 图形界面或 Transact-SQL 语句来实现。

1．使用 SSMS 图形界面创建数据库用户

使用 SSMS 图形界面创建数据库用户的操作步骤如下。

（1）以系统管理员身份连接 SQL Server 服务器，在对象资源管理器中展开"数据库"。

（2）展开要在其中创建新数据库用户的数据库，展开"安全性"文件夹，右键单击"用户"，在弹出的快捷菜单中选择"新建用户"命令，进入如图 9.5 所示的"数据库用户-新建"

对话框。

（3）填写用户名、登录名和默认架构。

图 9.5　"数据库用户-新建"对话框

（4）单击"确定"按钮，完成数据库用户创建。

2. 使用 Transact-SQL 语句创建数据库用户

在 Transact-SQL 中，可以使用 CREATE USER 语句向当前数据库添加用户。该语句的基本语法格式如下：

```
CREATE USER 用户名
[{FOR|FROM}{
    LOGIN 登录名
    WITHOUT LOGIN
]
[WITH DEFAULT_SCHEMA=架构名]
```

其中，参数用户名指定数据库用户名。

LOGIN 登录名指定要创建数据库用户的 SQL Server 登录名，它必须是服务器中有效的登录名。如果忽略 FOR LOGIN，则数据库用户将被映射到同名的 SQL Server 登录名。

WITHOUT LOGIN 子句指定不应将用户映射到现有登录名，使用该子句可以创建不映射到 SQL Server 登录名的用户，它可以作为 guest 连接到其他数据库。

WITH DEFAULT_SCHEMA=架构名指定服务器为此数据库用户解析对象名时将搜索的第一个架构。如果未定义 DEFAULT_SCHEMA，则数据库用户将使用 dbo 作为默认架构。可以将 DEFAULT_SCHEMA 设置为数据库中当前不存在的架构。

例 9.2　在 EduAdmin 数据库中添加两个用户，一个是 SQL Server 登录名 Mary，另一个是 Windows 登录名[ABC\Jack]，然后显示出该数据库中的用户列表。

在 SQL 编辑器中编写并执行以下 Transact-SQL 脚本。

```
USE EduAdmin;
GO
```

```
CREATE USER Mary FOR LOGIN Mary
WITH DEFAULT_SCHEMA=dbo;
CREATE USER Jack FOR LOGIN [ABC\Jack]
WITH DEFAULT_SCHEMA=dbo;
SELECT name AS 数据库用户, type_desc AS 类型, default_schema_name AS 默认架
构
FROM sys.database_principals
WHERE type='S' OR type='U' ORDER BY type;
GO
```

上述脚本的执行结果如图 9.6 所示。

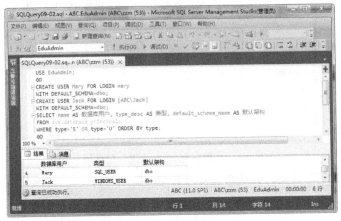

图 9.6　创建数据库用户

9.3.2　删除数据库用户

删除数据库用户可以使用 SSMS 图形界面或 Transact-SQL 语句来实现。

使用 SSMS 图形界面的操作步骤如下。

（1）在对象资源管理器中依次展开用户所在的数据库、"安全性"和"用户"。

（2）右键单击要删除的用户，在弹出的快捷菜单中选择"删除"命令。

（3）在"删除对象"对话框中，单击"确定"按钮。

在 Transact-SQL 中，可以使用 DROP USER 语句可以从当前数据库中删除用户。

例 9.3 在 EduAdmin 数据库中检查数据库用户 Anna 是否存在，若存在，则删除它。

```
USE EduAdmin;
IF EXISTS(SELECT * FROM sys.database_principals WHERE name='Anna')
    DROP USER Anna;
GO
```

任务 9.4　角色管理

为了方便权限管理，可以将一些安全账户集中到一个单元中并对该单元设定权限，这样的单元称为角色。权限在安全账户成为角色成员时自动生效。角色主要包括固定服务器

角色、数据库角色和应用程序角色，数据库角色又分为固定数据库角色和自定义数据库角色。通过本任务将学习和掌握管理角色的方法。

任务目标

- 掌握管理固定服务器角色的方法
- 掌握管理固定数据库角色的方法
- 掌握管理自定义数据库角色的方法

9.4.1　管理固定服务器角色

固定服务器角色独立于各个数据库，是在服务器级别上定义的，既不能添加，也不能删除或更改固定服务器角色。但固定服务器角色中的每个成员都可以向其所属角色添加其他登录名。创建一个登录账户之后，要赋予该账户管理服务器的权限，则应将其添加到相应的固定服务器角色中。

1. 固定服务器角色的权限

下面列出固定服务器角色的名称及其权限说明。

- sysadmin：其成员可以在服务器中执行任何活动。
- securityadmin：其成员可以管理登录账户及其属性，可以授予、拒绝和撤销服务器级和数据库级权限，还可以重置 SQL Server 登录名的密码。
- serveradmin：其成员可以对服务器进行配置和关闭服务器。
- setupadmin：其成员可以添加和删除链接服务器，也可以执行某些系统存储过程。
- processadmin：其成员可以终止 SQL Server 实例中运行的进程。
- diskadmin：其成员可以管理磁盘文件。
- dbcreator：其成员可以创建、更改、删除和还原任何数据库。
- bulkadmin：其成员可以运行 BULK INSERT 语句。
- public：其成员可以查看任何数据库，每个 SQL Server 登录名都属于该角色。

2. 添加固定服务器角色成员

对于已经创建的登录账户，若要对其赋予某个固定服务器角色的权限，则可以使用 SSMS 图形界面或 Transact-SQL 语句将其添加到该角色中。

使用 SSMS 图形界面添加固定服务器角色成员的操作方法如下。

（1）在对象资源管理器中，右键单击登录账户并选择"属性"命令。

（2）在如图 9.7 所示的"登录属性"对话框中选择"服务器角色"页，在"服务器角色"列表中勾选相应的复选框。

（3）单击"确定"按钮。

在 Transact-SQL 中，可以使用 ALTER SERVER ROLE 语句向固定服务器角色添加登录使其成为该角色的成员，语法格式如下：

```
ALTER SERVER ROLE 服务器角色名 ADD MEMBER 服务器主体
```

其中，服务器角色名指定要更改的服务器角色的名称；服务器主体指定要添加到固定服务器角色中的登录名，可以是 SQL Server 登录或 Windows 登录。

在将登录添加到固定服务器角色时，该登录将得到与此角色相关的权限。

图9.7　将登录名添加到固定服务器角色中

例 9.4 将 Windows 登录账户[ABC\Jack]添加到 sysadmin 服务器角色中，将 SQL Server 登录账户 Mary 添加到 dbcreator 固定服务器角色中。

```
ALTER SERVER ROLE sysadmin ADD MEMBER [ABC\Jack];
GO
ALTER SERVER ROLE dbcreator ADD MEMBER Mary;
GO
```

3. 删除固定服务器角色成员

要从固定服务器角色中删除成员，可以使用 SSMS 图形界面或 Transact-SQL 语句来实现。使用 SSMS 图形界面删除固定服务器成员的方法如下。

（1）在对象资源管理器中，展开数据库引擎实例，展开"安全性"和"服务器角色"。

（2）右键单击要从中删除成员的服务器角色，在弹出的快捷菜单中选择"属性"。

（3）在"服务器角色属性"对话框中，单击要删除的成员，然后单击"删除"按钮。

也可以使用 ALTER SERVER ROLE 语句从固定服务器角色删除成员，语法格式如下：

```
ALTER SERVER ROLE 服务器角色名 DROP MEMBER 服务器主体
```

其中，服务器角色名指定要更改的服务器角色的名称；服务器主体指定要从固定服务器角色中删除的登录名，可以是 SQL Server 登录或 Windows 登录。

例 9.5 从 sysadmin 服务器角色中删除 Windows 登录账户[ABC\Jack]，从 dbcreator 固定服务器角色中删除 SQL Server 登录账户 Mary。

```
ALTER SERVER ROLE sysadmin DROP MEMBER [ABC\Jack];
GO
ALTER SERVER ROLE dbcreator DROP MEMBER Mary;
GO
```

9.4.2 管理固定数据库角色

固定数据库角色定义在数据库级别上，其成员有权对特定数据库进行管理和操作。固定数据库角色存在于每个数据库中。每当创建数据库时，都会自动包含这些固定数据库角色。

1. 固定数据库角色的权限

SQL Server 为每个数据库提供了以下固定数据库角色的名称。

- db_owner：其成员可以执行数据库的所有配置和维护活动，还可以删除 SQL Server 中的数据库。
- db_securityadmin：其成员可以修改角色成员身份和管理权限。
- db_accessadmin：其成员可以为登录账户添加或删除数据库访问权限。
- db_backupoperator：其成员可以备份数据库。
- db_ddladmin：其成员可以在数据库中运行任何数据定义语言（DDL）命令。
- db_datawriter：其成员可以在所有用户表中添加、删除或更改数据。
- db_datareader：其成员可以从所有用户表中读取所有数据。
- db_denydatawriter：其成员不能添加、修改或删除数据库内用户表中的任何数据。
- db_denydatareader：其成员不能读取数据库内用户表中的任何数据。
- public：一个特殊的数据库角色，每个数据库用户都是 public 数据库角色的成员，不需要将用户、组或角色指派给 public 角色，也不能删除 public 角色的成员。如果对 public 角色授予权限，则相当于为所有数据库用户授予权限。

db_owner 和 db_securityadmin 数据库角色的成员可以管理固定数据库角色成员身份，但是，只有 db_owner 数据库角色成员可以向 db_owner 固定数据库角色中添加成员。

2. 添加固定数据库角色成员

创建数据库用户账户后，需要将其添加到固定数据库角色中，从而赋予其管理数据库的权限。添加固定数据库角色成员可以使用 SSMS 图形界面或 Transact-SQL 语句来实现。

使用 SSMS 图形界面添加固定数据库角色的操作方法如下。

（1）在对象资源管理器中，展开数据库，展开"安全性"和"用户"，右键单击要添加到数据库角色中的数据库用户，在弹出的快捷菜单中选择"属性"命令。

（2）在如图 9.8 所示的"数据库用户"对话框中，选择"成员身份"页，然后在"角色成员"列表框中勾选一个或多个固定数据库角色。

（3）单击"确定"按钮。

也可以使用 sp_addrolemember 系统存储过程添加固定数据库角色成员，语法格式如下：

```
sp_addrolemember '角色名', '安全账户'
```

其中参数 '角色名' 指定当前数据库中的数据库角色（固定或自建）的名称；'安全账户' 指定要添加到该角色的安全账户，可以是数据库用户、数据库角色、Windows 登录名或 Windows 用户组。

例 9.6 将数据库 EduAdmin 中的数据库用户 Jack 和 Mary 分别添加到固定数据库角色 db_owner 和 db_securityadmin 中。

图 9.8 将数据库用户添加到数据库角色中

```
USE EduAdmin;
GO
EXEC sp_addrolemember 'db_owner', 'Jack';
EXEC sp_addrolemember 'db_securityadmin', 'Mary';
```

9.4.3 管理自定义数据库角色

固定数据库角色的权限是固定的。有时候，一些数据库用户需要特定的权限，例如删除和修改数据库。固定数据库角色不能满足这种要求，在这种情况下就需要创建自定义数据库角色，这可以使用 SSMS 图形界面或 Transact-SQL 语句来实现。

1. 使用 SSMS 图形界面创建数据库角色

使用 SSMS 图形界面创建数据库角色的操作方法如下。

（1）在对象资源管理器中，展开要在其中创建数据库角色的数据库，展开"安全性"和"角色"，右键单击"数据库角色"，在弹出的快捷菜单中选择"新建数据库角色"命令。

（2）在"数据库角色-新建"对话框的"常规"页中，指定数据库角色名称和所有者（默认为 dbo）。

（3）单击"添加"按钮，将数据库用户添加到该角色中，如图 9.9 所示。

（4）单击"确定"按钮。

2. 使用 Transact-SQL 语句创建数据库角色

在 Transact-SQL 中，可以使用 CREATE ROLE 语句可以在当前数据库中创建新数据库角色。语法格式如下：

```
CREATE ROLE 角色名称 [AUTHORIZATION 所有者名称]
```

其中，角色名称指定要创建数据库角色的名称。AUTHORIZATION 所有者名称指定将拥有新角色的所有者，可以是数据库用户或数据库角色。如果未指定用户，则执行 CREATE ROLE 的用户将拥有该角色。

系统安全管理

图 9.9 新建数据库角色并添加成员

例 9.7 在 EduAdmin 中数据库中创建一个数据库角色 Role1，并将数据库用户 Jack 和 Mary 添加到该角色中。

```
USE EduAdmin;
GO
CREATE ROLE Role1
    AUTHORIZATION dbo;
EXEC sp_addrolemember 'Role1', 'Jack';
EXEC sp_addrolemember 'Role1', 'Mary';
```

3. 删除自定义数据库角色

固定数据库角色是不能删除的，只有自定义数据库角色可以删除。删除自定义数据库角色可以使用 SSMS 图形界面或 Transact-SQL 语句来实现。

使用 SSMS 图形界面删除自定义数据库角色的操作步骤如下：在"对象资源管理器"中，展开角色所在数据库，展开"安全性""角色"和"数据库角色"，右键单击要删除的数据库角色，在弹出的快捷菜单中选择"删除"命令；在"删除对象"对话框中单击"确定"按钮。

在 Transact-SQL 中，可以使用 DROP ROLE 语句来删除数据库角色，语法如下：

```
DROP ROLE 角色名称
```

以下示例删除自定义数据库角色 Role2。

```
DROP ROLE Role2;
```

任务 9.5 数据库权限管理

数据库权限指明用户能够获得对哪些数据库对象的使用权，及能够对哪些数据库对象执行何种操作。用户要在数据库中执行某种操作，则需要被授予相应的权限。如果不具备所需要的权限，则不能执行相应的操作。通过本任务将学习和掌握对用户授予、撤销和拒绝数据库权限的方法。

任务目标

- 掌握授予权限的方法
- 掌握拒绝权限的方法
- 掌握撤销权限的方法

9.5.1 授予权限

数据库权限分为隐含权限和对象权限两种类型。

隐含权限是指那些不需要通过授权即拥有的权限。例如，固定数据库角色所拥有权限就是隐含权限。一旦将登录名或数据库用户添加到这些角色中，这些安全主体便自动继承了这些角色所拥有的所有隐含权限。例如，db_owner 固定数据库角色成员可以执行数据库的所有配置和维护活动，还可以删除 SQL Server 中的数据库

对象权限分为两种类型，一种是针对 SQL Server 系统中所有对象的权限，另一种则是只能在某些对象上起作用的权限。表 9.1 列出了适用于数据库和常用数据库对象的权限。

表 9.1 适用于数据库和数据库对象的常用权限

安 全 对 象	常 用 权 限
数据库	BACKUP DATABASE、BACKUP LOG、CREATE DATABASE、CREATE FUNCTION、CREATE PROCEDURE、CREATE TABLE、CREATE VIEW
表	SELECT、DELETE、INSERT、UPDATE、REFERENCES
表值函数	SELECT、DELETE、INSERT、UPDATE、REFERENCES
视图	SELECT、DELETE、INSERT、UPDATE、REFERENCES
存储过程	EXECUTE
标量函数	EXECUTE、REFERENCES

授予权限可以使用 SSMS 图形界面或 Transact-SQL 语句来实现。

1. 使用 SSMS 图形界面授予权限

使用 SSMS 图形界面授予数据库权限的操作方法如下。

（1）在对象资源管理器中，右键单击要设置权限的数据库，在弹出的快捷菜单中选择"属性"命令。

（2）在"数据库属性"对话框中，选择"权限"页，在上部网格中选择要授予权限的用户或角色，在权限列表中勾选相应的"授予"复选框，如图 9.10 所示。

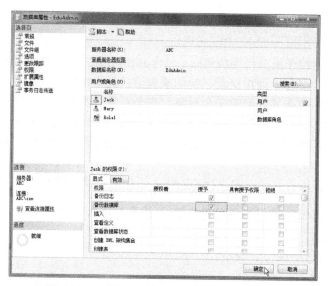

图 9.10 "数据库属性"对话框之"权限"页

（3）单击"确定"按钮。

使用 SSMS 图形界面授予数据库对象权限的操作方法如下。

（1）在对象资源管理器中，右键单击要设置权限的数据库对象（如表、视图等），在弹出的快捷菜单中选择"属性"命令。

（2）在数据库对象属性对话框中，选择"权限"页，在上部网格中选择要授予权限的用户或角色，在权限列表中勾选相应"授予"复选框，如图 9.11 所示。

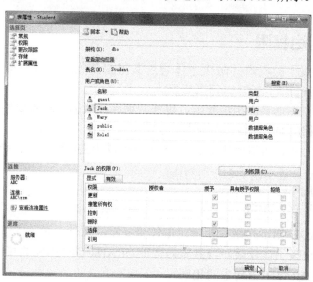

图 9.11 数据库对象属性对话框之"权限"页

（3）单击"确定"按钮。

2. 使用 Transact-SQL 语句授予权限

在 Transact-SQL 中，可以使用 GRANT 语句将安全对象的权限授予主体，语法格式如下：

```
GRANT {ALL [PRIVILEGES]}|权限 [(列[, ...])][, ...]
```

```
    [ON 安全对象] TO 主体[, ...]
    [WITH GRANT OPTION ] [AS 主体]
```

其中，ALL 指定授予所有可用的权限。包含 PRIVILEGES 参数可以符合 SQL-92 标准。权限指定权限的名称。列指定表、视图或表值函数中将授予其权限的列的名称。

安全对象指定将授予其权限的安全对象。安全对象为数据库时，无须使用 ON 子句。

主体指定主体的名称。可为其授予安全对象权限的主体随安全对象而异。

GRANT OPTION 指示被授权者在获得指定权限的同时还可以将指定权限授予其他主体。

AS 主体指定在当前数据库中执行 GRANT 语句的主体所属的角色或组名。

例 9.8 在 EduAdmin 数据库中对用户 Jack 授予创建表的权限。

```
USE EduAdmin;
GRANT CREATE TABLE TO Jack;
GO
```

例 9.9 在 EduAdmin 数据库中对用户 Jack 和 Mary 授予 Student 表的 SELECT，然后对用户 Jack 授予 CREATE VIEW 权限及为其他主体授予 CREATE VIEW 权限的权利。

```
USE EduAdmin;
GRANT SELECT ON Student TO Jack, Mary;
GO
GRANT CREATE VIEW TO Jack WITH GRANT OPTION;
GO
```

9.5.2 拒绝权限

要拒绝给主体授予的权限并防止主体通过其组或角色成员身份继承权限，可以使用 SSMS 图形界面或 Transact-SQL 语句来实现。

若要使用 SSMS 图形界面拒绝权限，可在数据库或数据库对象属性对话框中选择用户或角色，然后勾选相应的"拒绝"复选框，并单击"确定"按钮。

在 Transact-SQL 中，可以使用 DENY 语句拒绝授予主体的权限，语法格式如下：

```
DENY {ALL[PRIVILEGES]}|权限[(列[ ,...])][, ...]
    [ON 安全对象] TO 主体[, ...]
    [CASCADE] [AS 主体]
```

其中，CASCADE 指示拒绝授予指定主体该权限，同时，对该主体授予了该权限的所有其他主体，也拒绝授予该权限。当主体具有带 GRANT OPTION 的权限时，这是必选项。其他子句和参数与 GRANT 语句中的相同。

注意：如果使用 DENY 语句禁止用户获得某个权限，则将其添加到具有该权限的角色或组时，该用户仍然不能使用这个权限。

例 9.10 在 EduAdmin 数据库中拒绝授予用户 Jack 创建表的权限。

```
USE EduAdmin;
DENY CREATE TABLE TO Jack;
GO
```

例 9.11 在 EduAdmin 数据库中拒绝用户 Mary 对 Teacher 表的一些权限。

```
USE EduAdmin;
DENY SELECT, INSERT, UPDATE, DELETE
    ON Teacher To Mary;
GO
```

9.5.3 撤销权限

撤销以前授予或拒绝的权限可以使用 SSMS 图形界面或 Transact-SQL 语句来实现。

若要使用 SSMS 图形界面撤销以前授予或拒绝的权限，可在数据库或数据库对象属性对话框中选择用户或角色，然后勾选相应的"授予"或"拒绝"复选框，并单击"确定"按钮。

在 Transact-SQL 语句中，可以使用 REVOKE 语句可以撤销以前授予或拒绝了的权限，语法格式如下：

```
REVOKE [GRANT OPTION FOR]
    {[ALL [PRIVILEGES]]|权限[(列[, ...])][, ...]}
    [ON 安全对象]
    {TO|FROM} 主体[, ...]
    [CASCADE] [AS 主体]
```

其中，GRANT OPTION FOR 指示将撤销授予指定权限的能力。在使用 CASCADE 选项时，需要具备该功能。如果主体具有不带 GRANT 选项的指定权限，则将撤销该权限本身。

例 9.12 在 EduAdmin 数据库中撤销用户 Jack 创建表的权限。

```
USE EduAdmin;
REVOKE CREATE TABLE
    FROM Jack;
GO
```

例 9.13 在 EduAdmin 数据库中撤销用户 Mary 对 Schedule 表的 SELECT 权限。

```
USE EduAdmin;
REVOKE SELECT
    ON Schedule
    FROM Mary;
GO
```

任务 9.6 架构管理

在 SQL Server 2012 中，数据库中的所有对象都定位在架构中，不归各个用户所有。每个架构可以归角色所有，允许多个用户管理数据库对象。现在只需要针对架构调整所有权，不针对每个对象。一个架构只能有一个所有者，所有者可以是数据库用户、数据库角色等。架构的所有者可以访问架构中的对象，并且可以对其他用户授予访问该架构的权限。通过本任务将学习和掌握创建、修改和删除架构的方法。

- 掌握创建架构的方法
- 掌握修改架构的方法
- 掌握删除架构的方法

9.6.1 创建架构

在数据库中创建架构可以使用 SSMS 用户界面可 Transact-SQL 语句来实现。

1. 使用 SSMS 图形界面创建架构

使用 SSMS 图形界面创建架构的操作方法如下。

（1）在对象资源管理器中，展开"数据库"文件夹，展开要在其中创建架构的数据库。

（2）展开"安全性"文件夹，右键单击构架，并选择"新建架构"命令。

（3）在"架构-新建"对话框中，选择"常规"页，在"架构名称"框中输入新架构的名称；在"架构所有者"框中输入要拥有该架构的数据库用户或角色的名称，或者单击"搜索"按钮以选择用户或角色，如图 9.12 所示。

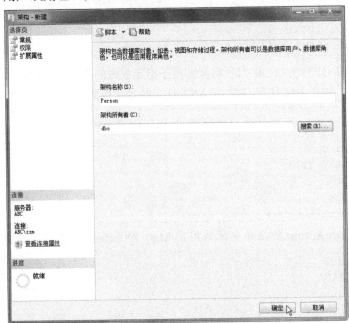

图 9.12　"架构-新建"对话框之"常规"页

（4）单击"确定"按钮。

2. 使用 Transact-SQL 语句创建架构

在 Transact-SQL 中，可以使用 CREATE SCHEMA 语句可以在当前数据库中创建架构，语法格式如下：

```
CREATE SCHEMA
    {架构名称|AUTHORIZATION 所有者名称
    |架构名称 AUTHORIZATION 所有者名称}
[<架构元素>[...]]
<架构元素>::=
```

```
{
    表定义|视图定义|GRANT 语句
    REVOKE 语句|DENY 语句
}
```

其中，架构名称指定在数据库内标识架构的名称。

AUTHORIZATION 所有者名称指定将拥有架构的数据库级主体（如数据库用户、数据库角色）的名称。该主体还可以拥有其他架构，并且可以不使用当前架构作为其默认架构。

表定义指定在架构内创建表的 CREATE TABLE 语句。执行此语句的主体必须对当前数据库具有 CREATE TABLE 权限。视图定义指定在架构内创建视图的 CREATE VIEW 语句。执行此语句的主体必须对当前数据库具有 CREATE VIEW 权限。

GRANT 语句指定可对除新架构外的任何安全对象授予权限的 GRANT 语句；REVOKE 语句指定可对除新架构外的任何安全对象撤销权限的 REVOKE 语句；DENY 语句指定可对除新架构外的任何安全对象拒绝授予权限的 DENY 语句。

例 9.14 在 EduAdmin 数据库中，创建一个由用户 Jack 拥有的、包含表 Member 的 Web 架构，同时在架构 Web 中创建表 Member。

```
USE EduAdmin;
GO
CREATE SCHEMA Web AUTHORIZATION Jack
    CREATE TABLE Member (
        MemberId int, MemberName nvarchar(8), password varchar(12)
    );
GO
```

9.6.2 修改架构

在数据库中创建一个架构后，还可以使用 SSMS 图形界面更改该架构的所有者，或者使用 Transact-SQL 语句将安全对象移入该架构中。

1. 使用 SSMS 图形界面修改架构

使用 SSMS 图形界面修改架构的操作方法如下。

（1）在对象资源管理器中，展开架构所在的数据库，展开"安全性"和"架构"文件夹，右键单击要修改的架构，在弹出的快捷菜单中选择"属性"命令。

（2）在"架构所有者"框中输入新的所有者名称，或单击"搜索"按钮以选择新的用户或角色作为所有者。

（3）单击"确定"按钮。

2. 使用 Transact-SQL 语句修改架构

在 Transact-SQL 中，可以使用 ALTER SCHEMA 语句在当前数据库的架构之间传输安全对象，语法格式如下：

```
ALTER SCHEMA 架构名称
    TRANSFER 安全对象名称
```

其中，架构名称指定当前数据库中的架构名称，安全对象将移入其中；安全对象名称指定要移入架构中的安全对象名称,其中包含安全对象的一部分或两部分名称。

ALTER SCHEMA 语句仅可以用于在同一数据库中的架构之间移动安全对象。若要更改或删除架构中的安全对象,可使用特定于该安全对象的 ALTER 或 DROP 语句。

例 9.15 在 EduAdmin 数据库中创建一个名为 Article 的表,然后将该表由默认架构 dbo 转移到 Web 架构中。

```
USE EduAdmin;
CREATE TABLE Article (
    ArticleId int, Title nvarchar(32),
    Content nvarchar(max)
);
GO
ALTER SCHEMA Web TRANSFER dbo.Article;
GO
```

9.6.3 删除架构

从数据库删除架构可以使用 SSMS 图形界面或 Transact-SQL 语句来实现。

1. 使用 SSMS 图形界面删除架构

使用 SSMS 图形界面删除架构的操作方法如下:在对象资源管理器中,展开架构所在的数据库,展开"安全性"和"架构"文件夹,右键单击要删除的架构,在弹出的快捷菜单中选择"删除"命令,在"删除对象"对话框中单击"确定"按钮。

2. 使用 Transact-SQL 语句删除架构

在 Transact-SQL 中,可以使用 DROP SCHEMA 语句将其从数据库中删除,语法格式如下:

```
DROP SCHEMA 架构名称
```

其中,架构名称指定架构在数据库中所使用的名称。

注意:要删除的架构不能包含任何对象。如果架构包含对象,则 DROP SCHEMA 语句将失败。删除架构时,必须首先删除架构所包含的对象。从数据库中删除架构时,要求对架构具有 CONTROL 权限,或者对数据库具有 ALTER ANY SCHEMA 权限。

例 9.16 从 EduAdmin 数据库中删除 Web 架构包含的 Aritcle 表和 Member 表,然后删除 Web 架构本身。

```
USE EduAdmin;
GO
DROP TABLE Web.Article;
GO
DROP TABLE Web.Member;
GO
DROP SCHEMA Web;
GO
```

项目思考

一、选择题

1. 在下列各项中，（　　）属于架构级别的安全对象。

　　A. 登录名　　　　　　　　　　　　　　B. 用户

　　C. 角色　　　　　　　　　　　　　　　D. 视图

2. 在下列固定服务器角色中，（　　）成员可以在服务器中执行任何活动。

　　A. sysadmin　　　　　　　　　　　　　B. securityadmin

　　C. serveradmin　　　　　　　　　　　　D. setupadmin

3. 在下列固定数据库角色中，（　　）成员可以执行数据库的所有配置和维护活动，还可以删除 SQL Server 中的数据库。

　　A. db_accessadmin　　　　　　　　　　B. db_securityadmin

　　C. db_owner　　　　　　　　　　　　　D. db_backupoperator

4. 使用（　　）可向固定服务器角色中添加成员。

　　A. sp_addsrvrolemember　　　　　　　B. sp_helpsrvrolemember

　　C. sp_dropsrvrolemember　　　　　　　D. IS_SRVROLEMEMBER

5. 若要在架构之间移动安全对象，可使用（　　）。

　　A. CREATE SCHEMA　　　　　　　　　B. ALTER SCHEMA

　　C. DROP SCHEMA　　　　　　　　　　D. SCHEMA OWNER

二、判断题

1.（　　）当用户通过 Windows 用户账户连接服务器时，SQL Server 使用 Windows 操作系统中的信息验证账户名和密码。

2.（　　）更改安全性配置后不需要重新启动服务。

3.（　　）创建 Windows 登录名时需要在 CREATE LOGIN 语句中使用 WITH PASSWORD 子句指定密码。

4.（　　）一个登录名在每个数据库中可作为不同用户进行映射。

5.（　　）每个 SQL Server 登录名都属于 public 角色。

三、简答题

1. 如何设置 SQL Server 2012 的身份验证模式？

2. 在 SQL Server 2012 中，有哪两类登录账户？

3. 在 SQL Server 2012 中，有哪些固定服务器角色？

4. 在 SQL Server 2012 中，有哪些固定数据库角色？

5. 对于表对象有哪些常用权限？

项目实训

1. 在 SQL Server 2012 中创建两个登录账户，一个是 SQL Server 登录，其名称为 Student；另一个是 Internet 来宾用户，其表示形式为[<计算机名>\IUSR_<计算机名>]，将其命名为

IIS_USR；要求为 SQL Server 登录名指定密码。

2. 将上述两个登录账户映射到 AdventureWorks 2012 和 EduAdmin 数据库中。

3. 将 Student 用户添加到 db_owner 固定数据库角色中；将 IIS_USR 用户添加到 db_db_datawriter 和 db_datareader 固定数据库角色中。

4. 在 EduAdmin 数据库中，创建一个名为 Web 的架构并在该架构中创建一个 Member 表，该表包含以下 3 列：MemberID（int）、MemberName（nvarchar(4)）、Password（char(12)）。

5. 创建一个 SQL Server 登录，其名称为 Jack，将该登录映射到 EduAdmin 数据库中，并授予该用户对 Student 表的 SELECT、INSERT、UPDATE 和 DELETE 权限。

反侵权盗版声明

电子工业出版社依法对本作品享有专有出版权。任何未经权利人书面许可、复制、销售或通过信息网络传播本作品的行为；歪曲、篡改、剽窃本作品的行为，均违反《中华人民共和国著作权法》，其行为人应承担相应的民事责任和行政责任，构成犯罪的，将被依法追究刑事责任。

为了维护市场秩序，保护权利人的合法权益，我社将依法查处和打击侵权盗版的单位和个人。欢迎社会各界人士积极举报侵权盗版行为，本社将奖励举报有功人员，并保证举报人的信息不被泄露。

举报电话：（010）88254396；（010）88258888
传　　真：（010）88254397
E-mail：　dbqq@phei.com.cn
通信地址：北京市万寿路 173 信箱
　　　　　电子工业出版社总编办公室
邮　　编：100036